可燃和有毒气体检测报警器计量培训教材

崔广伟 主编

U0264156

中国石化出版社
·北京·

内 容 提 要

　　本书内容包括计量基础知识、气体检测报警器专业基础知识、可燃和有毒气体的危害与防护、气体检测报警器的检定与校准以及气体报警器的选型、安装、使用及维护，同时为了便于读者学习，本书还附有相关案例分析和部分相关常用规范和标准。

　　本书较全面地介绍了可燃和有毒气体检测报警器计量检定/校准的相关培训知识，适合作为报警器计量管理、检定/校准和使用维护人员的培训教材。

图书在版编目(CIP)数据

　　可燃和有毒气体检测报警器计量培训教材／崔广伟主编.
—北京：中国石化出版社，2017.8（2024.5 重印）
　　ISBN 978-7-5114-4572-8

　　Ⅰ.①可… Ⅱ.①崔… Ⅲ.①可燃气体-检测-火警
报警器-技术培训-教材②有毒气体-检测-毒剂报警器
-技术培训-教材 Ⅳ.①TK16②X51

　　中国版本图书馆 CIP 数据核字（2017）第 182928 号

中国石化出版社出版发行

地址：北京市东城区安定门外大街 58 号
邮编：100011 电话：(010)57512500
发行部电话：(010)57512575
http://www.sinopec-press.com
E-mail：press@ sinopec.com
北京科信印刷有限公司印刷
全国各地新华书店经销
*
787 毫米×1092 毫米 16 开本 15 印张 374 千字
2017 年 9 月第 1 版　2024 年 5 月第 3 次印刷
定价：68.00 元

序

　　石油石化行业生产过程中涉及大量易燃易爆和有毒物质，如何保证安全生产、环境保护和职业健康是石油石化行业的重大课题。本着"预防为主，防消结合"的方针，可燃气体和有毒气体的检测和报警在石油石化行业生产中一直受到高度重视。国家安全生产监督管理总局《关于加强化工企业泄漏管理的指导意见》（〔2014〕94号）明确要求石化企业建立和完善化工装置泄漏报警系统。企业要按照《石油化工可燃气体和有毒气体检测报警设计规范》（GB 50493）和《工作场所有毒气体检测报警装置设置规范》（GBZ/T 223）等标准要求，在生产装置、储运、公用工程和其他可能发生有毒有害、易燃易爆物料泄漏的场所安装相关气体监测报警系统。要将法定检验与企业自检相结合，现场检测报警装置要设置声光报警，保证报警系统的准确性、可靠性。通过预防性、周期性的泄漏检测发现早期泄漏并及时处理，避免泄漏发展为事故。

　　由于石油石化生产现场常常伴随高温、腐蚀、污油、灰尘、蒸汽、振动、冲击或高浓度掩埋等严酷环境条件，加上气体传感器自身催化剂的中毒或随时间的敏感钝化，无论是安装在现场或者便携式气体检测仪都会有发生漏报、误报的可能性。这就对企业安全生产构成了很大的挑战，特别是开停工阶段或进入受限空间作业。为了确保人们生命安全和避免财产损失，国家早在1987年颁布的《中华人民共和国强制检定的工作计量器具检定管理办法》中，将安全防护、环境监测等四方面计量器具列入强制检定的工作计量器具目录，实行定点定期检定。

　　中国石油化工股份有限公司天津分公司计量中心和中国石油化工股份有限公司青岛安全工程研究院长期从事气体检测报警器的检定、性能测试、评估研究等工作，累计完成十几万台气体检测报警器的检定。为解决各单位在选型、安装、使用、维护、检定/校准等过程中存在的问题，两单位组织了一批专业知识水平高、实践经验强的专家，共同编写了国内首套系统的、专业的《可燃和有毒气体检测报警器计量培训教材》。

该书具有较高的理论性和很强的实用性，不仅面向广大从事报警器的检定/校准人员，同时也面向从事报警器的使用、维护以及相关管理和技术人员，既可以作为相关专业的培训教材也可以作为学习参考资料。该书的出版对于提高石油石化行业气体检测报警器的检定/校准、使用及维护技术水平，实现安全、环境友好型企业的目标具有重要意义。

前　言

　　安全生产是企业的生命，是企业发展的需要，是社会稳定的需要，是企业获得最大经济利益的保障。可燃、有毒气体泄漏的安全危害性极大，一旦发生就可能引发火灾、爆炸和中毒等事故，给企业造成巨大的经济损失，并产生恶劣的社会影响。气体检测报警器作为探测空气中某种气体含量的计量仪器，保证其检测结果的准确可靠是我们有效预防气体泄漏引发事故的必要条件。因此，依法合规地开展气体检测报警器的检定/校准和使用维护是非常重要的。

　　据调查，中国石油化工集团公司各企业共有近十万台的各类气体检测报警器，周期检定、校验和运维主要由各企业计量检定技术机构和仪表维护部门负责。由于目前除国家颁发的相应检定规程外无专门的计量培训教材，造成企业相应的培训缺乏系统性和针对性，相关人员对规程的理解和执行上存在诸多困难，难以满足企业安全生产和环境友好的需要。为全面提高气体检测报警器检定/校准、使用和维护相关人员的水平，中国石油化工股份有限公司天津分公司计量中心和中国石油化工股份有限公司青岛安全工程研究院共同组织相关专家和技术人员用了近一年的时间，编写了《可燃和有毒气体检测报警器计量培训教材》。该教材内容主要包括：计量基础知识、气体检测报警器专业基础、可燃和有毒气体的危害与防护、气体检测报警器的检定与校准和气体检测报警器的选型、安装、使用及维护、案例分析等，并在附录中列出了相关现行国家标准的部分内容，旨在帮助大家更好地正确理解和执行检定规程/校准规范，具有较强的指导性和实用性。

　　本书编写过程中，北京燕山石化安全技术装备有限公司、深圳市特安电子有限公司、北京华德安工科技有限公司、梅思安（中国）安全设备有限公司、深圳市诺安环境安全股份有限公司和北京中恒安科技股份有限公司等气体检测报警器生产企业提供了案例分析等比较有价值的素材。中国石油化工股份有限公司科技部和油田勘探开发事业部、炼油事业部、化工事业部、油品销售事业部及其所属多家企业有关领导和专家对本书的编写也给予了大力支持和帮助。在此，一并表示感谢！

由于我们水平有限，书中难免有错误和疏漏，敬请谅解，并请各位专家和广大读者批评指正。

目　录

第一章　计量基础知识

第一节　测量和计量

一、测量

按 JJF 1001《通用计量术语及定义》中的定义，测量是"通过实验获得并可合理赋予某量一个或多个量值的过程"。

在计量学中，测量既是核心的概念，又是研究的对象。因此，人们把测量有时也称为计量，例如把测量单位称为计量单位，把测量标准称为计量标准等。

测量是人们认识世界、改造客观世界的重要手段。测量与国民经济、社会发展和人民生活有着十分密切的关系，具有十分重要的地位。在人们认识自然、改造自然的过程中，在各个领域无时无处不存在测量。如果没有测量，一切社会活动都是无法想象的。

1. 测量过程

测量活动是一个过程。所谓"过程"是指"一组将输入转化为输出的相互关联或相互作用的活动"。测量过程的三个要素是指输入、测量活动和输出。

① 输入：确定被测量及对测量的要求；

② 测量活动：对所需要的测量进行策划，从测量原理、测量方法到测量程序；配备资源，包括适宜的且具有溯源性的测量设备，选择和确定具有测量能力的人员，控制测量环境，识别测量过程中影响量的影响，实施测量操作；

③ 输出：按输入的要求给出测量结果，出具证书和报告。

2. 测量原理

测量原理是"测量的科学基础"。它是指测量所依据的自然科学中的定律、定理和得到充分理论解释的自然效应等科学原理。例如：在力的测量中应用的牛顿第二定律，在电学测量中应用的欧姆定律，在温度测量中应用的热电效应，在质量测量中应用的杠杆原理，在速度测量中应用的多普勒效应，在长度测量中应用的光干涉原理，都属于测量原理。

3. 测量方法

测量方法是指"进行测量时所用的，按类别叙述的一组操作逻辑次序"。换句话说是根据给定测量原理实施测量时，概括说明的一组合乎逻辑的操作顺序，测量方法就是测量原理的实际应用。例如：根据欧姆定律测量电阻时，可采用伏安法、电桥法及补偿法等测量方法；在采用电桥法时，又可分为替代法、微差法及零位法等。常用的测量方法有：

（1）直接测量法和间接测量法；

（2）基本测量法和定义测量法；

（3）直接比较测量法和替代测量法；

（4）微差测量法和符合测量法；

（5）补偿测量法和零值测量法。

按测量的特点和方式，测量又可分为接触测量和非接触测量，动态测量和静态测量，模拟测量和数字测量，手动测量和自动测量等。

4. 测量程序

测量程序是指"根据一种或多种测量原理及给定的测量方法，在测量模型和获得测量结果所需计算的基础上，对测量所做的详细描述"。测量程序是根据给定的方法实施对某特定量的测量时，所规定的具体、详细的操作步骤，通常记录在文件中，并且足够详细。相当于日常所说的操作方法、操作规范或操作规程，具体实施测量操作的作业指导书等文件，测量程序应确保测量的顺利进行。

测量原理、测量方法、测量程序是实施测量时所需的三个重要因素。测量原理是实施测量过程中的科学基础，测量方法是测量原理的实际应用，而测量程序是测量方法的具体化。

5. 测量资源的配置和测量影响量的控制

测量的资源包括测量人员、测量所需的测量仪器及其配套设备、测量所需的环境条件及设施、测量方法的规范、规程或标准以及有关文件。要实施测量，必须配备相应的测量仪器，为此必须先用经检定或校准合格且符合测量要求的测量仪器。测量人员应有一定的技能和资格。为了获得准确可靠的测量，减少测量误差，减少测量不确定度，必须充分估计到影响量对测量结果的影响，对测量中明显影响测量结果的环境条件及其他各种因素，要采取控制措施。

6. 测量结果

测量结果是测量过程的输出，是经过测量所得到的被测量的值，完整的测量结果应当包括有关测量不确定度信息，必要时还应说明有关影响量的取值范围。

7. 测量不确定度

测量不确定度的定义是"根据所用到的信息，表征赋予被测量量值分散性的非负参数。"在测量结果的完整表述中应包括测量不确定度。不确定度可以是标准差或其倍数，或是说明了置信水准的区间的半宽。以标准差表示的不确定度称为标准不确定度，以 u 表示。以标准差的倍数表示的不确定度称为扩展不确定度，以 U 表示。扩展不确定度表明了具有较大置信概率的区间的半宽度。不确定度通常由多个分量组成，对每一分量均要评定其标准不确定度。评定方法分为 A、B 两类。A 类评定是用对观测列进行统计分析的方法，以实验标准差表征；B 类评定则用不同于 A 类的其他方法，以估计的标准差表征。各标准不确定度分量的合成称为合成标准不确定度，以 u_c 表示，它是测量结果标准差的估计值。

不确定度的表示形式有绝对、相对两种，绝对形式表示的不确定度与被测量的量纲相同，相对形式无量纲。

二、计量

按 JJF 1001《通用计量术语及定义》中的定义，计量是指"实现单位统一、量值准确可靠的活动"。这个定义明确了计量的目的及其基本任务是实现单位统一和量值准确可靠,其内容为实现这一目的所进行的各项活动。

计量包括科学技术上的、法律法规上的和行政管理上的活动。计量在历史上称为度量衡。所使用的主要器具是尺、斗、秤。我国古代把砝码称为"权",至今仍用天平代表法制和法律的公平,这些都表明计量是象征着权力和公平的活动。

(一)计量分类

计量活动涉及社会的各个方面。国际上有一种观点,按计量的社会功能,把计量大致分为三个组成部分,即科学计量、工业计量(又称工程计量)、法制计量,分别代表以政府为主导的计量社会事业、计量基础和计量应用三个方面。

1. 科学计量

科学计量是科技和经济发展的基础,也是计量的基础,是指基础性、探索性、先行性的计量科学研究,通常用最新的科技成果来精确地定义与实现计量单位,并为最新的科技发展提供可靠的测量基础。科学计量是计量技术机构的主要任务,包括计量单位与单位制的研究、计量基准与标准的研制、物理常数与精密测量技术的研究、量值传递和量值溯源系统的研究、量值比对方法与测量不确定度的研究等。科学计量是实现单位统一量值准确可靠的重要保障。

2. 工业计量

工业计量也称工程计量,是指各种工程、工业、生产企业中的实用计量。例如有关能源或材料的消耗、监测和控制。生产过程工艺流程的监控,生产环境的监测以及产品质量与性能的测试等。工程计量涉及面甚广,随着产品技术含量提高和复杂性的增加,为保证经济贸易全球化所必需的一致性和互换性,它已成为生产过程控制不可缺少的环节。

3. 法制计量

法制计量是指"为满足法定要求,由有资格的机构进行的涉及测量、测量单位、测量仪器、测量方法和测量结果的计量活动,是计量学的一部分"。法制计量由政府或授权机构根据法制、技术和行政的需要进行强制管理,其目的是用法规或合同方式来规定并保证与贸易结算、安全防护、医疗卫生、环境监测、资源控制、社会管理等有关的测量工作的公正性和可靠性,因为它们涉及公众利益和国家可持续发展战略。

(二)计量的特点

计量的特点取决于计量所从事的工作,即实现单位统一、量值准确可靠而进行的科技、法制和管理活动,概括地说就是准确性、一致性、溯源性及法制性四个方面。

1. 准确性

准确性是指测量结果与被测量真值的一致程度。由于实际上不存在完全准确无误的测量,因此在给出量值的同时,必须给出适应于应用目的或实际需要的不确定度或误差范围。否则,所进行的测量的质量就无从判断,量值也就不具备充分的实用价值。所谓量值的准确,即是在一定的不确定度、误差极限或允许误差范围内的准确。

2. 一致性

一致性是指在统一计量单位的基础上,无论在何时、何地,采用何种方法,使用何种计量器具,以及由何人测量,只要符合有关的要求,其测量结果就应在给定的区间内一致。也就是说，测量结果应是可重复、可复现、可比较的。换言之，量值是确实可靠的，计量的核心实质是对测量结果及其有效性、可靠性的确认，否则计量就失去其社会意义。

3. 溯源性

溯源性是指任何一个测量结果或计量标准的值，都能通过一条具有规定不确定度的连续比较链，与计量基准联系起来。这种特性使所有的同种量值，都可以按这条比较链通过检定/校准向测量的源头追溯，也就是溯源到同一个计量基准，从而使准确性和一致性得到技术保证。所谓"量值溯源"，是指自下而上通过不间断的校准链而构成溯源体系；而"量值传递"，则是自上而下逐级传递。

4. 法制性

法制性来自计量的社会性，因为量值的准确可靠不仅依赖于科学技术手段，还要有相应的法律、法规和行政管理。特别是对国计民生有明显影响，涉及公众利益和可持续发展或需要特殊信任的领域，必须由政府主导建立起法制保障。否则，量值的准确性、一致性及溯源性就不可能实现，计量的作用也难以发挥。

三、计量学

按照 JJF 1001《通用计量术语及定义》中的定义，计量学是"测量及其应用的科学"。

从科学的发展来看，计量曾经是物理学的一部分，后来随着领域和内容的扩展，形成了一门研究测量理论和实践的综合性科学，成为一门独立的学科——计量学。计量学作为一门科学，它同国家法律、法规和行政管理紧密结合的程度，在其他学科中是少有的。计量是科学技术和管理的结合体，它包括计量科技和计量管理两个方面，两者相互依存、相互渗透，即计量管理工作具有较强的技术性，而计量科学技术中又涉及较强的法制性。

计量学应用的范围十分广泛，我国目前按专业，把计量分为十大类，即几何量计量、热学计量、力学计量、电磁学计量、电子学计量、时间频率计量、电离辐射计量、声学计量、光学计量、化学计量。

1. 几何量计量

几何量计量在习惯上又称为长度计量。其基本参量是长度和角度。按项目分类包括端度计量、线纹计量、角度计量、表面粗糙度计量、平面度计量、直线度计量及空间坐标计量等。

2. 热学计量

热学计量主要包括温度计量和材料的热物性计量。就是利用各种物质的热效应，研究测量温度的技术。温度计量按国际实用温标划分可分为高温计量、中温计量和低温计量。

3. 力学计量

力学计量作为计量科学的基本分支之一，其内容极为广泛。力学计量包括质量计量、容量计量、密度计量、力值计量、压力计量、真空计量、流量计量、转速计量、振动计量等。

4. 电磁学计量

电磁学计量的内容十分广泛，是根据电磁学原理，应用各种电磁基准、标准器和仪器仪表，对各种电磁物理现象进行测量。按学科分，可分为电学计量和磁学计量；按工作频率分，可分为直流电计量和交流电计量两部分。

5. 电子学计量

电子学计量习惯上又称为无线电计量。是指无线电技术所用全部频率范围内的一切电气特性的测量。包括超低频、低频、高频、微波计量、毫米波和亚毫米波整个无线电频段各种参量的计量。

6. 时间频率计量

时间频率计量所涉及的是时间和频率量，时间是基本量，而频率是导出量。时间计量的内容包括时刻计量和时间间隔计量。频率计量的主要对象，是对各种频率标准、晶体振荡器和频率源的频率准确度、长期稳定度、短期稳定度以及相位噪声的计量，以及对频率计数器的检定和校准。

7. 电离辐射计量

电离辐射计量的主要任务有三个：一是测量放射性本身有多少的量；二是测量辐射和被照介质相互作用的量；三是中子计量。电离辐射计量广泛用于医疗部门、环境监测、原子能发电、探伤、石油管道去污定位以及食品加工等行业。

8. 光学计量

光学计量包括自红外、可见光到紫外的整个光谱波段的各种参量的计量。包括光度计量、辐射度计量、色度计量、激光计量、光学材料的光参数计量、成像系统及光学元件的质量评价等。

9. 声学计量

声学计量包括超声、水声、空气声的各项参量的计量，声压、声强、声功率是其主要参量。专门研究物质中声波的产生、传播、接受和影响特性中有关计量的知识领域。声学计量可分为两类：一类是无源的计量，另一类是有源的计量。

10. 化学计量

化学计量是指对各种物质的成分和物理特性以及基本物理常数的分析、测定。标准物质的研制在化学计量中十分重要。计量部门通过发放标准物质进行量值传递是化学计量的特点。化学计量包括燃烧热、酸碱度、电导率、黏度、湿度、基准试剂纯度等。

四、测量仪器

测量仪器又称计量器具，是指"单独或与一个或多个辅助设备组合，用于进行测量的装置"。

（一）测量仪器的特点

（1）用于测量，目的是为了获得被测对象量值的大小。

（2）具有多种形式，它可以单独地或连同辅助设备一起使用。一类例如体温计、电压表、直尺、度盘秤等可以单独地用来完成某项测量；另一类测量仪器，如砝码、热电偶、标准电阻等，则需要与其他测量仪器和（或）辅助设备一起使用才能完成测量。测量仪器可以是实物量具，也可以是测量仪器仪表或一种测量系统。

（3）测量仪器本身是一种器具或一种技术装置，是一种实物。

（二）测量仪器的作用

测量是为了获得被测量值的大小，而得到被测量值的大小是通过测量仪器来实现的，所以测量仪器是人们从事测量获得测量结果的主要手段和工具，它是测量的基础，是从事测量的重要条件。

(三) 实物量具、测量系统及测量设备

1. 实物量具

实物量具是"具有所赋量值，使用时以固定形态复现或提供一个或多个量值的测量仪器"。

实物量具的特点是：

(1) 本身直接复现或提供了单位量值，即实物量具的示值(标称值)复现了单位量值，如量块、线纹尺它本身就复现了长度单位量值；

(2) 在结构上一般没有测量机构，如砝码、标准电阻只是复现单位量值的一个实物；

(3) 由于没有测量机构，在一般情况下，如果不依赖其他配套的测量仪器，就不能直接测量出被测量值，如砝码要用天平，如量块要配用干涉仪、光学计。因此实物量具往往是一种被动式测量仪器。

量具按其复现或提供的量值看，可以分为：①单值量具，如量块、标准电池、砝码等，不带标尺；②多值量具，如线纹尺、电阻箱等，带有标尺；多值量具也包含成套量具，如砝码组、量块组等。

量具从工作方式来分可以分为从属量具和独立量具，必须借助其他测量仪器才能进行测量的量具，称为从属量具，如砝码，只有借助天平或质量比较仪才能进行质量测量；不必借助其他测量仪器即可进行测量的称为独立量具，如尺子、量杯等。

标准物质属于测量仪器中的实物量具。标准物质是具有足够均匀和稳定的特定特性的物质，其特性被证实适用于测量中或标称特性检查中的预期用途。标准物质的特定特性可以是物理量，也可以是化学量、生物量，但由于标准物质在应用上有一定的特殊性，在实际工作中往往单独考虑。

2. 测量系统

测量系统是指"一套组装的并适用于特定量在规定区间内给出测得值信息的一台或多台测量仪器，通常还包括其他装置，诸如试剂和电源"。具体地说，是指用于特定测量目的，由全套测量仪器和有关的其他设备组装起来所形成的一个系统。

3. 测量设备

测量设备是指"为实现测量过程所必需的测量仪器、软件、测量标准、标准物质、辅助设备或其组合"。

测量设备有以下几个特点：

(1) 概念的广义性。测量设备不仅包含一般的测量仪器，而且包含了各等级的测量标准、各类标准物质和实物量具，还包含和测量设备连接的各种辅助设备，以及进行测量所必须的资料和软件。测量设备还包括了检验设备和试验设备中用于测量的设备。

(2) 内容的扩展性。测量设备不仅仅是指测量仪器本身，而又扩大到辅助设备，因为有关的辅助设备将直接影响测量的准确性和可靠性。

(3) 测量设备不仅是指硬件还有软件，它还包括"进行测量所必须的资料"，这是指设备使用说明书、作业指导书及有关测量程序文件等资料。

测量设备是一个总称，它比测量仪器或测量系统的含义更为广泛。

五、测量标准

测量标准是指"具有确定的量值和相关联的测量不确定度，实现给定量定义的参照对象"。

在我国，测量标准是计量基准和计量标准的统称。

根据管理的需要，我国将测量标准分为计量基准和计量标准两大类，其地位和作用在《计量法》中已分别阐明。

1. 计量标准的含义

计量标准是指准确度低于计量基准、用于检定或校准其他计量标准或工作计量器具的测量标准。

通常，计量标准的准确度应高于被检定或被校准的计量器具的准确度。凡不用于量值传递或量值溯源而只用于日常测量的计量器具，不管其准确度有多高都称为工作计量器具，不能称之为计量标准。

我国的计量标准，按其法律地位、使用和管辖范围不同，可以分为社会公用标准、部门计量标准和企事业单位计量标准三类。为了使各项计量标准能在正常技术状态下进行量值传递，保证量值的溯源性，《计量法》规定凡建立社会公用标准、部门和企事业单位最高计量标准，必须依法考核合格后，才有资格开展量值传递。在 JJF 1033《计量标准考核规范》中，计量标准约定由计量标准器及配套设备组成。

2. 计量标准的考核和复查

（1）企事业单位计量标准的考核

企业、事业单位建立的各项最高计量标准，须经与企业、事业单位的主管部门同级的计量行政部门主持考核合格，取得《计量标准考核证书》，才能在单位内部开展非强制检定。

（2）授权单位计量标准的考核

承担计量行政部门计量授权任务的单位建立相关计量标准，应当向授权的计量行政部门申请考核。考核合格取得《计量标准考核证书》，才能开展授权范围的检定工作。

（3）计量标准的复查

《计量标准考核证书》有效期届满前 6 个月，持证单位应当向主持考核的计量行政部门申请复查考核。经复查考核合格，准予延长有效期；不合格的，主持考核的计量行政部门应当向申请复查考核单位发送《计量标准考核结果通知书》。超过《计量标准考核证书》有效期的，应当按照新建计量标准重新申请考核。

六、计量检定和校准

（一）检定和校准概述

1. 检定

检定是指"查明和确认计量器具是否符合法定要求的程序，它包括检查、加标记和（或）出具检定证书"。

计量器具检定有以下特点：

（1）检定的对象是计量器具，而不是一般的工业产品；

（2）检定目的是确保量值的统一和准确可靠，其主要作用是判定计量器具性能是否符合法定要求；

（3）检定的结论是确定计量器具是否合格，是否允许使用；

（4）检定具有计量监督管理的性质，即具有法制性。法定计量检定机构或授权的计量技术机构出具的检定证书，在社会上具有特定的法律效力。

2. 校准

校准是"在规定的条件下，为确定测量仪器或测量系统所指示的量值，或实物量具或参考物质所代表的量值，与对应的由测量标准所复现的量值之间关系的一组操作"。

校准工作的内容是按照合理的溯源途径和国家计量校准规范或其他经确认的校准技术文件所规定的校准条件、校准项目和校准方法，将被校对象与计量标准进行比较和数据处理。

3. 校准和检定的主要区别

（1）目的不同

校准的目的是对照计量标准，评定测量装置的示值误差，确保量值准确，属于自下而上量值溯源的一组操作。

检定的目的则是对测量装置进行强制性全面评定。这种全面评定属于量值统一的范畴，是自上而下的量值传递过程。检定应评定计量器具是否符合规定要求。

（2）对象不同

校准的对象是属于强制性检定之外的测量装置。

检定的对象是我国计量法明确规定的强制检定的测量装置。

（3）性质不同

校准不具有强制性，属于组织自愿的溯源行为。这是一种技术活动，可根据组织的实际需要，评定计量器具的示值误差，为计量器具或标准物质定值的过程。

检定属于强制性的执法行为，属法制计量管理的范畴。其中的检定规程协定周期等全部按法定要求进行。

（4）依据不同

校准的主要依据是组织根据实际需要自行制定的校准规范，或参照检定规程的要求。

检定的主要依据是检定规程，这是计量设备检定必须遵守的法定技术文件。其中，通常对计量检测设备的检定周期、计量特性、检定项目、检定条件、检定方法及检定结果等作出规定。

（5）方式不同

校准的方式可以采用组织自校、外校，或自校加外校相结合的方式进行。

检定必须到有资格的计量部门或法定授权的单位进行。

（6）周期不同

校准周期由组织根据使用计量器具的需要自行确定。可以进行定期校准，也可以不定期校准，或在使用前校准。校准周期的确定原则应是在尽可能减少测量设备在使用中风险的同时，维持最小的校准费用。可以根据计量器具使用的频次或风险程度确定校准的周期。

检定的周期必须按检定规程的规定进行，组织不能自行确定。检定周期属于强制性约束的内容。

（7）内容不同

校准的内容和项目，只是评定测量装置的示值误差，以确保量值准确。

检定的内容则是对测量装置的全面评定，要求更全面。除了包括校准的全部内容之外，还需要检定有关项目。

（8）结论不同

校准的结论只是评定测量装置的量值误差，确保量值准确，不要求给出合格或不合格的判定。校准的结果可以给出校准证书或校准报告。

检定则必须依据检定规程规定的量值误差范围，给出测量装置合格与不合格的判定。超出检定规程规定的量值误差范围为不合格，在规定的量值误差范围之内则为合格。检定的结果是给出检定证书或检定结果通知书。

（9）法律效力不同

校准的结论不具备法律效力，给出的校准证书只是标明量值误差，属于一种技术文件。

检定的结论具有法律效力，可作为计量器具或测量装置检定的法定依据，检定证书属于具有法律效力的技术文件。

（二）计量器具的检定

1. 检定的适用范围

检定的适用范围就是《中华人民共和国依法管理的计量器具目录》中所列的计量器具。

2. 实施检定工作的原则

《计量法》规定，计量检定工作应当按照经济合理的原则，就地就近进行。

3. 计量检定的分类

计量检定按照管理性质分为强制检定和非强制检定。

强制检定：对于列入强制管理范围的计量器具由政府计量行政部门指定的法定计量机构或授权的计量技术机构实施的定点定期的检定。

强制检定的对象包括两类：一类是计量标准器具，它们是社会公用计量标准器具，部门和企业、事业单位使用的最高计量标准器具；另一类是工作计量器具，它们是列入《中华人民共和国强制检定的工作计量器具目录》，并且必须是在贸易结算、安全防护、医疗卫生、环境监测中实际使用的工作计量器具。

非强制检定：在所有依法管理的计量器具中除了强制检定的以外，其余计量器具的检定都是非强制检定。

由计量器具使用单位依法自主进行量值溯源或者选择有资质的计量检定或校准机构进行的量值溯源。

（三）计量检定人员的管理

计量检定人员作为计量检定的主体，在计量检定中发挥着重要的作用。计量检定人员所从事的计量检定工作是一项法制性和技术性都非常强的工作，为加强对计量检定人员的监管，提高计量检定人员的素质，保证量值传递准确可靠，2007 年 12 月 29 日国家质检总局以总局第 105 号令批准发布了新的《计量检定人员管理办法》，并于 2008 年 5 月 1 日起施行，作为我国对从事计量检定的检定人员的管理依据。

1. 申请计量检定人员的资格

计量检定人员应当具备以下条件：

(1) 具备中专(含高中)或相当于中专(含高中)以上文化程度；

(2) 连续从事计量专业技术工作满 1 年，并具备 6 个月以上本项目工作经历；

(3) 具备相应的计量法律、法规以及计量专业知识；

(4) 熟练掌握所从事项目的计量检定规程等有关知识和操作技能；

(5) 经有关部门依照计量检定员考核规则等要求考核合格。

2. 计量检定人员的权利

(1) 在职责范围内依法从事计量检定活动；

(2) 依法使用计量检定设施，并获得相关技术文件；

(3) 参加本专业继续教育。

3. 计量检定人员的义务

(1) 依照有关规定和计量检定规程开展计量检定活动，恪守职业道德；

(2) 保证计量检定数据和有关技术资料的真实完整；

(3) 正确保存、维护、使用计量基准和计量标准，使其保持良好的技术状态；

(4) 承担质量技术监督部门委托的与计量检定有关的任务；

(5) 保守在计量检定活动中所知悉的商业和技术秘密。

4. 计量检定人员的法律责任

(1) 计量检定人员出具的计量检定证书，用于量值传递、裁决计量纠纷和实施计量监督等，具有法律效力。

(2) 未取得计量检定人员资格，擅自在法定计量检定机构等技术机构中从事计量检定活动的，由县级以上地方质量技术监督部门予以警告，并处以罚款。

(3) 任何单位和个人不得伪造、冒用"计量检定员证"或者"注册计量师注册证"。构成违法行为的，依照有关法律法规追究相应责任。

(4) 计量检定人员不得有下列行为：

① 伪造、篡改数据、报告、证书或技术档案等资料；

② 违反计量检定规程开展计量检定；

③ 使用未经考核合格的计量标准开展计量检定；

④ 出租、出借或者以其他方式非法转让《计量检定员证》或《注册计量师注册证》。

违反上述规定，构成违法行为的，依照有关法律法规追究相应责任。

第二节 计量法律法规与法定计量单位

一、计量法律法规概述

计量是经济建设、科技进步和社会发展中的一项重要的技术基础。统一性和准确性是计量工作的基本特征。要想在全国范围内、实现计量单位的统一和量值的准确可靠，必须建立相应的法律制度，使之具有权威性和强制力。

1. 计量与计量立法

计量是一项非常复杂的社会活动，是技术与管理的结合体。计量的技术行为通过准确的测量来体现；计量的监督行为通过实施法制管理来体现。

计量的立法宗旨是，加强计量监督管理，保障国家计量单位制的统一和量值的准确可靠，有利于生产、贸易和科学技术的发展，适应社会主义现代化建设的需要，维护国家、人民的利益。

计量立法的最终目的是为了促进国民经济和科学技术的发展，为社会主义现代化建设提供计量保证；为保护广大消费者免受不准确或不诚实测量所造成的危害；为保护人民群众的健康和生命、财产的安全；保护国家的权益不受侵犯。

2.《计量法》及其基本特征

《计量法》是调整计量法律关系的法律规范的总称，作为国家管理计量工作的根本法，是实施计量法制监督的最高准则。其基本内容是：计量立法宗旨、调整范围、计量单位制、计量器具管理、计量监督、计量授权、计量认证、计量纠纷的处理和计量法律责任等。

3. 计量法规体系

我国的计量法规体系，以《计量法》为根本法及与其配套的若干计量行政法规、规章（包括规范性文件）的计量法群。具体可以分为以下层次：

（1）计量法律，即 1985 年 9 月 6 日全国人大常务委员会通过审议通过的《中华人民共和国计量法》。

（2）计量行政法规、法规性文件。包括：《中华人民共和国计量法实施细则》《中华人民共和国强制检定的工作计量器具检定管理办法》《中华人民共和国进口计量器具监督管理办法》等。

（3）计量规章、规范性文件。包括：《中华人民共和国强制检定的工作计量器具明确目录》《计量标准考核办法》《计量检定员管理办法》等。

（4）计量技术法规。包括：《国家计量检定规程》《国家计量检定系统表》《计量技术规范》。

国家计量检定规程的代号为 JJG，是检定计量器具时必须遵守的法定技术文件。计量技术规范的代号为 JJF，是一种指导性、规范性文件。

（5）计量地方法规也是计量法规体系的重要组成部分。

二、法定计量单位

1. 基本概念

（1）计量单位

计量单位又称测量单位，简称单位，是指"根据约定定义和采用的标量，任何其他同类量可与其比较使两个量之比用一个数表示"。

（2）单位制的名称和符号

每个计量单位都有规定的名称和符号，以便于世界各国统一使用。如在国际单位制中，长度计量单位的名称为米，其符号为 m。计量单位的中文符号，通常由单位的中文名称的简称构成，如电压单位的中文名称是伏特，简称为伏。

（3）基本单位和导出单位

基本单位是指"对于基本量约定采用的计量单位"。在每个一贯单位制中，每个基本量只有一个基本单位。例如：在国际单位制中，米是长度的基本单位，在 CGS 制中，厘米是长度的基本单位。

导出单位是指导出量的计量单位，导出单位是由基本单位按一定的物理关系相乘或相除构成的新的计量单位。例如：在国际单位制中，米每秒（m/s）是速度的导出单位。为了表示方便，对有些导出单位给予专门的名称和符号，称为具有专门名称的导出单位。

（4）倍数单位和分数单位

由于实施测量的领域不同和被测对象不同，一般都要选用大小恰当的计量单位，如机械加工时，加工容差用米表示则太大，一般用毫米或微米表示。如要测量北京到上海之间的距离则应该用千米表示。

（5）国际单位制

国际单位制是指"由国际计量大会批准采用的基于国际量制的单位制，包括单位名称和符号、词头名称和符号及其使用规则。"

（6）法定计量单位

法定计量单位是指"国家法律、法规规定使用的计量单位。"

2. 法定计量单位

我国《计量法》规定："国家实行法定计量单位制度。""国际单位制计量单位和国家选定的其他计量单位为国家法定计量单位。"

我国的法定计量单位包括：

（1）国际单位制的基本单位（见表1-1）；

（2）国际单位制辅助单位在内的具有专门名称的导出单位（见表1-2）；

（3）国家选定的非国际单位制单位（见表1-3）；

（4）用于构成十进倍数和分数单位的词头（见表1-4）。

表1-1　国际单位制的基本单位

量的名称	单位名称	单位符号
长度	米	m
质量	千克(公斤)	kg
时间	秒	s
电流	安[培]	A
热力学温度	开[尔文]	K
物质的量	摩[尔]	mol
发光强度	坎[德拉]	cd

表1-2　国际单位制辅助单位在内的具有专门名称的导出单位

量的名称	单位名称	单位符号
平面角	弧度	rad
立体角	球面度	sr
频率	赫[兹]	Hz
力、重力	牛[顿]	N
压力、压强、应力	帕[斯卡]	Pa
能量、功、热	焦[耳]	J
功率、辐射通量	瓦[特]	W
电荷量	库[仑]	C
电位、电压、电动势	伏[特]	V
电容	法[拉]	F
电阻	欧[姆]	Ω
电导	西[门子]	S
磁通量	韦[伯]	Wb
磁通量密度、磁感应强度	特[斯拉]	T
电感	亨[利]	H
摄氏温度	摄氏度	℃
光通量	流[明]	lm
光照度	勒[克斯]	lx
放射性活度	贝可[勒尔]	Bq
吸收剂量	戈[瑞]	Gy
剂量当量	希[沃特]	Sv

表1-3　国家选定的非国际单位制单位

量的名称	单位名称	单位符号	换算关系和说明
时间	分	min	$1min = 60s$
	[小]时	h	$1h = 60min = 3600s$
	天(日)	d	$1d = 24h = 86400s$
平面角	[角]秒	(″)	$1″ = (\pi/648000)\,rad$
	[角]分	(′)	$1′ = 60″ = (\pi/10800)\,rad$
	度	(°)	$1° = 60′ = (\pi/180)\,rad$
旋转速度	转每分	r/min	$1r/min = (1/60)\,s^{-1}$
长度	海里	n mile	$1n\ mile = 1852m$
速度	节	kn	$1kn = 1\ n\ mile/h$ $= (1852/3600)\,m/s$
质量	吨	t	$1t = 10^3\ kg$
	原子质量单位	u	$1u \approx 1.660540×10^{-27}\ kg$
能	电子伏	eV	$1eV \approx 1.602177×10^{-19}J$
体积	升	L, (l)	$1\ L = 1\ dm^3 = 10^{-3}\,m^3$
级差	分贝	dB	
线密度	特[克斯]	tex	$1tex = 10^{-6}kg/m$
土地面积	公顷	hm^2	$1hm^2 = 10\,000m^2 = 0.01\ km^2$

表 1-4　用于构成十进倍数和分数单位的词头

因子	符号	名称	因子	符号	名称
10^{24}	Y	尧[它]	10^{-1}	d	分
10^{21}	Z	泽[它]	10^{-2}	c	厘
10^{18}	E	艾[可萨]	10^{-3}	m	毫
10^{15}	P	拍[它]	10^{-6}	μ	微
10^{12}	T	太[拉]	10^{-9}	n	纳[诺]
10^{9}	G	吉[咖]	10^{-12}	p	皮[可]
10^{6}	M	兆	10^{-15}	f	飞[母托]
10^{3}	k	千	10^{-18}	a	阿[托]
10^{2}	h	百	10^{-21}	z	仄[普托]
10^{1}	da	十	10^{-24}	y	幺[科托]

3. 我国法定计量单位的使用

（1）法定计量单位的名称

法定计量单位的名称有全称和简称之分。法定计量单位的使用方法如下：

① 组合单位的中文名称与其符号的顺序一致。符号中的乘号没有对应的名称，除号的对应名称为"每"字，无论分母中有几个单位，"每"字只出现一次。

例如：比热容单位的符号是 $J/(kg \cdot K)$，其单位名称是"焦耳每千克开尔文"而不是"每千克开尔文焦耳"或"焦耳每千克每开尔文"。

② 乘方形式的单位名称，其顺序应是指数名称在前。相应的指数名称由数字加"次方"二字而成。

例如：断面惯性矩的单位 m^4 的名称为"四次方米"。

③ 如果长度的 2 次幂和 3 次幂分别表示面积和体积时。则相应的指数名称为"平方"和"立方"并置于长度单位之前，否则应称为"二次方"和"三次方"。

例如：体积单位 dm^3 的名称是"立方分米"，而断面系数单位 m^3 的名称是"三次方米"。

④ 书写单位名称时，不加任何表示乘或除的符号或其他符号。例如：电阻率单位 $\Omega \cdot m$ 的名称为"欧姆米"，而不是"欧姆·米"。

（2）法定计量单位符号及其正确写法

① 质量、重量和重力

在检测过程中，使用质量、重量与重力的地方很多。质量单位：单位名称是千克（公斤），单位符号是 kg；重量与重力单位：单位名称是牛[顿]，单位符号是 N。

错误写法：kg 写成 Kg 、KG ；

　　　　　t 写成 T ；

　　　　　N 写成 n 。

原因分析：M 以下词头均应小写；以科学家命名的计量单位的第一个字母应大写。

② 压力

其单位名称是帕[斯卡]，单位符号是 Pa。

错误写法：MPa 写成 mpa、Mpa 、mPa、MPA；

　　　　　kPa 写成 KPa、kpa；

　　　　　hPa 写成 HPa 、hpa。

原因分析：M 及 M 以上词头均应大写；只有以科学家命名的计量单位的第一个字母才大写。

③ 力矩、功、能[量]

力矩：力同力臂的乘积，其单位名称是牛[顿]米 ，单位符号是 N·m。

功、能[量]，其单位名称是焦[耳]，单位符号是 J，焦[耳]是当 1 牛顿力的作用点在力的方向上移动 1 米距离所做的功。

错误写法：N·m 写成 mN、n·m；

　　　　　kN·m 写成 KN·m；

　　　　　J 写成 j；

　　　　　kJ 写成 KJ。

原因分析：力矩单位应将 N 放前面，以防混淆；M 及 M 以上词头均应大写；有以科学家命名的计量单位的第一个字母才大写。

④ 功率

其单位名称是瓦[特]，单位符号 W。瓦[特]是在 1 秒时间间隔内产生 1 焦耳能量的功率，$1W=1J/s$。

错误写法：W 写成 w；

　　　　　kW 写成 KW、kw。

原因分析：M 以下词头均应小写；以科学家命名的计量单位的第一个字母应大写。

⑤ 温度

分为热力学温度和摄氏温度，热力学温度其单位名称是开[尔文]，单位符号是 K；摄氏温度其单位名称是摄氏度，单位符号是℃。

错误写法和读法：K 写成 k；

　　　　　　　　20℃读成摄氏 20 度(应读为 20 摄氏度)。

原因分析：正确的使用国际单位制的基本单位；不能将计量单位拆分开来读。

⑥体积、容量、流量

体积的单位名称是升，单位符号是 L，(l)；容量的单位名称是升，单位符号是 L，(l)；流量的单位名称是升每分，单位符号是 L/min。

错误写法：mL 写成 ML；

　　　　　L/min 写成 L/Min；

　　　　　m^3/h 写成 M^3/H，M^3/h。

原因分析：M 以下的词头均应小写；正确的使用法定计量单位；升这个单位比较特殊，既可大写也可小写，但有时为了不致混淆，最好大写，如 1 升，最好写为 1 L，而不写为 1 l 。

⑦ 浓度

其单位名称是摩[尔]每立方米、摩[尔]每升，单位符号是 mol/m^3，mol/L。

错误写法：mol/m^3 写成 Mol/M^3；

mol/m^3　写成 moL/m^3；

mol/L 写成 Mol/L；

$\mu mol/L$ 写成 $umol/L$。

原因分析：正确的使用法定计量单位；以科学家命名的计量单位的第一个字母才大写；错误地认为升既可用 l 又可用 L 表示，那么 mol 也可写成 moL；词头的书写应规范。

（3）法定计量单位和词头的使用规则

① 单位与词头的名称，一般只宜在叙述性文字中使用。单位和词头的符号，在公式、数据表、曲线图、刻度盘和产品铭牌等需要简单明了表示的地方使用，也可用于叙述性文字中。应优先采用符号。

② 单位的名称和符号必须作为一个整体使用，不得拆开。

例如：30km/h 应读成"三十千米每小时"，不应读成"每小时三十千米"。

③ 选用 SI 单位的倍数单位或分数单位，一般应使量的数值处于 0.1~1000 范围内。

例如：0.00394m 可以写成 3.94mm；11401Pa 可以写成 11.401kPa。

词头不得重叠使用。

例如：应该用 nm，不应该用 $m\mu m$；应该用 pF，不应该用 $\mu\mu F$。

只是通过相乘构成的组合单位在加词头时，词头通常加在组合单位中的第一个单位之前。例如：力矩的单位 kN·m，不宜写成 N·km。

只通过相除构成的组合单位或通过乘和除构成的组合单位在加词头时，词头一般应加在分子中的第一个单位之前，分母中一般不用词头。

例如：kJ/mol 不宜写成 J/mmol。比能单位可以是 J/kg。

第三节　测量仪器的计量特性

测量仪器的计量特性是指其影响测量结果的一些明显特征，其中包括仪器的测量不确定度、准确度等级、示值误差、最大允许测量误差、测量仪器的稳定性、测量重复性以及测量系统的灵敏度、显示装置的分辨力、仪器漂移、响应特性及阶跃响应时间等。为了达到测量的预定要求，测量仪器必须具有符合规范要求的计量学特性。

一、测量仪器的主要计量特性

1. 仪器的测量不确定度

简称仪器不确定度，是指"由所用的测量仪器或测量系统引起的测量不确定度的分量"。

它的大小是测量仪器或测量系统自身计量特性所决定的，对于原级计量标准通常是通过不确定度分析和评定得到其测量不确定度，而对于一般使用的测量仪器或测量系统，其不确定度是通过对测量仪器或测量系统校准得到，由校准证书给出仪器校准值的测量不确定度。

用某台测量仪器或测量系统对被测量进行测量可以得到被测量估计值，所用测量仪器或测量系统的不确定度在被测量估计值的不确定度中是一个重要的分量。关于仪器的测量不确定度的有关消息可以在仪器说明书中获得，许多情况下，仪器说明书中实际上给出的最大允许误差或准确度等级，仪器的不确定度通常要按 B 类测量不确定度评定得到。仪器的最大允许误差不是仪器的测量不确定度。

2. 准确度等级

是指"在规定工作条件下，符合规定的计量要求，使测量误差或仪器不确定度保持在规定极限内的测量仪器或测量系统的等别或级别"。也就是说，准确度等级是在规定的参考条件下，按照测量仪器的计量性能所能达到的允许误差所划分的仪器的等别或级别，它反映了测量仪器的准确程度，所以准确度等级是对测量仪器特性的具体概括性的描述，也是测量仪器分类的主要特征之一。

准确度等级划分的主要依据是测量仪器示值的最大允许误差，当然有时还要考虑其他计量特性指标的要求。等和级的区别通常这样约定：测量仪器加修正值使用时分为等，不加修正值使用时分为级；有时测量标准器分为等，工作计量器具分为级。

通常准确度等级用约定数字或符号表示，如 0.2 级电压表、0 级量块、一等标准电阻等。通常测量仪器的准确度等级在相应的技术标准、计量检定规程等文件中做出规定，包括划分准确度等级的各项有关计量性能的要求及其允许误差范围。

实际上准确度等级只是一种表达形式，这些等级的划分仍是以最大允许误差、引用误差等一系列数值来定量表述。例如：电工测量指示仪表按准确度等级分类分为 0.1、0.2、0.5、1.0、1.5、2.5、5.0 七级，具体地说，就是该测量仪器以示值范围的上限值(俗称满刻度值)为引用值的引用误差，如 1.0 级指示仪表则其引用误差为 ±1.0%FS(其中 FS 就是满刻度值的缩写)。

3. 示值误差

是指"测量仪器示值与对应的输入量的参考量值之差"，也可简称为测量仪器的误差。示值是由测量仪器所指示的被测量值，示值概念具有广义性，如测量仪器指示装置标尺上指示器所指示的量值，即直接示值或乘以测量仪器常数所得到的示值。对实物量具，量具上标注的标称值就是示值；对模拟式测量仪器而言，示值概念也适用于相邻标尺标记间的内插估计值；对于数字式测量仪器，其显示的数字就是示值；示值也适用于记录仪器，记录装置上的记录元件位置所对应的被测量值就是示值。测量仪器的示值误差就是指测量仪器的示值与被测量的真值之差。它是测量仪器最主要的计量特性之一，本质上反映了测量仪器准确度的大小，示值误差大，则其准确度低；示值误差小，则其准确度高。

示值误差是对真值而言的，由于真值不能确定，实际上使用的是约定真值或标准值。为确定测量仪器的示值误差，当接受高等级的测量标准对其进行检定或校准时，该标准器复现的量值即为约定真值，通常称为标准值或实际值，即满足规定准确度的用来替代真值使用的量值。所以，指示式测量仪器的示值误差＝示值－标准值；实物量具的示值误差＝标称值－标准值。

例如：被检电流表的示值 I 为 40A 时，用标准电流表检定，其电流标准值为 $I_0 = 41A$，则示值误差 Δ 为：

$\Delta = I - I_0 = (40 - 41)\,A = -1\,A$，即该电流表的示值比其约定真值小 1 A。

又如：某工作玻璃量具的容量的标称值 V 为 1000mL，经标准玻璃量具检定，其容量标准值（实际值）V_0 为 1005mL，则量器的示值误差 Δ 为：

$\Delta = V - V_0 = (1000 - 1005)\,mL = -5\,mL$，即该工作量具的标称值比其约定真值小 5mL。

通常测量仪器的示值误差可用绝对误差表示，也可用相对误差表示。确定测量仪器示值误差的大小，是为了判定测量仪器是否合格，或为了获得其示值的修正值。

在日常计算和使用时要注意示值误差、偏差和修正值的区别，不要混淆。偏差是指"一个值减去其参考值"，对于实物量具而言，偏差就是实物量具的实际值（即标准值或约定真值）对于标称值偏离的程度，即偏差＝实际值－标称值；而示值误差＝示值（标称值）－实际值；修正值＝－示值误差。

例如，有一块量块，其标称值为 10mm，经检定其实际值为 10.1mm，则该量块的示值误差、修正值及其偏差各为多少？

分析：由于真值不知，用约定真值代替，经检定的实际值 10.1mm 为约定真值；实物量具量块的示值就是它的标称值。所以，量块的示值误差＝标称值－实际值＝10mm－10.1mm＝-0.1mm，说明此量块的标称值比约定真值小了 0.1mm。因为修正值＝－示值误差，所以在使用时要在标称值加上 +0.1mm 的修正值。

而偏差是指"一个值减去其参考值"。对实物量具而言，偏差是指其实际值对于标称值偏离的程度，即：实物量具的偏差＝实际值－标称值＝10.1mm－10mm＝+0.1mm，说明此量块的实际尺寸比 10mm 标称尺寸大了 0.1mm，在修理时要磨去 0.1mm 才能够得到正确的值。

4. 最大允许测量误差

简称最大允许误差，是指"对给定的测量、测量仪器或测量系统，由规范或规程所允许的，相对于已知参考量值的测量误差的极限值"。这是指在规定的参考条件下，在技术标准、计量检定规程等技术规范中，测量仪器所规定的允许误差的极限值。测量仪器的最大允许误差也可称为测量仪器的误差限。当它是对称双侧误差限，既有上限和下限时，可表达为：最大允许误差＝±MPEV，其中 MPEV 为最大允许误差的绝对值的英文缩写。

最大允许误差可用绝对误差形式表示，如 $\Delta = \pm a$；或用相对误差形式表示，$\delta = \pm \left|\dfrac{\Delta}{x_0}\right| \times 100\%$，$x_0$ 为被测量的约定真值；也可以用引用误差形式表示，即 $\delta = \pm \left|\dfrac{\Delta}{x_n}\right| \times 100\%$，$x_n$ 为引用值，通常是量程或满刻度值。

要区别和理解测量仪器的示值误差、测量仪器的最大允许误差和测量结果的测量不确定度之间的关系。三者的区别是：最大允许误差是指技术规范（如标准、检定规程）所规定的允许的误差极限值，是判定仪器是否合格的一个规定要求；而测量仪器的示值误差是测量仪器的示值与参考值（测量标准复现的量值或约定量值）之差，即示值误差的实际大小，是通过检定、校准所得到的一个值，可以评价是否满足最大允许误差的要求，从而判断该测量仪器是否合格，或根据实际需要提供修正值，以提高测量结果的准确度；测量不确定度是表征被测量量值分散性的一个参数，或表达成一个区间或一个范围，说明被测量的量值以一定概率落在其中，它是用于说明测量结果的可信程度的。

5. 测量仪器的稳定性

简称稳定性，是指"测量仪器保持其计量特性随时间恒定的能力"。通常稳定性是指测量仪器的计量特性随时间不变化的能力。稳定性可以进行定量的表征，主要是确定计量特性随时间变化的关系。通常用以下两种方式：

（1）用计量特性发生某个规定的量的变化所需经过的时间；

（2）或用计量特性经过规定的时间所发生的变化来进行定量表示。

例如：标准电池对其长期稳定性（电动势的年变化幅度）和短期稳定性（电动势在3~5天内的变化幅度），分别提出了明确的要求；量块尺寸的稳定性，则以规定长度每年的允许最大变化量（微米/年）进行考核。

对于测量仪器，尤其是计量基准、计量标准或某些实物量具，稳定性是重要的计量特性之一，示值的稳定是保证量值准确的基础。测量仪器产生不稳定的因素很多，主要原因是元器件的老化、零部件的磨损，以及使用、储存、维护工作不细致等所致。对测量仪器进行周期检定或校准，就是对其稳定性的一种考核，稳定性也是科学合理地确定检定周期的重要依据之一。

6. 测量重复性

简称重复性，是指"在一组重复性测量条件下的测量精密度"（测量精密度简称精密度，是指"在规定条件下，对同一或类似被测量对象重复测量所得到示值或测得值间的一致程度"。）

重复性测量条件简称重复性条件，是指"相同测量程序、相同操作者、相同测量系统、相同操作条件和相同地点，并在短时间内对同一或类似被测对象重复测量的一组测量条件"。

二、测量仪器的其他计量特性

1. 测量系统的灵敏度

简称灵敏度，是指"测量系统的示值变化除以相应的被测量值变化所得的商"。它反映测量仪器被测量（输入）变化引起仪器示值（输出）变化的程度。它用被观察变量的增量即响应（输出量）与相应被测量的增量即激励（输入量）之商来表示。如果被测量变化很小，而引起的示值（输出量）改变很大，则该测量仪器的灵敏度就高。

灵敏度可能与被测量的增量即激励值有关，被测量值的变化必须大于分辨力。灵敏度是测量仪器中一个十分重要的计量特性。但有时灵敏度不是越高越好，为了方便计数，使示值处于稳定，还需要特意地降低灵敏度。

2. 显示装置的分辨力

显示装置的分辨力是指"能有效辨别的显示示值间的最小差值"。也就是说，显示装置的分辨力是指指示或显示装置对其最小示值差的辨别能力。指示或显示装置提供示值的方式，可分为模拟式、数字式和半数字式三种。

模拟式显示装置提供模拟示值，最常见的是模拟式指示仪表，用标尺指示器作为读数装置，其测量仪器的分辨力为标尺上任何两个相邻标记之间间隔所表示的示值差（最小分度值）的一半。如线纹尺的最小分度值为1mm，则分辨力为0.5mm。

数字式显示装置提供数字示值，带数字显示装置的测量仪器的分辨力，是最低位数字变化一个字时的示值差。如数字电压表最低一位数字变化 1 个字的示值差为 $1\mu V$，则分辨力为 $1\mu V$。

半数字式指示装置是以上两种的综合。它通过由末位有效数字的连续移动进行内插的数字式指示，或通过由标尺和指示器辅助读数的数字式指示来提供半数字示值。如家用电度表，标尺右端数字连续移动，这样能读到示值为 $26352.4kW \cdot h$，分辨力为 $0.1kW \cdot h$（$1kW \cdot h$ 即 1 度电）。

3. 仪器漂移

仪器漂移是指"由于测量仪器计量特性的变化引起的示值在一般时间内的连续或增量变化"。在漂移过程中，示值的连续变化即与被测量的变化无关也与影响量的变化无关。如有的测量仪器的零点漂移，有的线性测量仪器静态特性随时间变化的量程漂移。

产生漂移的原因，往往是由于温度、压力、湿度等变化所引起的，或由于仪器本身性能的不稳定所致。测量仪器使用前采取预热、预先在实验室内放置一段时间与室温等温，就是减少漂移的一些措施。

4. 响应特性

响应特性是指"在确定条件下，激励与对应响应之间的关系"。激励就是输入量或输入信号，响应就是输出量或输出信号，而响应特性就是输入输出特性。对一个完整的测量仪器而言，激励就是被测量，而响应就是它对应地给出的示值。显然，只有准确地确定了测量仪器的响应特性，其示值才能准确地反映被测量量值。因此，可以说响应特性是测量仪器最基本的特性。

5. 阶跃响应时间

阶跃响应时间是指"测量仪器或测量系统的输入量值在两个规定常量值之间发生突然变化的瞬间，到与相应示值达到其最终稳定值的规定极限内时的瞬间，这两者间的持续时间"。这是测量仪器响应特性的重要参数之一。

对输入输出关系的响应特性中，考核随着激励的变化其阶跃响应时间反映的能力，当然越短越好。阶跃响应时间短，则反映指示灵敏快捷，有利于进行快速测量或调节控制。

三、测量仪器的使用条件

测量仪器的计量特性受测量仪器使用条件的影响，通常测量仪器允许的使用条件有以下三种形式。

1. 参考工作条件

简称参考条件是指"测量仪器或测量系统的性能评价或测量结果的相互比较而规定的工作条件"。这是指测量仪器在进行检定、校准、比对时的使用条件，参考条件就是标准工作条件或称为标准条件。测量仪器具有自身的基本计量性能，如准确度、测量仪器的示值误差、测量仪器的最大允许误差以及其他性能。而这些性能是在有一定影响量的情况下考核的，严格规定的考核测量仪器计量性能的工作条件就是参考条件，一般包括作用于测量仪器的影响量的参考值或参考范围，只有在参考条件下才能真正反映测量仪器的计量性能和保证测量结果的可比性。

开展检定、校准工作时，通常参考条件就是计量检定规程或校准规范上规定的工作条件。当然不同的测量仪器有不同的要求，如紫外、可见、近红外分光光度计，其检定规程规定：要求电源电压变化不大于（220±22）V，频率变化不超过（50±1）Hz，室温（15~30）℃，相对湿度小于85%，仪器不受阳光直射，室内无强气流及腐蚀性气体，不应有影响检定的强烈振动和强磁场的干扰等要求。测量仪器的基本计量性能就是这种标准条件下所规定的。

2. 额定工作条件

额定工作条件是指"为使测量仪器或测量系统按设计性能工作，在测量时必须满足的工作条件"。额定工作条件就是指测量仪器的正常工作条件。一般要规定被测量和影响量的范围或额定值，只有在规定的范围或额定值下使用，测量仪器才能达到规定的计量特性或规定的示值允许误差值，满足规定的正常使用要求。如工作压力表测量范围的上限为10MPa，则其上限只能用于10MPa，如额定电流为10A的电能表，其输入电流不得超10A；有的测量仪器的影响量的变化对计量特性具有较大的影响，而随着影响量的变化，会增大测量仪器的附加误差，则还需要规定影响量如温度、湿度、振动及其环境的范围和额定值的要求，通常在仪器使用说明书中应做出规定。在使用测量仪器时，搞清楚额定工作条件十分重要。只有满足这些条件时，才能保证测量仪器的测量结果的准确可靠。当然在额定工作条件下，测量仪器的计量特性仍会随着测量或影响量的变化而变化。但此时变化量的影响，仍能保证测量仪器在规定的允许误差极限内。

3. 极限工作条件

极限工作条件是指"为使测量仪器或测量系统所规定的计量特性不受损害也不降低，其后仍可在额定工作条件下工作，所能承受的极端条件"。这是指测量仪器能承受的极端条件。承受这种极限工作条件后，其规定的计量特性不会受到损坏或降低，测量仪器仍可在额定工作条件下正常运行。极限工作条件应规定被测量和影响量的极限值。例如：有些测量仪器可以进行测量上限10%的超载试验；有的允许在包装条件下的振动试验；有的考虑到运输，储存和运行的条件，进行（-40~+50）℃的温度试验或相对湿度达95%以上的湿度试验等，这些都属于测量仪器的极限工作条件。在经受极限工作条件后，在规定的正常工作条件下，测量仪器仍能保持其规定的计量特性而不受影响和损坏。通常测量仪器所进行的型式试验，其中有的项目就属于是一种极端条件下对测量仪器的考核。

四、测量仪器的选用原则

选用测量仪器应从技术性和经济性出发，使其计量特性（如最大允许误差、稳定性、测量范围、灵敏度、分辨力等）适当地满足预定的要求，既要够用，又不过高。

1. 技术性

在选择测量仪器的最大允许误差时，通常应为测量对象所要求误差的1/5~1/3，若条件不许可，也可为1/2，当然此时测量结果的置信水平就相应下降了。

在选择测量仪器的测量范围时，应使其上限与被测量值相差不大而又能覆盖全部量值。

在选择灵敏度时，应注意灵敏度过低会影响测量准确度，过高又难于及时达到平衡状态。

在正常使用条件下，测量仪器的稳定性很重要，它表征测量仪器的计量特性随时间长期不变的能力。一般来说，人们都要求测量仪器具有高的可靠性；在极重要的情况下，比如在核反应堆、空间飞行器中，为确保万无一失，有时还要选备两套相同的测量仪器。

在选择测量仪器时，应注意该仪器的额定工作条件和极限工作条件。这些条件给出了被测量值的范围、影响量的范围以及其他重要的要求，以使测量仪器的计量特性处于规定的极限之内。

此外，还应尽量选用标准化、系列化、通用化的测量仪器，以便于安装、使用、维修和更换。

2. 经济性

测量仪器的经济性是指该仪器的成本，它包括基本成本、安装成本及维护成本。基本成本一般是指设计制造成本和运行成本。对于连续生产过程中使用的测量仪器，安装成本中还应包括安装时生产过程的停顿损失费（停机费）。通常认为，首次检定费应计入安装成本，而周期检定费应计入维护成本。这就意味着，应考虑和选择易于安装、容易维修、互换性好、校准简单的测量仪器。

测量准确度的提高，通常伴随着成本的上升。如果提出过高的要求，采用超越测量目的的高性能的测量仪器，而又不能充分利用所得的数据，那将是很不经济，也是毫无必要的。此外，从经济上来说，应选用误差分配合理的测量仪器来组成测量装置。

第四节　测量误差与有效数字

一、测量误差概述

进行测量的目的是为了获得尽可能接近真值的测量结果。如果测量误差超过一定限度，测量工作以及由测量结果所得到的结论就失去了意义。在实验中使用各种仪器仪表进行测量时，测量仪器的准确度、测量方法、测量环境、测量人员个体差异等各种因素，都会影响测量结果，使测量值和被测的真值之间存在差异，即产生误差。因此，为了获得符合要求的测量结果，需要认识测量误差的规律，采取各种措施，力求减小测量误差。

1. 测量误差与参考值

测量误差定义为"测得的量值减去参考量值"，实际工作中测量误差又简称误差。

最理想的测量就是能够测得真值，但由于实际的测量是利用仪器仪表，在一定条件下通过测量人员来完成的，因此，受仪器的灵敏度和分辨力的局限性，环境的不稳定性和人的精神状态等因素的影响，使得待测量的真值是不可测得的。

测量的任务是设法使测量值中的误差减到最小，求出在测量条件下被测量的最近真值，估计最近真值的可靠程度。在实验和工程中，常用满足规定的准确度要求的测量结果来代替真值，这个测量结果被认为充分地接近真值，称为参考值。

2. 误差的分类

测量误差按照性质可分为系统误差和随机误差。

（1）系统误差

系统误差是指"在重复测量中保持不变或按可预见方式变化的测量误差的分量"。在测量条件(仪器、方法、环境、测量人员)不变的条件下，多次测量同一被测量时，误差的符号和绝对值保持不变；或在测量条件发生变化时，误差按一定规律变化，则这样的误差称为系统误差。

系统误差反映了多次测量总体平均值偏离真值的程度。系统误差为非随机变量，不满足统计规律，可以通过多次测量反复重现，可以修正。

产生系统误差的主要原因有以下几种：

① 仪器误差　由测量仪器、装置、设备不完善而产生的误差。

② 方法误差(理论误差)　由实验方法本身或理论不完善而导致的误差。

③ 环境误差　由外界环境(如光照、温度、湿度、电磁场等)影响而产生的误差。

④ 读数误差　由测试人员在测量过程中的主观因素或不良习惯而产生的误差。

⑤ 系统误差　主要是由于仪器缺陷、方法(或理论)不完善、环境影响和实验人员本身等因素而产生。因此，只有在实验过程中不断积累经验，认真分析系统误差产生的原因，才能有针对性地采取适当的措施来消除。

（2）随机误差

随机误差是指"在重复测量中按不可预见方式变化的测量误差的分量"。

在同一条件下，多次测量同一量时，测量值总是有稍许差异而变化不定，这种测量的绝对值和符号经常变化的误差称为随机误差，亦称为偶然误差。

随机误差的大小和符号没有确定的变化规律，不可预知也不可控制。单次测量的随机误差没有规律，多次测量的结果一般符合统计规律，可以通过对数据的统计处理，在理论上估计随机误差对测量结果的影响。

随机误差的产生原因主要是由于如温度、光照、湿度、气压、电磁场、空气扰动等周围环境对测量过程的影响。因此，随机误差具有的规律性，绝对值相等的正的误差和负的误差出现的机会相同，绝对值小的误差比绝对值大的误差出现的机会多，超出一定范围的误差基本不出现。

在一定测量条件下，增加测量次数，使用算术平均值，可以减小测量结果的偶然误差，使测量值趋于真值。因此，可以取算术平均值为直接测量的最近真值。

二、测量误差的表示方法

在科学实验和工程应用的测量中，存在测量误差的事实是不可回避的，为了能更好地反映测量的精确度和测量误差的范围等信息，按分析数据的方式，测量误差有绝对误差、相对误差和引用误差三种表示方法。

1. 绝对误差

在具有相同单位的情况下，测量值 x 与被测量真值 M_0 之差称为绝对误差 Δx。由于真值一般是未知的，因此，实际应用中，通常用更高级别标准的标准仪器的测得的实际值 M 来代表真值。绝对误差反映了测量值偏离真值的大小。即 $\Delta x = x - M$，绝对误差是具有大小、正负和量纲的数值。

在同一测量条件下，绝对误差 Δx 可以表示一个测量结果的可靠程度；但比较不同测量结果时，问题就出现了。例如：用万用表测量两个电阻时，测量值分别是 0.1Ω 和 1000Ω，它们的绝对误差分别是 0.01Ω 和 1Ω，虽然后者的绝对误差远大于前者，但是前者的绝对误差占测量值的 10%，而后者的绝对误差仅占测量值的 0.1%，说明后一个测量值的可靠程度远大于前者，因此，绝对误差不能正确反映不同测量值的可靠性。

2. 相对误差

绝对误差反映的是测量的近似程度，不能反映测量的可靠程度和准确度，因此引入了相对误差的概念。

测量值的绝对误差 Δx 与被测量的真值 M_0 之比称为相对误差 δ。相对误差 δ 是一个比值，没有单位，通常用百分比表示。即

$$\delta = \frac{\Delta x}{M_0} \times 100\%$$

因真值 M_0 与测量值 M 接近，也可以近似地用测量值代替真值，则有

$$\delta = \frac{\Delta x}{M} \times 100\%$$

3. 引用误差

通常在多挡和连续刻度仪器仪表中，可测量范围不是一个点，而是一个量程，若用上式计算很繁琐，而且在仪表标尺的不同部位，其相对误差是不同的，所以为了计算和划分准确度等级的方便，通常采用引用误差。

绝对误差 Δx 与仪器仪表满刻度量程 x_m 之比称为引用误差 δ_f。引用误差也是一种相对误差，没有单位，通常用百分数表示。即 $\delta_f = \frac{\Delta x}{x_m} \times 100\%$。

仪表的准确度是按仪表的最大引用误差 $|\delta_f|_{max}$ 来划分等级的。根据国家标准 GB 7676.2规定，直读式的电流表、电压表等电工测量仪表的准确度等级分为 0.05、0.1、0.2、0.3、0.5、1.0、1.5、2.5、5.0 等十个等级，如表1-5所示。

表1-5 电工测量仪表的准确度等级

准确度等级	0.05	0.1	0.2	0.3	0.5	1.0	1.5	2.0	2.5	5.0
基本误差/%	±0.05	±0.1	±0.2	±0.3	±0.5	±1.0	±1.5	±2.0	±2.5	±5.0

如果某仪表为 s 级，则说明该仪器的最大引用误差不超过 $s\%$，即 $|\delta_f| \le s\%$，但不能认为它在各刻度上的示值误差都具有 $s\%$ 的准确度。如果某电表为 s 级，满刻度值为 x_m，测量点为 x，则仪表在该测量点的最大相对误差 δ 可表示为

$$\delta = \frac{x_m}{x} \times s$$

因为 $x \le x_m$，所以当 x 越接近 x_m 时，其测量准确度越高。使用这类仪表测量时，应选择使指针尽可能接近于满刻度值的量程，一般最好能工作在不小于满刻度值 2/3 以上的区域。

三、有效数字

在实验中经常要记录很多测量数据，这些数据应当是能反映出被测量实际大小的全

部数字，应当尽可能接近被测量的真实值。但是在实验观测、读数、运算与最后得出的结果中，哪些是能反映被测量实际大小的数字应予以保留，哪些不应当保留，这就与有效数字及其运算法则有关。实验数据的记录及运算反映了近似值的大小，并且在某种程度上表明了误差。

1. 有效数字

反映被测量实际大小的数字称为有效数字。一般从仪器上读出的数字均为有效数字，它和小数点的位置无关，有效数字的位数是由测量仪器的准确度确定的，它是由准确数字和最后一位有误差的数字组成。

在测量时，对于连续读数的仪器，有效数字读到仪器最小刻度的下一位的估计值，不论估计值是否是"0"都应记录，不能略去。在测量中，凡是从仪器上读出的"0"都是有效数字；由单位变换得出的零均不是有效数字。单位变换时有效数字的位数保持不变。

任何一个量，其测量的结果既然或多或少的有误差，那么一个量的数值就不应当无止境的写下去，写多了没有实际意义，写少了又不能比较真实的表达测量值。因此，一个量的数值和数学上的某一个数就有着不同的意义。例如，若用最小分度值为 1mA 的指针式电流表测量电路中的电流，读数值为 12.8mA，其中 12 这个数字是从电流表的刻度上准确读出的，可以认为是准确的，称为可靠数字。末尾数字 8 是在电流表的最小分度值的下一位上估计出来的，是不准确的，称为欠准数。虽然欠准可疑，但不是无中生有，而是有根有据有意义的，显然有一位欠准数字，就使测量值更接近真实值，更能反映客观实际。因此，测量值应当保留到这一位是合理的，即使估计数是 0，也不能舍去。测量结果应当而且也只能保留一位欠准数字，故测量数据的有效数字的位数为可靠数字的位数加上一位欠准数字。如上述的 12.8mA 称为三位有效数字。

有效数字的位数与十进制单位的变换无关，即与小数点的位置无关，用以表示小数点位置的 0 不是有效数字。在有效数字的位数确定时，第一个不为零的数字左面的零不能算有效数字的位数，而第一个不为零的数字右面的零，一定要算做有效数字的位数。如 0.0762mA 是三位有效数字，0.0762mA 和 76.2μA 是等效的，只不过是分别采用了毫安和微安作为电流大小的表示单位；2.0850mA 是五位有效数字。

从有效数字的另一面也可以看出测量用具的最小刻度值，如 12.8mA 是用最小刻度为毫安的电流表测量的，而 2.0850mA 是用最小刻度为微安的电流表测量的。因此，正确掌握有效数字的概念对电路实验来说是十分必要的。

在实验中通常仪器上显示的数字均为有效数字(包括最后一位估计读数)都应读出，并记录下来。对于有分度式的仪表，读数要根据人眼的分辨能力读到最小分度的十分之几。在记录直接测量的有效数字时，为了避免单位换算中位数很多时写一长串，或计数时出现错位，常采用科学表达式，通常是在小数点前保留一位整数，如用微安表测得的 0.0066mA，可以记作 6.6×10^{-6}A。

根据有效数字的规定，凡是仪器上读出的数值，有效数字中间与末尾的 0，均应算作有效位数。例如，8.1003mA，6.7300mA 均是五位有效数字。在记录数据中，有时因定位需要，而在小数点前添加 0，这不应算作有效位数，如 0.0066mA 是两位有效数字而不是五位有效数字。

根据有效数字的规定对有效数字进行记录时，直接测量结果的有效位数的多少，取决于被测量本身的大小和所使用的仪器准确度，对同一个被测量，高准确度的仪器，测量的有效位数多，低准确度的仪器，测量的有效位数少。例如，实际值为 6.7300mA 的电流，若用最小分度值为 1mA 的电流表测量，其数据为 6.73mA，若用微安表测量，其测量值为 6.7300mA。因此，对一个实际测量值，正确应用有效数字的规定进行记录，就可以从测量值的有效数字记录中看出测量仪器的准确度。

2. 有效数字运算规则

在进行有效数字计算时，参加运算的分量可能很多。各分量数值的大小及有效数字的位数也不相同，而且在运算过程中，要符合以下原则：

① 不因计算而引进误差，影响结果；

② 尽量简洁，不作徒劳的运算。

（1）加法或减法运算

若干个数进行加法或减法运算，其"和"或者"差"的结果的欠准确数字的位置与参与运算各个量中的欠准确数字的位置最高者相同。由此得出结论：若干个直接测量值进行加法或减法计算时，选用精度相同的仪器最为合理。

$$478.2+3.462 = 481.662 = 481.7$$
$$49.27-3.4 = 45.87 = 45.9$$

（2）乘法和除法运算

用有效数字进行乘法或除法运算时，"乘积"或者"商"的结果的有效数字的位数与参与运算的各个量中有效数字的位数最少者相同。由此得出结论：测量的若干个量，若是进行乘法除法运算，应按照有效位数相同的原则来选择不同精度的仪器。

$$834.5 \times 23.9 = 19944.55 \approx 1.99 \times 10^4$$
$$2569.4 \div 19.5 = 131.7641 \approx 132$$

（3）数值修约规则

数值修约通常在量值传递过程中使用，用于对测量结果（包括测得值、参与运算值、测量误差以及测量结果的不确定度等）进行整齐划一的规范处理。数值的修约执行 GB/T 8170《数值修约规则与极限数值的表示和判定》。数字的有效位数确定后，便应对多余的部分进行取舍。以前经常采用"四舍五入"规则，对被"截"部分大于或小于 5 的情况而言是合理的，但若被"截"部分恰好等于 5 时皆进 1，不再合理了。因为这样做就使进 1 的机会大于舍去的机会，取舍的概率便不相同。为了克服这种弊端，在数据的截取时按"数值规则"进行。

在 GB/T 8170《数值修约规则与极限数值的表示和判定》中，术语"数字修约"定义为："通过省略原数值的最后若干位数字，调整所保留的末位数字，使最后所得到的值最接近原数值的过程"。术语"修约间隔"定义为："修约值的最小数值单位"。修约间隔的数值一经确定，修约值即为该数值的整数倍。

例 1：如指定修约间隔单位为 0.1，修约值应为 0.1 的整数倍，相当于将数值修约到保留一位小数，修约后数值间的间隔单位为 0.1。

例 2：如指定修约间隔单位为 0.5，修约值应为 0.5 的整数倍，相当于将数值修约到保留一位小数，修约后数值间的间隔单位为 0.5。

例 3：如指定修约间隔单位为 0.02，修约值应为 0.02 的整数倍，相当于将数值修约到保留两位小数，修约后数值间的间隔单位为 0.02。

数值修约基本规则为：五下舍去五上入，单进双弃系整五。即当舍去部分的数值大于 5 时，则末位进 1；当舍去部分的数值小于 5 时，就舍去。当舍去部分恰好等于 5 时，若在 5 后面还有数，则按大于 5 修约；若在 5 后面也无数或为 0 时，要看保留的末位。是奇数，就进 1 而成偶数；末位是偶数时，仍保持原末位数字。总之，末位总是变成或保持偶数。

这一规则的优越性在于，要舍去部分恰好等于 5 时，各有一半机会取舍，而不致造成偏大误差的趋势，因而在理论上更为合理。

经过修约后的数字，称为有效安全数字。其目的在于今后应用数据表达测量结果时，已有足够的位数保证误差不迅速累计，并且使数字表达不会过长。但必须注意的是，在数值修约时，只能一次修约，而不能逐次修约。如将数值 15.4546 修约至个位，修约间隔单位为 1，结果应为 15。若逐次修约势必会变成 15.4546 →15.455→15.46 →15.5 →16，这样对数值的修约显然是错误的。

（4）数值修约举例

对以下数值修约，若修约间隔单位为 1×10^n，各数值修约结果如下：

34.945 修约成 3 位有效数字，修约值为 34.9；

34.960 修约成 3 位有效数字，修约值为 35.0；

34.9501 修约成 3 位有效数字，修约值为 35.0；

34.850 修约成 3 位有效数字，修约值为 34.8；

573.5 修约成 3 位有效数字，修约值为 574；

1.2874 修约成 4 位有效数字，修约值为 1.287；

1.2876 修约成 4 位有效数字，修约值为 1.288；

1.287500 修约成 4 位有效数字，修约值为 1.288；

1.286500 修约成 4 位有效数字，修约值为 1.286；

1.284500001 修约成 4 位有效数字，修约值为 1.285。

数值 2.790，若修约成 3 位有效数字，修约间隔单位为 2×10^n，即修约值为 0.02 单位的整数倍。数值修约过程如下：$2.790 \div 2 = 1.395$，1.395 按修约间隔单位为 1×10^n 修约成 3 位有效数字，修约结果为 1.40，$1.40 \times 2 = 2.80$。

数值 0.58691，若修约成 4 位有效数字，修约间隔单位为 5×10^n，即修约值为 0.0005 单位的整数倍。数值修约过程如下：$0.58691 \div 5 = 0.11738$，0.11738 按修约间隔单位为 5×10^n 修约成 4 位有效数字，修约结果为 0.1174，$0.1174 \times 5 = 0.5870$。

习题及参考答案

一、习题

（一）选择题（单选）

1. _____是"实现单位统一、量值准备可靠的活动"。

A. 计量   B. 科学实验   C. 测量   D. 检测

2. _____是通过实验获得并可合理赋予某量一个或多个量值的过程。

A. 计量   B. 测试   C. 测量   D. 校准

3.《计量标准考核证书》在有效期届满前_____个月，持证单位应当向主持考核的计量行政部门申请复查考核。

A. 3   B. 4   C. 6   D. 8

4. 强制检定是由政府计量行政部门所属或者授权的计量检定机构对某些特殊领域里使用的计量器具所实施的_____检定。

A. 强行   D. 定点定期   C. 协商约定   D. 行政执法

5. 测量过程的三个要素是：输入、_____、输出。

A. 一组操作   B. 测量资源   C. 测量活动   D. 测量人员

（二）选择题（多选）

1. _____需要进行强制检定。

A. 社会公用计量标准器具

B. 部门和企业、事业单位使用的最高计量标准器具

C. 列入《中华人民共和国强制检定的工作计量器具目录》的工作计量器具

D. 列入《中华人民共和国强制检定的工作计量器具目录》，且用在贸易结算、安全防护、医疗卫生、环境监测四个方面的工作计量器具

2. 计量检定人员的权利有_____。

A. 在职责范围内依法从事计量检定活动

B. 依法使用计量检定设施，并获得相关技术文件

C. 保证计量检定数据和有关技术资料的真实完整

D. 参加本专业继续教育

3. 下列哪些行为属于计量检定人员的违法行为？_____

A. 伪造、篡改数据、报告、证书或技术档案等资料

B. 违反计量检定规程开展计量检定

C. 使用经考核合格的计量标准开展计量检定

D. 出租、出借或者以其他方式非法转让《计量检定员证》或《注册计量师注册证》

二、参考答案

（一）选择题（单选）

1. A　2. C　3. C　4. B　5. C

（二）选择题（多选）

1. ABD　　2. ABD　　3. ABD

习题及参考答案（二）

一、习题

（一）选择题（单选）

1. 动力黏度单位"帕斯卡秒"的中文符号是_____。

A. 帕秒　　　　　　B. 帕·秒　　　　　　C. [帕][秒]　　　　　D. 帕–秒

2. 速度单位的国际符号是"m/s"，其中文名称的正确写法是_____。

A. 米秒　　　　　　B. 秒米　　　　　　C. 米每秒　　　　　　D. 每秒米

3. 热导率单位符号的正确书写是_____。

A. W/K·m　　　　　B. W/K/m　　　　　C. W/(K·m)　　　　D. w/(K·m)

4. 下列的单位名称中，_____属于国际单位制的基本单位。

A. 弧度　　　　　　B. 欧姆　　　　　　C. 摩尔　　　　　　D. 伏特

5. 下列的单位名称中，_____属于具有专门名称的导出单位。

A. 牛顿　　　　　　B. 千克　　　　　　C. 米　　　　　　　D. 秒

6. 下列名称中不属于国家选定的非国家单位制单位是_____。

A. 分　　　　　　　B. 天　　　　　　　C. 度　　　　　　　D. 英寸

7. 下列单位的国际符号中，不属于国际单位制的符号是_____。

A. t　　　　　　　　B. kg　　　　　　　C. ns　　　　　　　D. μm

（二）选择题（多选）

1. 计量技术法规包括_____。

A. 计量检定规程　　　　　　　　　B. 国家计量检定系统表
C. 计量技术规范　　　　　　　　　D. 国家测试标准

2. 下列单位的国际符号中，属于国际单位制的符号是_____。

A. 毫米　　　　　　B. 吨　　　　　　　C. 吉赫　　　　　　D. 千帕

3. 长度为 0.05 毫米的正确表示方法可以是_____。

A. 0.05mm　　　　B. 5×10^{-5} m　　　C. 50μm　　　　　D. 5000nm

（三）案例分析

有一本《计量技术》教材，在化学计量一章中，对呼出气体酒精含量探测器的检定，列出了燃料电池式探测器的技术指标：

项　　目	燃料电池式探测器技术指标	
测量范围	（0~0.40）mg/L	
示值误差	量程	<0.20mg/L
	误差	±0.025mg/L
	量程	0.20~0.40mg/L
	误差	±0.04mg/L
测量重复性	0.006mg/L	
复零时间	<2min（在0.363mg/L条件下）	
示值响应时间	40~60s	
呼出气持续时间	2.5±0.5s	

要求指出表中的表述错误之处。

二、参考答案

（一）选择题（单选）

1. B　2. C　3. C　4. C　5. A　6. D　7. A

（二）选择题（多选）

1. ABC　2. ACD　3. ABC

（三）案例分析

1. 技术指标中示值误差相应的量程"0.20~0.40mg/L"和呼出气持续时间"2.5±0.5s"及示值响应时间"40~60s"都表述不正确。前者均为数字量，而不是量值，因此不能与量值连用。正确的表述应为（0.20~0.40）mg/L或0.20mg/L~0.40mg/L，其他两个类似。

2. "示值误差"和"误差"表述不正确，按照JJF 1001应该使用"最大允许误差/准确度等级"表示，"量程"表述不正确，应该用测量范围表示，即测量范围是（0.20~0.40）mg/L或0.20mg/L~0.40mg/L。

❖❖❖ 习题及参考答案（三）❖❖❖

一、习题

（一）选择题（单选）

1. 某一玻璃液体温度计，其标尺下限示值为-40℃，而其上限示值为+80℃，则该温度计的上限与下限之差为该温度计的_____。

A. 示值误差　　　　　　　　　　　B. 标称示值误差

C. 标称示值区间的量程　　　　　　D. 测量区间

2. 测量传感器是指_____。

A. 一种指示式计量器具

B. 输入和输出为同种量的仪器

C. 用于测量的，提供与输入量有确定关系的输出量的器件或器具

D. 通过转换得到的指示值或等效信息的仪器

3. 当一台天平的指针产生可觉察位移的最小负荷变化为 10mg，则此天平的_____为 10mg。

A. 灵敏度　　　　　B. 分辨力　　　　　C. 鉴别阈　　　　　D. 死区

4. 实物量具是_____。

A. 具有所赋量值，使用时以固定形态复现或提供一个或多个量值的计量器具

B. 能将输入量转化为输出量的计量器具

C. 能指示被测得值的计量器具

D. 结构上一般有测量机构，是一种被动式计量器具

5. 有两台检流计，A 台输入 1mA 光标移到 10 格，B 台输入 1mA 光标移到 30 格，则 A 台检流计的灵敏度比 B 台检流计的灵敏度_____。

A. 度　　　　　B. 低　　　　　C. 相近　　　　　D. 相同

（二）选择题（多选）

1. 测量仪器的使用条件包括_____。

A. 参考工作条件　　　　　　　　B. 标准测量条件

C. 额定工作条件　　　　　　　　D. 极限工作条件

2. 测量仪器的准确度是一个定性的概念，在实际应用中应该用测量仪器的_____表示其准确程度。

A. 最大允许误差　　　　　　　　B. 准确度等级

C. 测量不确定度　　　　　　　　D. 测量误差

3. 测量设备是指_____以及进行测量所必须的资料的总称。

A. 测量仪器　　　　　　　　　　B. 测量标准（包括标准物质）

C. 被测件　　　　　　　　　　　D. 辅助设备

4. 单独地或连同辅助设备一起用以进行测量的装置在计量学术语中称为_____。

A. 测量仪器　　　　　B. 测量链　　　　　C. 计量器具　　　　　D. 测量传感器

二、参考答案

（一）选择题（单选）

1. C　2. C　3. C　4. A　5. B

（二）选择题（多选）

1. ACD　2. AB　3. ABD　4. AC

习题及参考答案(四)

一、习题

(一)选择题(单选)

1. 为表示数字多用表测量电阻的最大允许误差,以下的表示形式中_____是正确的。

A. ±(0.1%R+0.3μΩ)　　　　　　　　B. ±(0.1%+0.3μΩ)

C. ±0.1%±0.3μΩ　　　　　　　　　　D. (0.1%R+0.3μΩ)k=3

2. 一台(0～150)V的电压表,说明书说明其引用误差限为±2%,说明该电压表的任意示值的用绝对误差表示的最大允许误差为_____。

A. ±3V　　　　　B. ±2%　　　　　C. ±2%D　　　　　D. ±1V

3. 在重复测量中保持不变或按可预见方式变化的测量误差的分量属于_____误差。

A. 引用　　　　　B. 相对　　　　　C. 系统　　　　　D. 随机

4. 测量仪器的误差除以仪器的特定值叫_____。

A. 粗大误差　　　B. 引用误差　　　C. 相对误差　　　D. 随机误差

5. 某台标称范围为(0～150)V的电压表,当其示值为100.0V时,测得电压的实际值为99.4V,则该电压表在示值为100.0V处引用误差为_____。

A. +0.4%　　　　B. −0.4%　　　　C. +0.6%　　　　D. −0.6%

6. 随机误差可用_____减少。

A. 修整值法　　　　　　　　　　　　B. 替代法

C. 多次测量取平均值　　　　　　　　D. 利用莱因达准则判断剔除

7. 对某标称值为 x 进行测量,其测量结果为 $\bar{x}$,则其修正值为_____。

A. Δ　　　B. $x - \bar{x}$　　　C. $x - \bar{x}$　　　D. $-x - \bar{x}$

(二)选择题(多选)

1. 下列中关于测量误差说法不正确的是_____。

A. 测量误差有正负号　　　　　　　　B. 测量误差无正负号

C. 测量误差有计量单位　　　　　　　D. 测量误差无计量单位

2. 测量误差的来源主要根据以下_____个方面来分析。

A. 器具误差　　　B. 环境误差　　　C. 人员误差　　　D. 方法误差

3. 产生系统误差的主要原因有_____。

A. 由设备不完善而产生的误差

B. 测量标准(或标准物质)引入的误差

C. 由实验方法本身或理论不完善而导致的误差

D. 由外界环境(如光照、温度、湿度、电磁场等)影响而产生的误差

4. 下面列出的数字中有效数字位数为3位的是_____。

A. 4.35　　　B. 0.0600　　　C. 2.50×10^5　　　D. 1.328

二、参考答案

（一）选择题（单选）

1. A　2. A　3. C　4. B　5. A　6. C　7. B

（二）选择题（多选）

1. BD　2. ABCD　3. ABCD　4. ABC

第二章 气体检测报警器基础

第一节 气体检测报警器的产生、现状及发展趋势

一、气体检测报警器的产生

气体检测报警器是气体泄漏检测报警仪器。当工业环境中可燃或有毒气体发生泄漏，气体检测报警器检测到气体浓度达到报警设定值时，报警器就会发出报警信号，以提醒工作人员采取安全措施。气体检测报警器的产生是气体监测发展的必然产物，矿山（特别是煤矿）行业也是最早认识到需要监测作业场所危险气体的行业，由于矿山生产的特点，相对密闭矿井中的气体组分复杂多变，除了主要危险气体瓦斯外，还可能出现一氧化碳、硫化氢等危险气体，同时又有缺氧窒息的潜在危险。在这种情况下，1815 年英国化学家 Humphry. Davy 发明了瓦斯环境中使用的安全矿灯，如图 2-1 所示，不仅可以安全照明，同时可以帮助矿工判断瓦斯、氧气浓度是否正常。

图 2-1 Humphry. Davy 发明的安全矿灯

随着船运事业的蓬勃发展，舰船受限空间危险气体的监测备受关注，这极大促进了现代气体监测仪器的发展。

1926 年，油船爆炸事故促使 Standard Oil（Chevron 前身）开始研制可燃气体监测器；

1927 年，Oliver W. Johnson 发明了第一台可燃气体监测仪（Standard Oil Electric Vapor Indicator）；

1928 年，Johnson-Williams Instruments 在加州硅谷成立，开始生产可燃气体监测仪，是硅谷最早的电子公司；

1929~1930 年，MSA 公司开发了自己的可燃气体监测仪，并于 1935 年推出了 MSA Explosimeter Model 2A；

1960 年，第一代电化学氧气传感器问世，并迅速应用于便携式氧气监测仪；

1968 年，金属氧化物气体传感器出现；

1969 年，一系列有毒气体电化学传感器逐步研制成功；

1981 年，英国 City 公司开始工业化推出氧气和其他有毒气体传感器。

二、气体检测报警器的应用现状及其发展趋势

随着现代化气体检测仪表的飞速发展，气体探测和监控已经在工业生产、医学诊断、环境监测、国防等领域得到了广泛应用。气体检测报警器市场发展的最大推动力是国际上对爆

炸性气体环境控制、有毒气体排放和污染物排放方面的严格立法，法规的建立降低了危险气体的存在所造成的事故数量，同时使得人们对家庭中出现有害气体污染和爆炸性气体危险的关心程度大幅度增强，这就使得气体检测报警器有了广泛地市场，如今气体检测报警器已经广泛地运用到了工业、环保、国防等诸多领域。

随着石油化学工业的发展，易燃、易爆、有毒气体的种类和应用范围大幅增加，这些气体在生产、运输、使用过程中一旦发生泄漏，将会引发中毒、火灾甚至爆炸事故，严重危害人民的生命和财产安全。由于气体本身存在扩散性，发生泄漏之后，在外部风力和内部浓度梯度的作用下，气体会随自身特性和工况、环境条件进行沿地表扩散，在事故现场形成燃烧爆炸或毒害危险区，扩大危害区域。例如，1995 年 7 月，四川省某化工厂液氯车间发生氯气泄漏，当场造成 3 人死亡，6 人受伤，仅约一小时，市区数十平方公里范围内都能闻到刺激性的氯气气味。因此，这类事故具有突发性强、扩散迅速、救援难度大、危害范围广等特点，一旦发生气体泄漏事故，必须尽快采取相应措施进行处置，才能将事故损失降低到最低水平。及时可靠地探测空气中某些气体的含量，采取有效措施进行补救，采用正确的处置方法，减少泄漏引发的事故，是避免造成重大财产和人员伤亡的必要条件。这就对气体的检测和监测设备提出了较高的要求。近年来，气体检测报警器的发展应用越来越广泛，随着新材料和计算机、信息技术的飞速发展，气体泄漏检测技术有了长足的进步。

1. 开路式激光气体检测仪

开路式激光气体检测仪是一种类似与目前开路式红外检测仪表的产品，由发射端与接收端组成，与开路式红外检测仪表不同的是，它采用的是增强的激光二极管频谱技术，在极为狭窄（典型为 0.05nm）的频谱上扫描激光吸收的能量波形，并采用"谐波指纹"的技术，与待检测气体被激光吸收后的能量波形比对，以此判断是否存在被检测气体，以及相应的浓度值。

2. 网络化集成应用

随着无线传输技术的快速发展，结合传统气体传感器在石化行业应用的基础，气体传感器网络化集成应用已成为气体检测领域的新趋势，可实现生产现场可燃和有毒有害气体分布式、网络化实时监测，通过手机 APP 和云服务的方式提供安全管理业务推送。例如，正常生产过程中，工作人员携带便携式气体无线检测仪在现场活动时，自动收集附近固定式气体检测报警器检测数据，并且及时上传到服务器，通过后台完成大数据分析和业务推送；在事故应急监测或者检维修监测过程中，通过在现场部署气体监测模块，通过无人机携带气体无线检测仪收集现场气体浓度数据，第一时间掌握现场气体泄漏浓度总体分布，为安全监护提供立体化的解决方案。

3. MEMS 气体传感器

MEMS（微机电系统 Micro Electro Mechanical Systems）气体传感器相对于传统的检测手段，具有体积小、灵敏度高、响应快、易于阵列集成等多方面优势。目前在可穿戴设备集成方面发展迅猛，应用主要集中在环境检测。例如 Bosch 基于 MEMS 技术开发的四合一传感器（包括湿度、压力与温度和空气质量检测）已获得良好的市场表现，三星也在和德国 AppliedSensor 合作开发 MEMS 气体传感器。MEMS 气体传感器另一个应用点在智能手机、智能家居行业，用于空气质量监测。国内许多公司已在这方面作了尝试，例如酷派手机 APP

潘多拉魔盒已可测试酒精、VOCs、甲醛，家电厂商如海尔、海信、美的等的智能家居已具有测 PM2.5、VOCs、甲醛的功能。未来在工业、智能家电、通风空调（HVAC）、安防、航空、汽车等领域，MEMS 气体传感器将有较大市场规模。

4. 新型气敏材料传感器

随着纳米技术和石墨烯技术的迅猛发展，基于这些新型气敏材料的超灵敏气体传感器多次被报道，为开发快速、灵敏的特定气体组分的紧凑型气体传感器开辟了新道路。其中一维纳米结构材料由于其量子力学特征与巨大的比表面积相关的表面效应，既可实现纳米尺度的连接与定向信息传输，又可体现自身的量子特征，是构筑纳米结构器件的理想基元。利用一维纳米材料构筑化学微型传感器已经成为近年来制备气敏材料的热点，结合导电高分子/无机一维纳米复合材料制成的网络状结构的透明薄膜优势，可实现在柔性基底上的高透明性、高稳定性、导电性可调、便携、隐身伪装的薄膜器件。具有弯曲、质轻、成本低、稳定、透明等特点。未来可基于此制备成低功耗、微型化、可穿戴式的气体传感器。

三、气体检测报警器检定/校准方法的发展趋势

传统的气体检测报警器检定/校准都是以手工操作、手工记录为主，检定/校准时间长、原始数据量大、处理复杂，而且容易出错。随着科技的发展，部分检定/校准机构和高校依据国家最新检定规程，正在研制开发多种气体检测报警器自动检定/校准装置，以解决传统检定/校准方法的不足，达到快速、高效、准确的目的。总体上看，气体检测报警器检定/校准装置正在朝着全自动化方向发展，检定/校准操作也在朝着远程智能化方向发展。

1. 检定/校准装置全自动化

全自动化检定/校准装置主要包括自动配气模块、信号采集模块、主控模块、显示操控模块、通讯模块、打印机组成。气体检测报警器的输出电信号经信号采集模块采集数据后，再经主控模块处理并通过通讯模块传输给上位机，由上位机完成记录、数据处理、保存后由打印机打出检定/校准原始记录。自动配气模块通过计算机控制气动开关调节不同浓度的标准气体，从而得到一个十分稳定的标准气体输出流量值，直接输入报警器。信号采集模块可实现对甲烷、氢气、硫化氢、二氧化硫等报警器的自动检测，适用于报警器不同信号输出、不同报警点的识别、不同量程的选择等。主控模块完成数据的采集控制、处理、存储等。通讯模块负责与上位机的数据连通，上传传感器的检测结果，同时接收相关控制指令。打印机可以及时打印出原始记录。

2. 操作远程智能化

气体检测报警器安装的现场环境较为恶劣，可燃及有毒气体含量较高，并且工业噪声大、粉尘多，对检定/校准人员的健康造成侵害，检定/校准工作也会因此容易出现疏漏，导致数据采集出错。随着新型智能传感技术、自动化集成技术、网络化应用技术的快速发展，计量器具的智能化检定/校准已成为计量行业未来的发展趋势。一方面，通过网络化应用，已形成气体检测报警器数据库，到溯源周期后会提示相关管理人员，包括时间、数量、种类等信息；另一方面，在气体检测报警器检定/校准时，通过移动手持终端完成检定/校准操作工作，使检定/校准人员远离现场环境，避免身体遭受有毒、有害气体侵害，同时提高了工作效率和检定准确性。

第二节　气体检测报警器相关术语及分类

一、气体检测报警器相关术语

1. 气体检测报警仪(器)

气体检测报警仪(器)由检测器、指示器和报警器三部分组成。

2. 固定式仪器

固定安装在某一位置实现连续测量的气体检测仪器。通常包括远程气体检(探)测器(装置)并由电缆连接到指示报警和控制设备。

3. 便携式仪器

以电池做驱动,可以随身携带,适合于各种场所实现间断或连续测量的气体检测仪。

4. 移动式仪器

不是专用于携带,但可以容易地从一处移动到另一处的仪器。

5. (传感器)中毒

传感器的敏感性暂时或永久失效。

6. 报警设定值

根据有关规定,报警仪预先设定的报警浓度值。

7. 可燃气体

指甲类可燃气体或甲、乙$_A$类可燃液体气化后形成的可燃气体。

8. 有毒气体

指劳动者在职业活动过程中通过机体接触可引起急性或慢性有害健康的气体。本书中有毒气体的范围是《高毒物品目录》(卫法监发[2003]142号)中所列的有毒蒸气或有毒气体。常见的有二氧化氮、硫化氢、苯、氰化氢、氨、氯气、一氧化碳、丙烯腈、氯乙烯、光气(碳酰氯)等。

9. 时间加权平均容许浓度(PC-TWA)

以时间为权数规定的8h工作日的平均容许接触水平。

10. 最高容许浓度(MAC)

工作地点在一个工作日内、任何时间均不应超过的有毒化学物质的浓度。

11. 短时间接触容许溶度(PC-STEL)

一个工作日内,任何一次接触不得超过15min时间加权平均的容许接触水平。

12. 直接致害浓度(IDLH)

指环境中空气污染物浓度达到某种危险水平,如可致命或永久损害健康或使人立即丧失逃生能力。

二、气体检测报警器的分类

1. 按检测对象分类

(1)可燃气体检测报警器(甲烷、氢气等);

（2）有毒气体检测报警器（硫化氢、一氧化碳等）；

（3）氧气检测报警器。

2. 按检测原理分类

（1）催化燃烧式气体检测报警器；

（2）电化学式气体检测报警器；

（3）红外式气体检测报警器；

（4）光电离气体检测报警器；

（5）半导体式气体检测报警器等。

3. 按使用方式分类

（1）便携式气体检测报警器；

（2）移动式气体检测报警器；

（3）固定式气体检测报警器。

4. 按使用场所分类

（1）非防爆型气体检测报警器；

（2）防爆型气体检测报警器。

5. 按采样方式分类

（1）扩散式气体检测报警器；

（2）泵吸式气体检测报警器。

6. 按工作方式分类

（1）连续工作式气体检测报警器；

（2）单次工作式气体检测报警器。

7. 按功能分类

（1）气体检测器；

（2）气体报警器；

（3）气体检测报警器。

8. 按供电方式分类

（1）干电池气体检测报警器；

（2）充电电池气体检测报警器；

（3）电网供电气体检测报警器。

第三节　常用气体检测报警器的工作原理及特性

气体检测的方法多种多样，每种技术均有其利弊，但具体到气体检测报警器，从其传感器的检测原理上来说主要有催化燃烧式、红外式、电化学式、半导体式、光电离式等几种类型，见表2-1。每种传感器的适用环境、准确度、价格、抗干扰性以及寿命等方面可谓是千差万别，根据企业、装置环境、检测对象、安装位置等因素的不同选择合适的气体检测报警器有着非常重要的意义。

表 2-1 气体传感器类型

检测对象	传感器类型	检测对象	传感器类型
可燃气体	催化燃烧式	挥发性有机化合物	光电离式
	红外式		火焰电离式
	半导体式	总烃	火焰电离式
有毒气体	电化学式	其他气体	热传导式
	半导体式		比色分析式

以下就常用的五种进行介绍。

一、催化燃烧式

1. 工作原理

催化燃烧式气体传感器主要由检测元件 D、补偿元件 C、固定电阻及可变电阻构成惠斯通桥路，如图 2-2 所示。当空气中无可燃性气体时，桥路输出为零，当空气中含有可燃性气体扩散(或抽吸)到检测元件时，由于催化作用产生无焰燃烧，使检测元件温度升高，电阻增大，使桥路失去平衡，从而有一电压信号输出，这个电压的大小与可燃性气体浓度成正比。信号经放大，模数转换，通过指针或液晶显示器显示可燃气体的浓度。

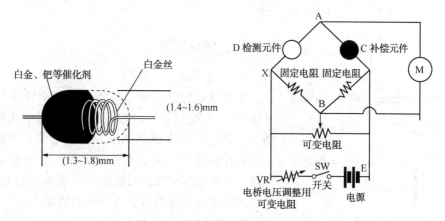

图 2-2 催化燃烧式传感器原理图

2. 优点

适合检测广谱的易燃气体；价格较低。

3. 缺点

存在范围局限性，一般只用于爆炸下限以内可燃气体的检测，且需依靠足够的氧气，低氧或富氧环境对检测数据及仪器本身会有一定影响；容易受到非目标气的影响。

4. 其他特性

(1) 传感器中毒：有些化学物质会消除催化剂的活性，导致传感器丧失敏感性并最终对目标气体完全无反应，导致传感器中毒最常见的化学物质有硫化物，硅化物、氯化物等。

(2) 传感器抑制：灭火器中使用的卤化合物及制冷剂中使用的氟利昂之类的化学物质会

抑制催化燃烧传感器，并导致传感器暂时丧失功能。

（3）传感器加速退化：当暴露于过高浓度、过高热量及在传感器表面发生的各种氧化反应时，传感器敏感元件表面可能产生裂纹，造成传感器加速退化，从而改变传感器的零点和量程（跨度）漂移。

（4）校正系数：制造商一般会提供一组校正系数，供用户测量不同的碳氢化合物，仅需将读数与适当的校正系数相乘即可获得不同气体的读数。例如，目标气体为甲烷的催化燃烧式传感器可能要求 2.5V 电桥电压来获得良好信号，而对于丁烷气体，相同的传感器仅需要 2.3V 电桥电压。因此，如果传感器设定为检测丁烷，它将不能准确检测甲烷气体。各种传感器之间的校正系数通常各不相同，即使是同一传感器，在传感器老化时，其校正系数也会发生变化。因此，要获得特定气体的准确读数，最好的方法是用目标气体校准传感器。

5. 使用过程中的注意事项

（1）应避免在缺氧（<10%，体积分数）的环境中使用此类传感器。空气中的干扰气体，如氮气或二氧化碳等，可能会造成传感器给出较低甚至为零的响应。高浓度的惰性气体，如氩气或氦气等，也可能改变传感器的热平衡，导致错误的检测结果。

（2）应注意水蒸气对传感器的影响，在充满水蒸气的环境中，可能导致防爆片表面形成水膜，阻碍待测气体的通过。

（3）由于易受到催化剂中毒、传感器抑制、传感器加速退化以及校正系数等因素的影响，应进行定期的测试，以确保其可靠性。

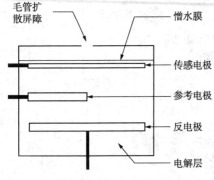

图 2-3　电化学式传感器原理图

二、电化学式

1. 工作原理

电化学式传感器通常在电解液中有 3 个电极：传感电极（工作电极）、反电极（对电极）和参考电极，如图 2-3 所示。在电极之间加一定的电位，当被测气体扩散到传感器内部后，在传感电极和反电极之间发生电解，产生电解电流，其输出与气体体积分数成比例，通过测量电解电流即可获得气体的浓度。

2. 优点

设计紧凑，功耗低，灵敏度高，携带方便；检测目标气体种类多，目前大多数有毒气体检测报警器和氧气报警器普遍使用电化学式传感器；价格较低。

3. 缺点

无法检测最简单的碳氢化合物（如甲烷、丙烷等）；容易受到非目标气的交叉干扰（如硫化氢气体对一氧化碳传感器的干扰等）；预期寿命较短，一般为一到三年。

4. 其他特性

（1）在三电极传感器上，通常由一个跳线来连接工作电极和参考电极，如果在储存过程中将其移除，传感器将需要一定时间来稳定。

（2）多数有毒气体传感器需要少量氧气来保持功能正常。

（3）传感器内电池的电解质是一种水溶剂，用憎水膜予以隔离，憎水膜具有防止水溶剂泄漏的作用，但水蒸气可以穿过憎水膜。在高湿度（>95%RH）环境下，长时间暴露可能导致过量水分蓄积并导致泄漏。在低湿度（<10%RH）环境下，传感器电解液可能发生燥结。

（4）传感器对温度非常敏感，需要进行温度补偿。

5. 使用过程中的注意事项

（1）在某个时段拆除电池或断电，建议对仪器进行复查。

（2）在高湿度或低湿度环境中应避免直接使用此类型传感器。

（3）传感器在存放过程中同样会消耗，建议不要购置过多传感器备用。

（4）传感器在高温或低温环境中电解质性能可能会受到影响，应按照说明书要求进行存放。

三、红外式

1. 工作原理

红外式传感器是基于某些气体对红外线的选择性吸收特性，光吸收的大小与气体的浓度有关，吸收的红外辐射强度服从朗伯比尔定律，其原理如图2-4所示。即红外光源发出的红外线强度为 I_0，光通过一个长度为 L 的气室之后，能量变为 I_1。如果气室中没有吸收红外线的气体组分时，可认为 $I_0 = I_1$。如果气室中有吸收红外线能量的气体组分，这时 I_1 满足比尔定律。

$$A = \lg I_0 / I_1$$

式中　A——吸光度，A 值越大表示物质对光的吸收越大；

　　　I_0——入射光强度；

　　　I_1——透过光强度。

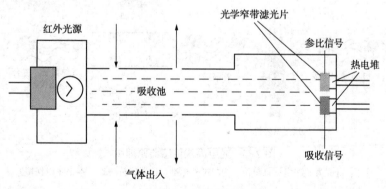

图2-4　红外式传感器原理图

2. 优点

传感器本身不与被测气体发生化学反应，免除中毒影响，稳定性较高；检测不依赖氧气，缺氧或富氧环境均适用；一般具有自诊断和自校准能力，维护量小；寿命较长，一般为三到五年。

3. 缺点

现场存在水蒸气、粉尘或污染气体时，可能会影响光路，造成严重错误；不能检测到红外吸收带之外的气体，如氢气等；价格相对较高。

4. 其他特性

（1）多数传感器难以适应骤然的温度变化，通常需要（10~20）min来达到温度平衡。

（2）高湿度会加速腐蚀和污染，导致分析仪器发生故障，如果有腐蚀性气体存在，高湿度产生的问题更加严重。

（3）红外能量吸收直接与碳氢化合物的分子结构有关。例如，传感器对于简单单键的甲烷敏感性最低，但对丙烷和丁烷的敏感性却会急剧上升。

5. 使用过程中的注意事项

（1）红外一般用于特定目标气体的检测，不适用于广谱性检测。

（2）当某些传感器由于现场存在水蒸气或污染气体时，传感器可能发生严重错误；

（3）红外传感器不能测量氢气；

（4）在高湿环境中，传感器的工作温度应稍高于环境温度以防止水汽凝结，否则会严重影响分析仪器的性能。

四、光电离式（PID）

1. 工作原理

光电离式传感器使用一个紫外灯（UV）光源将有机物电离成可被电极检测到的正负离子，传感器测量离子化了的气体的电荷并将其转化为电流信号，电流被放大并显示出浓度值，其原理如图2-5所示。

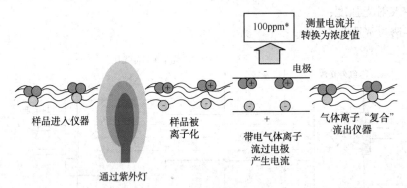

图2-5 光电离式传感器原理图

注：ppm为非法定计量单位，为与国外标准、仪器保持一致，本书予以保留

2. 优点

对于低含量挥发性有机化合物（VOCs）检测，光电离仪器响应快速、准确度高，具有良好的敏感性。

3. 缺点

需要定期清洁；使用寿命短，一般在5000h左右；价格较高。

4. 其他特性

（1）光电离传感器通常采用异丁烯进行校正，仪器制造商通常会随产品一起提供校正系数列表，其他气体的读数可以通过将读数与校正系数相乘得出。例如，苯的校正系数为0.5，也就是说，异丁烯读数为100ppm代表苯的浓度为50ppm。对于校正系数为10的氨，异丁烯读数为100ppm代表氨的浓度为1000ppm。需要注意的是，校正系数并不是绝对的，因此，要获得特定气体最为准确的读数，需要为目标气体进行单独校正。

（2）湿度不同的调零气体会使光电离传感器产生不同的零读数。因此，传感器调零的条件最好与其应用场合的条件相同，调零气体首选洁净的环境空气。

（3）检测范围小，一般200ppm以下线性好，2000ppm以上达到饱和。

5. 使用过程中的注意事项

（1）选择传感器时，应保证紫外灯的电离能高于目标气体的电离电位。另一方面，传感器对能被电离的气体具有广谱性。

（2）光电离传感器的紫外灯的窗口应保持清洁。由于灯的窗口直接与样品气体流接触，因此窗口的状况对于产生准确的读数非常关键。

（3）当温度、湿度差别较大时，在PID器件上会产生水汽冷凝，从而影响仪器的零点和测量结果，仪器应在新环境放置（20~30）min，仪器温度与环境温度平衡后，再开始调零，避免由于冷凝而造成零点漂移。

五、半导体式

1. 工作原理

当被加热的半导体敏感元件暴露在气体中出现化学吸附时，其电阻发生变化，通过测量电阻的变化得出气体浓度。

2. 优点

成本低廉、制造简单；检测范围大，寿命长。

3. 缺点

准确度低，稳定性差，抗干扰性能不高。

4. 其他特性

（1）半导体传感器既能够检测低浓度（ppm级）水平的有毒气体，也能够检测百分浓度可燃气体。

（2）半导体式传感器的主要优势在于其预期寿命长，通常可达十年或以上。与其他类型的传感器相比，更易受到干扰气体的影响，如果应用场合中出现其他背景气体，半导体传感器可能会发出误报。

（3）半导体式传感器容易受到湿度变化和干扰气体影响，并可能出现零点和量程（跨度）漂移。对某些气体会产生负信号，例如二氧化氮等。

5. 使用中注意事项

（1）一般用于测漏，不适用于定量检测。

（2）根据使用环境的变化情况，适当增加仪器调零和测试的频次。

习题及参考答案

一、习题

(一) 选择题(单选)

1. 下列不属于有毒气体的是_____。

A. 硫化氢　　　　　　B. 甲烷　　　　　　C. 一氧化碳　　　　　　D. 氯气

2. 一般不能用来检测可燃气体的传感器类型是_____。

A. 催化燃烧式　　　　B. 红外式　　　　　C. 电化学式　　　　　　D. 半导体式

3. 下列属于催化燃烧式传感器优点的是_____。

A. 适合检测广谱可燃气体　　　　　　B. 需要足够的氧气

C. 不易受到干扰　　　　　　　　　　D. 使用寿命长

4. 电化学式传感器无法检测的气体有_____。

A. 硫化氢　　　　　　B. 一氧化碳　　　　C. 甲烷　　　　　　　　D. 氯气

5. 红外式传感器不能检测_____。

A. 氢气　　　　　　　B. 二氧化碳　　　　C. 甲烷　　　　　　　　D. 乙烯

6. 下列不属于光电离式传感器优点的是_____。

A. 响应快　　　　　　B. 准确度高　　　　C. 具有良好的敏感性　　D. 使用寿命长

(二) 选择题(多选)

1. 按检测原理分类,气体检测报警器可分为_____等。

A. 催化燃烧式气体检测报警器　　　　B. 电化学式气体检测报警器

C. 红外式气体检测报警器　　　　　　D. 光离子化气体检测报警器

2. 导致催化燃烧式传感器中毒最常见的化学物质有_____等。

A. 硫化物　　　　　　B. 卤化物　　　　　C. 硅化物　　　　　　　D. 氯化物

3. 红外式传感器的优点是_____。

A. 免除中毒影响　　　　　　　　　　B. 稳定性较好

C. 检测不依赖氧气　　　　　　　　　D. 寿命较长

4. 半导体式传感器的优点是_____。

A. 成本低廉　　　　　　B. 检测范围大　　　C. 稳定性好　　　　　　D. 寿命长

二、参考答案

(一) 选择题(单选)

1. B　2. C　3. A　4. C　5. A　6. D

(二) 选择题(多选)

1. ABCD　2. ACD　3. ABCD　4. ABD

第三章 可燃和有毒气体的危害与防护

第一节 可燃气体

一、概述

可燃气体种类繁多，常见的有氢气、甲烷、异丁烷、丙烷、乙炔、乙烯、丁烯、天然气、城市煤气、液化石油气、工业原料气等。可燃气体与空气混合达到一定浓度，遇到点火源即可发生爆炸，这种混合气通常称为爆炸性混合气体。

1. 可燃气体的燃烧

可燃气体与空气的混合气体在一定温度下发生燃烧反应，碳氢化合物最后的产物是CO_2、H_2O和一定的热量。其产生的热量大小，依可燃性气体的种类不同而不同，如：

甲烷的燃烧反应式为： $CH_4 + 2O_2 = CO_2 + 2H_2O + 891kJ$

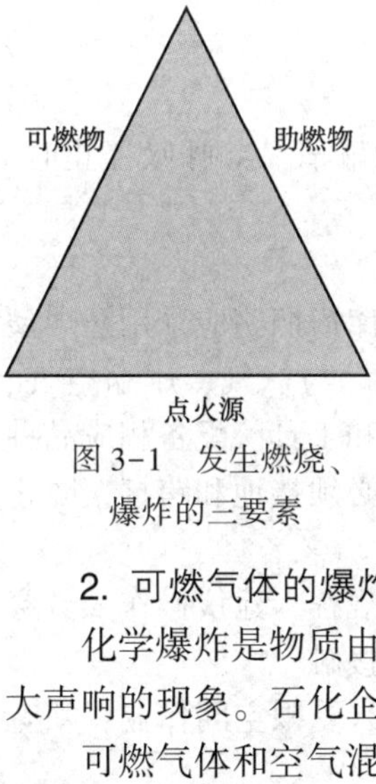

即1mol甲烷的燃烧热为891kJ，所产生热量即为该气体摩尔燃烧热，单位为：kJ/mol。

可燃气体发生燃烧、爆炸必须具备一定的条件，那就是可燃物（如可燃气体、可燃粉尘）、助燃物（如空气、氧气）和点火源（如明火、静电、危险温度），这就是燃烧的三要素。这三个要素缺少任何一个都不会引起燃烧、爆炸，如图3-1所示。

燃烧是一种同时伴有发光、发热的激烈氧化反应，通常是指可燃性物质在空气中的燃烧。物质的燃烧是在气态或蒸气状态下进行的，气体最容易燃烧，液体或固体需蒸发或汽化变成气态后才能顺利燃烧。

可燃物　助燃物

点火源

图3-1　发生燃烧、爆炸的三要素

2. 可燃气体的爆炸

化学爆炸是物质由一种状态迅速转变为另一种状态，并瞬间释放大量能量，同时产生巨大声响的现象。石化企业发生的爆炸通常为化学性质的爆炸。

可燃气体和空气混合达到一定浓度时，遇有一定温度的点火源就会发生爆炸。爆炸性混合物不是在任何浓度都会发生爆炸，而是有一个发生爆炸的范围，即爆炸下限 LEL（Lower Explosive Limit）和爆炸上限 UEL（Upper Explosive Limit）。可燃气体只有在这两个浓度之间，才有爆炸的危险，如图3-2所示。这一可能引起爆炸的浓度范围，称为爆炸浓度极限，可燃气体的爆炸浓度极限通常用体积分数（V/V%）来表示。当可燃气体在空气中的浓度低于爆炸下限，遇明火时不会发

图3-2　爆炸区间示意

生爆炸，也不会燃烧；当高于爆炸上限时，遇明火虽不会爆炸，却能燃烧。

可燃气体的爆炸极限，可由实验法取得，也可以由计算得出。

二、常见可燃气体特性

（一）氢气

1. 理化性质

在标准状态下，氢气(H_2)为无色、无臭气体，比空气轻，不溶于水、乙醇和乙醚。性质活跃，可与氟、氯、溴等卤素发生剧烈反应。在空气中燃烧时呈淡蓝色火焰。与空气混合能形成爆炸性混合物，遇热或明火即会发生爆炸。由于比空气轻，在室内使用和储存时，漏气上升滞留屋顶不易排出，遇火星会引起爆炸。相对分子质量2.01，相对密度0.07(0℃，气体)，闪点无意义，沸点-252.8℃，自燃点400℃，爆炸极限4.0%~75.0%(V/V)。

2. 职业危害

氢气的侵入途径：吸入、食入、经皮肤吸收。吸入、食入或经皮肤吸收后对身体有害，可引起灼伤，对眼睛、皮肤、黏膜和上呼吸道具有强烈刺激作用。吸入后，可引起喉、支气管的炎症、水肿、痉挛，化学性肺炎或肺水肿。接触后可引起烧灼感、咳嗽、喘息、气短、头痛、恶心和呕吐等。

氢气的最大危害在于与空气混合后起火爆炸。

3. 职业接触限值

中国未制订职业接触限值。

4. 应急处理

立即脱离现场至空气新鲜处，保持呼吸道通畅。如呼吸困难，给输氧。如呼吸停止时，立即进行人工呼吸，就医。

5. 防护措施

（1）储运措施：储存于阴凉、通风、地面不易产生火花的库房，库房照明应采用防爆型灯具，库温不宜超过30℃，相对湿度不超过80%。远离火种、热源。与氧气、压缩空气、氟、氯及其他化学药剂等隔离存放。禁止使用易产生火花的机械设备和工具。配备相应品种和数量的消防器材及泄漏应急处理设备。在传送过程中，钢瓶和容器必须接地和跨接，防止产生静电。搬运时轻装轻卸，防止钢瓶及附件破损。

（2）个人防护措施：操作人员必须经过专门培训，严格遵守操作规程。建议操作人员穿防静电工作服。使用防爆型的通风系统和设备。避免与氧化剂、卤素接触。

（3）其他防护措施：工作现场严禁吸烟。避免长期反复接触。进入受限空间作业，须有人监护。若不能立即切断气源，则不允许熄灭正在燃烧的气体。

（二）甲烷

1. 理化性质

在标准状态下，甲烷(CH_4)为无色、无臭、无味气体，比空气轻，溶于乙醇、乙醚，微溶于水，是一种窒息气体。性质稳定，可被液化和固化，在适当条件下能发生氧化、卤化、热解等反应。燃烧时呈青白色火焰。与空气的混合气体在点燃时会发生爆炸。相对分子质量16.04，相对密度0.5547(0℃，气体)，闪点-188℃，沸点-161.6℃，自燃点537℃，爆炸极限5.0%~15.0%(V/V)。

2. 职业危害

甲烷的侵入途径为吸入，进入人体内，大部分以原形呼出，少量在体内可氧化为二氧化碳和水。因其与蛋白质结合能力极低，故麻醉作用相当弱。

甲烷毒性甚低，对人基本无毒，只有单纯性窒息作用，接触高浓度甲烷时引起的"甲烷中毒"，实际上是因为空气中的氧气含量相对降低造成的缺氧窒息。人处于甲烷浓度达25%~30%(V/V)的空气中即出现缺氧的一系列临床表现，如头晕、脉速、注意力不集中、气促、无力、共济失调、窒息等；如浓度很高，患者可迅速死亡。曾有观察发现甲烷中毒患者均有不同程度的中毒性脑病，中毒严重的患者可能有神经系统后遗症。皮肤接触液体甲烷时，因其迅速挥发，可造成冻伤。

甲烷的最大危害在于与空气混合后起火爆炸。

3. 职业接触限值

中国未制订职业接触限值。

4. 应急处理

立即脱离现场，将患者移到空气新鲜处，平卧、保暖、保持呼吸道畅通和吸氧等；呼吸、心跳停止时需立即给予人工呼吸和心脏按摩；防治脑水肿，必要时做高压氧治疗。

液化甲烷污染皮肤时，短时间内会使污染处皮肤表面温度急剧降低，若冻伤皮肤仍未解冻，可用42℃左右温水浸洗，并按外科冻伤处理原则治疗。

5. 防护措施

(1) 储运措施：储存于阴凉、通风的库房。库温不宜超过30℃。远离火种、热源。应与氧化剂等分开存放，切忌混储。采用防爆型照明、通风设施。禁止使用易产生火花的机械设备和工具。储存区应备有泄漏应急处理设备。

(2) 个人防护措施：高浓度时，使用呼吸防护器进行吸入防护。液化甲烷操作时应佩戴隔冷手套进行皮肤防护，佩戴安全护目镜进行眼睛防护。

(3) 其他防护措施：工作现场严禁吸烟。避免长期反复接触。进入受限空间作业，须有人监护。

(三) 异丁烷

1. 理化性质

在标准状态下，异丁烷(C_4H_{10})为无色可燃气体，微溶于水，与空气混合形成爆炸性混合物。相对分子质量58.12，相对密度2.064(25℃，气体)，闪点-83.0℃，沸点-11.7℃，爆炸极限1.8%~8.4%(V/V)。

2. 职业危害

异丁烷的侵入途径为吸入，属低毒类，对皮肤和黏膜有刺激和麻醉作用。急性中毒时主要临床表现为中枢神经系统受损症状和心律失常。吸入浓度为23.73mg/m³的丁烷时10min后，可出现嗜睡；吸入高浓度丁烷可出现头晕、头痛、恶心、嗜睡及酒醉状态等；吸入极高浓度丁烷可出现麻醉、昏迷甚至窒息。长期接触丁烷可发生慢性中毒，有认为可出现头痛、易累等症状。

3. 职业接触限值

中国未制订职业接触限值。美国 ACGIH TLVs：TWA 1000ppm，NIOSH REL：TWA 800ppm。

4. 应急处理

对急性中毒者，应立即脱离现场，将患者移到空气新鲜处，平卧、保暖、保持呼吸道畅通，予对症治疗，患者可迅速恢复。慢性接触引起的症状可对症处理。出现心率失常时可按内科治疗原则处理。

5. 防护措施

（1）储运措施：储存于阴凉、通风的库房。库温不超过 30℃，相对湿度不超过 80%。远离火种、热源。应与氧化剂、卤素分开存放，切忌混储。采用防爆型照明、通风设施。禁止使用易产生火花的机械设备和工具。储存区应备有泄漏应急处理设备。

（2）个人防护措施：呼吸系统一般不需要特殊的防护，高浓度接触时，佩戴自吸过滤式防毒面具(半面罩)。眼睛一般不需要特殊的防护，高浓度接触时，可佩戴化学安全防护眼镜。手的防护需佩戴一般作业防护手套，必要时，佩戴隔冷手套。

（3）其他防护措施：工作现场严禁吸烟。避免长期反复接触。进入受限空间作业，须有人监护。

第二节　有毒气体

一、概述

有毒气体指的是在工业生产过程中使用或产生的对人体有害并能引起慢性或急性中毒的气体或蒸气，称为有毒气体。石化行业所指的有毒气体包括卫生部卫法监发〔2003〕142 号《高毒物品目录》中所列的有毒气体或有毒蒸气，常见的有硫化氢、一氧化碳、氨、氯气、苯、氰化氢、丙烯腈等。

1. 有毒气体分类

（1）刺激性气体：是指对眼和呼吸道黏膜有刺激作用的气体，它是化学工业常遇到的有毒气体。刺激性气体的种类甚多，最常见的有氯气、氨、氮氧化物、光气、氟化氢、二氧化硫、三氧化硫和硫酸二甲酯等。

（2）窒息性气体：是指能造成机体缺氧的有毒气体，可分为单纯窒息性气体、血液窒息性气体和细胞窒息性气体。如氮气、甲烷、乙烷、乙烯、一氧化碳、硝基苯的蒸气、氰化氢、硫化氢等。

2. 有毒气体危害及影响

人们在中毒时表现出来的反应为头晕、恶心、呕吐、昏迷，也有一些毒气使人皮肤溃烂，气管黏膜溃烂，深中毒状态为休克，甚至死亡。在工业生产中呼吸道最易接触毒物，特别是刺激性毒物，一旦吸入，轻者引起呼吸困难，重者发生化学性肺炎或肺水肿，引起呼吸系统损害的毒物有氯气、氨、二氧化硫、光气、氮氧化物等。神经系统由中枢神经(包括脑和脊髓)和周围神经(由脑和脊髓发出，分布于全身皮肤、肌肉、内脏等处)组成，有毒物质可损害中枢神经和周围神经。主要侵犯神经系统的毒物称为"亲神经性毒物"。常见危害如下：

（1）急性呼吸道炎：刺激性毒物可引起鼻炎、喉炎、声门水肿、气管支气管炎等，症状有流涕、喷嚏、咽痛、咯痰、胸痛、气急、呼吸困难等。

（2）化学性肺炎：肺脏发生炎症，比急性呼吸道炎更严重。患者有剧烈咳嗽、咳痰（有时痰中带血丝）、胸闷、胸痛、气急、呼吸困难、发热等。

（3）化学性肺水肿：患者肺泡内和肺泡间充满液体，多为大量吸入刺激性气体引起，是最严重的呼吸道病变，抢救不及时可造成死亡。患者有明显的呼吸困难，皮肤、黏膜青紫（紫绀）、剧咳，带有大量粉红色沫痰，烦躁不安等。长期低浓度吸入刺激性气体或粉尘，可引起慢性支气管炎，重者可发生肺气肿。

（4）神经衰弱综合症：这是许多毒物慢性中毒的早期表现。患者出现头痛、头晕、乏力、情绪不稳、记忆力减退、睡眠不好、神经功能紊乱等。

（5）中毒性脑病：中毒性脑病多是由能引起组织缺氧的毒物和直接对神经系统有选择性毒性的毒物引起。前者如硫化氢、一氧化碳、氰化物、氮气、甲烷等；后者如铅、四乙基铅、汞、锰、二硫化碳。急性中毒性脑病是急性中毒中最严重的病变之一，常见症状有头痛、头晕、嗜睡、视力模糊、步态蹒跚、甚至烦躁等，严重者可发生脑疝而死亡。慢性中毒性脑病可有痴呆型、精神分裂症型、震颤麻痹型、共济失调型等。

二、常见有毒气体特性

（一）硫化氢

1. 理化性质

在标准状态下，硫化氢（H_2S）为无色、易燃的酸性气体，比空气重，能溶于水，易溶于醇类、石油溶剂和原油。低浓度时有臭鸡蛋气味，超剧毒。其水溶液为氢硫酸。相对分子质量为 34.076，相对密度为 1.19（0℃，气体），蒸气压为 2026.5kPa（25.5℃），闪点小于 -50℃，熔点是 -85.5℃，沸点是 -60.4℃，燃点为 292℃，爆炸极限 4.0%~46.0%（V/V）。

2. 职业危害

硫化氢是强烈的神经毒素，对黏膜有强烈刺激作用，它是一种急性剧毒，吸入少量高浓度硫化氢可于短时间内致命，低浓度的硫化氢对眼、呼吸系统及中枢神经都有影响。人接触不同浓度硫化氢的毒性反应见表3-1。

表3-1　人接触不同浓度硫化氢的毒性反应

浓度/（mg/m³）	接触时间	毒性反应
1400	立即	昏迷并呼吸麻痹死亡，除非立即人工呼吸急救，于此浓度时嗅觉立即疲劳，其毒性与氢氰酸相似
1000	数秒钟	很快引起急性中毒，出现明显的全身症状。开始呼吸加快，接着呼吸麻痹而死亡
760	（15~60）min	可能引起生命危险，发生肺水肿、支气管炎及肺炎。接触时间更长者，可引起头痛、头昏、激动、步态不稳、恶心、呕吐、鼻咽喉发干及疼痛、咳嗽、排尿困难等
300	1h	可引起严重反应，眼和呼吸道黏膜强烈刺激症状，并引起神经系统抑制，（6~8）min 即出现急性眼刺激症状，长期接触可引起肺水肿

续表

浓度/(mg/m³)	接触时间	毒性反应
70~150	(1~2)h	出现眼及呼吸道刺激症状 长期接触可引起亚急性或慢性结膜炎。吸入(2~15)min 即发生嗅觉疲劳
30~40		虽臭味强烈，仍能忍耐
4~7		中等强度难闻臭味
0.4		明显嗅出
0.035		嗅觉阈

3. 职业接触限值

被列于国家《高毒物品目录》中，具有很高的毒性。

中国 OELs：MAC 10mg/m³。

美国：ACGIH TLVs：TWA 10ppm，STEL 15ppm；OSHA PEL：C 20ppm；NIOSH REL：C 10ppm(10min)；IDLH：100ppm。

4. 应急处理

（1）抢救人员必须佩戴空气呼吸器进入现场。若无呼吸器，可用小苏打（碳酸氢钠）稀释溶液浸湿的毛巾掩口鼻短时间进入现场。立即将中毒者移离现场至空气新鲜处，去除污染衣物，皮肤和眼污染用流动的清水冲洗各 20min，静卧、保温。保持呼吸道通畅，如患者呼吸困难，给吸氧，必要时用合适的呼吸器进行人工呼吸。立即与医院联系抢救。

（2）迅速撤离泄漏污染区人员至上风处，并立即进行隔离，严格限制出入，切断火源。建议应急处理人员佩戴自给正压式呼吸器，穿防毒服，从上风处进入现场。

（3）尽可能切断泄漏源，合理通风，加速扩散。喷洒雾状水稀释、溶解泄漏的硫化氢，做好废水的收容和处置。如有可能，将残余气或漏出气用排风机送至水洗塔或与塔相连的通风设施内。漏气容器或管路要妥善处理，修复、检验后方可再次投用。

5. 防护措施

（1）储运措施：有硫化氢逸出可能的生产设备应加强密闭化，提供充分的局部排风和全面通风，定期检修，减少跑、冒、滴、漏现象发生。作业场所设置警示标识、警戒线、告知卡，设置风向标，提供安全淋浴和洗眼设备。在有可能出现硫化氢泄漏的作业场所安装自动报警器。

（2）个人防护措施：作业场所禁止吸烟、进食和饮水。工作完毕，淋浴更衣，工作服及时换洗。进入受限空间或其他高浓度区作业，应佩戴合适的防毒面具、便携式硫化氢报警器，同时有人监护，并做好急救准备。空气中浓度超标时，佩戴过滤式防毒面具（全面罩）。紧急事态抢救或撤离时，建议佩戴正压自给式空气呼吸器、化学安全防护眼镜、防静电工作服和防化学手套等。

（3）其他防护措施：做好上岗前的体检工作，患有中枢神经系统器质性疾病、伴肺功能损坏的呼吸系统疾病、器质性心脏病患者，不宜从事接触硫化氢的作业。

（二）二氧化硫

1. 理化性质

在标准状态下，二氧化硫（SO_2）为具有强烈辛辣刺激气味的无色气体，比空气重，易溶于甲醇、乙醇、醋酸、氯仿和乙醚，易与水生成亚硫酸，后转化为硫酸。在室温及（392.266~490.3325）kPa 压强下为无色流动液体。相对分子质量 64.07，相对密度 1.97（0℃，气体），沸点-10℃，熔点-72.7℃。不能燃烧及助燃。

2. 职业危害

（1）急性中毒：二氧化硫主要经呼吸道进入人体，吸入后很快出现眼和呼吸道刺激症状，表现为流泪、畏光、视物模糊、咳嗽、咽喉灼痛等。严重中毒可在数小时内发生肺水肿，极高浓度吸入可引起反射性声门痉挛而致窒息。

（2）慢性中毒：长期低浓度接触，可有头痛、头昏、乏力等全身症状以及慢性鼻炎、咽喉炎、支气管炎、嗅觉及味觉减退等。少数人员有牙齿酸蚀症。

3. 职业接触限值

未被列于国家《高毒物品目录》。

中国 OELs：PC-TWA 5mg/m³，PC-STEL 10 mg/m³。

美国：ACGIH TLVs：TWA 2ppm，STEL 5ppm；OSHA PEL：TWA 5ppm；NIOSH REL：TWA 2ppm，STEL 5ppm；IDLH：100ppm。

4. 应急处理

（1）皮肤接触后立即脱去污染的衣着，用大量流动清水冲洗后就医。眼睛接触者应提起眼睑，用流动清水或生理盐水冲洗后就医。吸入者迅速脱离现场至空气新鲜处，保持呼吸道通畅。如呼吸困难，给输氧。如呼吸停止，立即进行人工呼吸，就医。

（2）迅速撤离泄漏污染区人员至上风处，并立即进行隔离，严格限制出入。建议应急处理人员佩戴自给正压式呼吸器，穿防毒服，从上风处进入现场。

（3）尽可能切断泄漏源，合理通风，加速扩散，用工业覆盖层或吸附/吸收剂盖住泄漏点附近的下水道等地方，防止气体进入。喷洒雾状水稀释、溶解泄漏的二氧化硫，做好废水的收容和处置。如有可能，用捕捉器使气体通过次氯酸钠溶液。漏气容器或管路要妥善处理，修复、检验后方可再次投用。

5. 防护措施

（1）储运措施：有二氧化硫逸出可能的生产设备应加强密闭化，提供充分的局部排风和全面通风，定期检修，减少跑、冒、滴、漏现象发生。作业场所设置警示标识、警戒线、告知卡，设置风向标，提供安全淋浴和洗眼设备。建议在有可能出现二氧化硫泄漏的作业场所安装自动报警器。

（2）个人防护措施：作业场所禁止吸烟、进食和饮水。工作完毕，淋浴更衣，工作服及时换洗。进入受限空间或其他高浓度区作业，应佩戴合适的防毒面具，同时有人监护，并做好急救准备。空气中浓度超标时，佩戴过滤式防毒面具（全面罩）。紧急事态抢救或撤离时，建议佩戴正压自给式空气呼吸器、化学安全防护眼镜、聚乙烯防毒服和橡胶手套等。

（3）其他防护措施：做好上岗前的体检工作，患有慢性阻塞性肺病、支气管哮喘、支气管扩张、慢性间质性肺病患者，不宜从事接触二氧化硫的作业。

（三）氨气

1. 理化性质

在标准状态下，氨气（NH_3）为具有辛辣刺激性臭味的无色气体，易溶于水，溶于乙醇、乙醚和有机溶液。水溶液即为氨水，又称氢氧化铵，具强碱性。常温下加压可液化，成为无色液体，浓氨水约含氨28%~29%。相对分子质量为17.03，相对密度0.46(0℃，气体)，沸点-33.5℃，熔点-77.7℃，爆炸极限15.8%~28.0%(V/V)。

2. 职业危害

(1) 可经呼吸道进入人体，主要损害呼吸系统，可伴有眼和皮肤灼伤。低浓度氨对黏膜有刺激作用；高浓度可造成组织溶解坏死，可引起反射性呼吸停止。

(2) 急性中毒：轻度者出现流泪、咽痛、声音嘶哑、咳嗽、咯痰等；眼结膜、鼻黏膜、咽部充血、水肿；胸部X线征象符合支气管炎或支气管周围炎。中度中毒上述症状加剧，出现呼吸困难、紫绀；胸部X线征象符合肺炎或间质性肺炎。严重者可发生中毒性肺水肿或有呼吸窘迫综合症，患者剧烈咳嗽、咯大量粉红色泡沫痰、呼吸窘迫、瞻妄、昏迷、休克等。可发生喉头水肿或支气管黏膜坏死脱落窒息。

(3) 液氨或高浓度氨可致眼灼伤。液氨可致皮肤灼伤。

3. 职业接触限值

被列于国家《高毒物品目录》中，具有很高的毒性。

中国OELs：PC-TWA 20mg/m³，PC-STEL 30 mg/m³。

美国：ACGIH TLVs：TWA 25ppm，STEL 30ppm；OSHA PEL：TWA 50ppm；NIOSH REL：TWA 25ppm，STEL 35ppm；IDLH：300ppm。

4. 应急处理

(1) 立即将患者移至空气新鲜处，保持呼吸道通畅。如患者呼吸困难，给吸氧。如呼吸停止，立即进行人工呼吸，就医。脱去被污染的衣物，用2%硼酸液或大量清水彻底清洗皮肤，注意保暖。溅入眼睛，立即提起眼睑，用大量流动清水或生理盐水彻底冲洗至少(15~20)min。

(2) 迅速撤离泄漏污染区人员至上风处，并立即进行隔离，严格限制出入。建议应急处理人员佩戴自给正压式呼吸器，穿防毒服，从上风处进入现场，不宜用水浸湿的毛巾掩面，以免形成氨水灼伤皮肤。

(3) 尽可能切断泄漏源，合理通风，加速扩散。高浓度泄漏区，喷洒含盐酸的雾状水中和、稀释、溶解泄漏的氨气，做好废水的收容和处置。如有可能，将残余气或漏出气用排风机送至水洗塔或与塔相连的通风设施内。若不能立即切断泄漏源，则不允许熄灭正在燃烧的气体，采用喷水冷却。漏气容器或管路要妥善处理，修复、检验后方可再次投用。

5. 防护措施

(1) 储运措施：有氨气逸出可能的生产设备应加强密闭化，提供充分的局部排风和全面通风，定期检修，减少跑、冒、滴、漏现象发生。作业场所设置警示标识、警戒线、告知卡，设置风向标，提供安全淋浴和洗眼设备。建议在有可能出现氨气泄漏的作业场所安装自动报警器。

(2) 个人防护措施：作业场所禁止吸烟、进食和饮水。工作完毕，淋浴更衣，工作服及时换洗。进入受限空间或其他高浓度区作业，应佩戴合适的防毒面具，同时有人监护，并做好急救准备。空气中浓度超标时，建议佩戴过滤式防毒面具(半面罩)。紧急事态抢救或撤离时，必须佩戴正压自给式空气呼吸器、化学安全防护眼镜、防静电工作服和橡胶手套等。

（3）其他防护措施：做好上岗前的体检工作，患有慢性阻塞性肺病、支气管哮喘、支气管扩张、间质性肺病伴有肺纤维化患者，不宜从事接触氨气的作业。

（四）氯气

1. 理化性质

在常温常压下，氯气（Cl_2）具有强烈异臭的刺激性黄绿色气体，易溶于水、碱溶液、二硫化碳和四氯化碳等有机溶液。干燥的氯低温下不活泼，遇水反应急剧，生成次氯酸和盐酸，次氯酸有分解为氯化氢和新生态氧，因此是强氧化剂和漂白剂。高温条件下，与一氧化碳作用，生成毒性更大的光气。高压下液化为琥珀色的液氯。相对分子质量为 70.91，相对密度 2.48（20℃，气体），沸点-34.6℃，熔点-101.0℃，爆炸极限 16.0%～25.0%（V/V）。

2. 职业危害

（1）可经呼吸道进入人体，对眼、呼吸道黏膜有刺激作用。吸入极高浓度的氯气，可引起迷走神经反射性心跳骤停或喉头痉挛而发生"电击样"死亡。皮肤接触液氯或高浓度氯气，在暴露部位可有灼伤或急性皮炎。

（2）急性中毒：轻度者出现流泪、咳嗽、咳少量痰、胸闷，出现支气管和支气管炎的表现。中度中毒发生支气管肺炎或间质性肺水肿，病人除上述症状外，出现呼吸困难、轻度紫绀等。严重者可发生肺水肿、昏迷和休克，可出现气胸、纵隔气肿等并发症。

（3）慢性影响：长期接触低浓度氯气，可引起慢性支气管炎、支气管哮喘等；可引起职业痤疮及牙齿酸蚀症。

3. 职业接触限值

被列于国家《高毒物品目录》中，具有很高的毒性。

中国 OELs：MAC 1mg/m³。

美国：ACGIH TLVs：TWA 0.5ppm，STEL 1ppm；OSHA PEL：C 1ppm；NIOSH REL：C 0.5ppm（15min）；IDLH：10ppm。

4. 应急处理

（1）立即将患者移至空气新鲜处，脱去被污染的衣物；皮肤污染或溅入眼内用大量流动清水冲洗各至少 20min；呼吸困难，给输氧，必要时用合适的呼吸器进行人工呼吸，就医。注意保暖、安静。

（2）迅速撤离泄漏污染区人员至上风处，并立即进行隔离，严格限制出入。建议应急处理人员佩戴自给正压式呼吸器，穿防毒服，从上风处进入现场。若无呼吸器，可用小苏打（碳酸氢钠）稀释溶液浸湿的毛巾掩口鼻短时间进入现场。

（3）尽可能切断泄漏源，合理通风，加速扩散。喷洒雾状水稀释、溶解泄漏的氯气，做好废水的收容和处置。如有可能，用管道将泄漏物导至还原剂（酸式硫酸钠或酸式碳酸钠）溶液，也可将泄漏钢瓶浸入石灰乳液中。漏气容器或管路要妥善处理，修复、检验后方可再次投用。

5. 防护措施

（1）储运措施：有氯气逸出可能的生产设备应加强密闭化，提供充分的局部排风和全面通风，定期检修，减少跑、冒、滴、漏现象发生。作业场所设置警示标识、警戒线、告知卡，设置风向标，提供安全淋浴和洗眼设备。在液氯钢瓶存放处，应设事故处理中和池。建议在有可能出现氯气泄漏的作业场所安装自动报警器。

（2）个人防护措施：作业场所禁止吸烟、进食和饮水。工作完毕，淋浴更衣，工作服及时换洗。进入受限空间或其他高浓度区作业，应佩戴合适的防毒面具，同时有人监护，并做好急救准备。空气中浓度超标时，建议佩戴正压自给式空气呼吸器。紧急事态抢救或撤离时，必须佩戴正压自给式空气呼吸器、面罩式胶布防毒衣和橡胶手套等。

（3）其他防护措施：做好上岗前的体检工作，患有慢性阻塞性肺病、支气管哮喘、支气管扩张、慢性间质性肺病患者，不宜从事接触氯气的作业。

（五）一氧化碳

1. 理化性质

在标准状态下，一氧化碳（CO）纯品为无色、无臭、无刺激性的气体，在水中溶解度甚低，但易溶于氨水。相对分子质量为28.01，相对密度0.90（0℃，气体），沸点-191.0℃，熔点-199.0℃，爆炸极限12.5%~74.0%（V/V）。

2. 职业危害

（1）可经呼吸道进入人体，接触一氧化碳后出现头痛、头昏、心悸、恶心等症状，吸入新鲜空气后症状可迅速消失，属一般接触反应。

（2）急性中毒：轻度中毒者出现头痛、头晕、心跳、眼花、恶心、呕吐、烦躁、步态不稳、四肢无力、轻度至中度意识障碍，但无昏迷，检查时无阳性体征；离开中毒场所，吸入新鲜空气后症状逐渐完全恢复。中度中毒除上述症状外，还有皮肤黏膜呈樱红色、脉快、烦躁、步态不稳、浅至中度昏迷；及时移离中毒场所，并经抢救后可渐恢复，一般无明显并发症或后遗症。重度中毒时，意识障碍严重，患者深度昏迷或植物状态，常见瞳孔缩小、肌张力增强、频繁抽搐、大小便失禁；经过积极治疗，多数患者可完全恢复，少数出现植物状态的，表现为意识丧失、睁眼不语、去大脑强直，预后不良。

（3）迟发脑病：部分急性一氧化碳中毒患者昏迷苏醒后，意识恢复正常，但经（20~30）天的假愈期后，又出现脑病的神经精神症状，称为急性一氧化碳中毒迟发型脑病，表现为精神症状、脑局灶损害、皮质性失明、癫痫发作和顶叶综合症。一氧化碳能否造成慢性中毒及心血管影响至今尚有争论。

3. 职业接触限值

被列于国家《高毒物品目录》中，具有很高的毒性。

中国OELs：PC-TWA 20mg/m³（高原海拔2000m~3000m及非高原）、15mg/m³（高原海拔>3000m），PC-STEL 30mg/m³（非高原）。

美国：ACGIH TLVs：TWA 25ppm；OSHA PEL：TWA 50ppm；NIOSH REL：TWA 35ppm，C 200ppm；IDLH：1200ppm。

4. 应急处理

（1）立即将患者移至空气新鲜处，静卧、保温；保持呼吸道通畅，如呼吸困难，给输氧；呼吸心跳停止时，立即进行人工呼吸和胸外心脏按压术，就医。

（2）迅速撤离泄漏污染区人员至上风处，并立即隔离，严格限制出入。应急处理人员必须佩戴自给正压式呼吸器，穿防静电服进入现场。

（3）尽可能切断泄漏源，合理通风，加速扩散。喷洒雾状水稀释、溶解泄漏的一氧化碳，做好废水的收容和处置。如有可能，将泄漏气体用排风机送至空旷地方或装设适当喷头烧掉，也可用管路导至炉中、凹地焚之。漏气容器或管路要妥善处理，修复、检验后方可再次投用。

5. 防护措施

（1）储运措施：有一氧化碳逸出可能的生产设备应加强密闭化，提供充分的局部排风和全面通风，定期检修，减少跑、冒、滴、漏现象发生。作业场所设置警示标识、警戒线、告知卡，设置风向标。生产生活用气必须分路。建议在有可能出现一氧化碳泄漏的作业场所安装自动报警器。

（2）个人防护措施：作业场所禁止吸烟。实行就业前和定期的体检。进入受限空间或其他高浓度区作业，应佩戴合适的防毒面具，同时有人监护，并做好急救准备。空气中浓度超标时，建议佩戴自吸过滤式防毒面具（半面罩）。紧急事态抢救或撤离及高浓度接触时，建议佩戴正压自给式空气呼吸器、安全防护眼镜、防静电工作服和一般作业防护手套等。

（3）其他防护措施：做好上岗前的体检工作，患有中枢神经系统器质性疾病和心肌病的患者，不宜从事接触一氧化碳的作业。

（六）氧气

1. 理化性质

在标准状态下，氧气（O_2）为无色无毒气体，密度比空气大，可溶于水，易压缩，相对分子质量为32.00，相对密度1.10（0℃，气体），沸点-180.0℃，熔点-218.0℃。正常人体只需要一定浓度的氧，氧的浓度过高或过低都对人有害。氧的分压过低会导致缺氧症，氧的分压过高会引起氧中毒。

2. 职业危害

（1）缺氧危害

缺氧多发于受限空间，由于受限空间的条件不同，产生缺氧的原因也各异。缺氧原因基本上可分为两类，一是空气中的氧被消耗，二是其他气体的置换。

① 在受限空间中，由于自然通风不良，空气中的氧可能因化学反应或生物作用而消耗，使氧含量下降。化学反应主要是由于容器材料或涂覆材料的氧化或吸收氧，如锅炉、贮罐、反应器、船舱等钢制容器。生物作用包括微生物呼吸作用和植物的呼吸作用。有些微生物的耗氧量与人相比竟高达6000倍，在一些受限空间中由于微生物的作用，造成缺氧环境，例如粪便、污水贮槽，电缆、煤气管道的暗沟、孔等。由于有机物的腐烂，微生物繁殖消耗氧气的同时，还会产生二氧化碳、甲烷、硫化氢等气体。因此在进入其中作业，除了缺氧外，还可能发生爆炸和中毒事故。

② 其他气体的置换有的是属于工艺过程的要求，有的是属于气体泄漏事故。石油化工企业的原料和产品多属可燃气体或液体，储存和运输的容器和管道在安装或维修过程中，为了进行明火作业，需用氮气将可燃气体排出，然后再用空气排出氮气，当这个过程进行不完全，就可能发生缺氧事故；液化气体蒸发时，会使周围环境造成缺氧状态；受限空间中使用二氧化碳灭火器也可造成缺氧事故；气体输送管道泄漏，泄漏的气体在附近的人孔、水井等场所积聚，也是产生缺氧的重要原因。

③ 缺氧的危害

人在缺氧环境中为了维持足够的氧气吸入量，呼吸就会加快以增加通气量，但是人体对缺氧的探测和对缺氧的反应是不灵敏的，调节范围也是有限的。如果氧浓度更低（6%以下），只要呼吸一口气，就会立即死亡，有如电击一样。当氧浓度并不太低时，作业人员亦可由于迷失方向和失去知觉而延误了逃离现场时机，造成缺氧事故，甚至造成伤亡，失去知觉的氧含量值是13%。我国 GB 8958《缺氧危险作业安全规程》将缺氧定为低于19.5%的氧含量。人体在缺氧环境中机体的反应见表3-2。

表3-2　人体在缺氧环境中机体的反应（海平面上健康个体）

氧浓度/%（V/V）	氧分压/mmHg	反应
17	129	夜间视力减弱，呼吸量增加，心跳加速
16	122	眩晕
15	114	注意力、判断力减弱，协调能力减弱，间歇呼吸，迅速疲劳，失去肌肉控制能力
12	91	判断错误，肌肉协调能力很差，失去知觉永久性大脑损伤
10	76	失去行动能力，恶心、呕吐
6	46	阵发性呼吸，痉挛（5~8）min 死亡

（2）富氧危害

在常压下，氧气的浓度超过40%时，就有发生氧中毒的可能性。人的氧中毒主要有两种类型：

① 肺型—主要发生在氧分压为（1~2）个大气压，相当于吸入氧浓度40%~60%左右。开始时，胸骨后稍有不适感，伴轻咳，进而感胸闷、胸骨后烧灼感和呼吸困难、咳嗽加剧。严重时可发生肺水肿、窒息。

② 神经型—主要发生于氧分压在3个大气压以上时，相当于吸入氧气浓度80%以上。开始多出现口唇或面部肌肉抽动、面色苍白、眩晕、心动过速、虚脱，继而出现全身强直性癫痫样抽搐、昏迷、呼吸衰竭而死亡。

（3）液态氧能刺激皮肤和组织，引起冷烧伤。从液态氧蒸发的氧气易被衣服吸收，而且遇到任何一种火源均可引起急剧地燃烧。

3. 职业接触限值

中国未制定职业接触限值，建议作业环境氧气含量控制在19.5%~23.5%。

4. 应急处理

（1）缺氧时立即将患者移至空气新鲜处，静卧、保温；保持呼吸道通畅，如患者呼吸困难，给吸氧；呼吸停止时，立即进行人工呼吸，就医。同时将作业环境可能存在的有毒气体报告医生。

（2）氧中毒治疗应及时，加强通风，改吸空气，安静休息，保持呼吸道通畅，给予镇静、抗惊厥药物，防止肺部继发感染。动物实验证明大剂量维生素 C 对氧中毒有一定疗效，可以采用。

（3）当皮肤接触液氧时，应立即用水冲洗，伤重者应就医诊治。

5. 防护措施

（1）储运措施：有氧气逸出可能的生产设备应加强密闭化，提供充分的局部排风和全面通风，定期检修，减少跑、冒、滴、漏现象发生。作业场所设置警示标识、警戒线、告知卡。建议在有可能出现氧气泄漏的作业场所安装自动报警器。

（2）个人防护措施：作业场所禁止吸烟。进入受限空间或其他高浓度区作业，应佩戴合适的防毒面具，同时有人监护，并做好急救准备。空气中浓度超标时，建议佩戴正压自给式空气呼吸器。紧急事态抢救或撤离及高浓度接触时，建议佩戴正压自给式空气呼吸器、安全防护眼镜、防静电工作服和一般作业防护手套等。

（3）其他防护措施：进行液氧作业时，佩戴正压自给式空气呼吸器、安全防护眼镜、防静电工作服和隔冷防护手套等。

第三节　爆炸与防爆

一、爆炸

（一）爆炸性物质的分类与分组

爆炸性物质可分为以下三类：

Ⅰ类：矿井甲烷

Ⅱ类：爆炸性气体、蒸气

Ⅲ类：爆炸性粉尘、纤维

对于Ⅱ类爆炸性气体（含蒸气和薄雾），又可以爆炸性气体混合物的传爆能力和被点燃的难易程度进行细分。

1. 根据爆炸性气体混合物的传爆能力细分

爆炸性气体混合物的传爆能力体现了爆炸的危险程度，可以用最大试验安全间隙（MESG）来表示。最大试验安全间隙大，传爆能力小，反之，最大试验安全间隙小，传爆能力大。传爆能力是隔爆型电气设备设计的主要依据，爆炸性气体按其最大试验安全间隙细分成ⅡA、ⅡB、ⅡC三级。

2. 根据爆炸性气体混合物被点燃的难易程度细分

爆炸性气体混合物被点燃的难易程度可以用最小点燃电流比（MICR）表示。最小点燃电流比越小，点燃就越容易，危险性就大；最小点燃电流越大，点燃就越难，危险性就小。最小点燃电流比是本质安全型电气设备设计的主要依据，爆炸性气体混合物按其最小点燃电流比分成ⅡA、ⅡB、ⅡC三级。

以上这两种细分方法虽然出发点不同，但都强调了各自针对的爆炸性气体混合物的具体特性，均表示爆炸性气体混合物的危险程度，两种分类是近似相等的。Ⅱ类电气设备按其适用于爆炸性气体环境混合物的最大试验安全间隙（为20℃时测定或修正到20℃的值）和最小点燃电流比分为三级，见表3-3。

表 3-3　爆炸性气体混合物按最大试验安全间隙、最小点燃电流比分级

级别	代表性气体	最大试验安全间隙 MESG/mm	最小点燃电流比 MICR
ⅡA	丙烷	MESG≥0.9	MICR>0.8
ⅡB	乙烯	0.5<MESG<0.9	0.45≤MICR≤0.8
ⅡC	氢气	MESG≤0.5	MICR<0.45

（二）爆炸性气体环境危险场所的形成与分区

爆炸性气体环境是指在大气条件下，气体或蒸气与空气的混合物，点燃后，燃烧将传至全部未燃烧混合物的环境。在《爆炸性环境 第14部分：场所分类爆炸性气体环境》（GB 3836.14）中，将爆炸性气体环境危险场所定义为爆炸性气体环境出现或预期可能出现的数量达到足以要求对电气设备的结构、安装和使用采用专门措施的区域。根据爆炸性物质出现的频率和持续时间把危险场所划分以下区域：

0区：爆炸性气体环境连续出现或频繁出现或长时间存在的场所。如装有汽油的油罐内液面至罐顶排气孔的罐内空间。

1区：在正常运行时，可能偶尔出现爆炸性气体环境的场所。如在正常工作中因需要取出产品或开闭盖子等可能导致可燃物质泄漏的场所。

2区：在正常运行时，不可能出现爆炸性气体环境，如果出现，仅是短时间存在的场所。如因腐蚀、老化等原因导致可燃物质泄漏的场所。

形成爆炸性气体环境危险场所的原因是有或可能（潜在）有可燃性物质（气体、蒸气或液体）释放，进而导致释放源周围形成具有爆炸危险性的气体、蒸气或薄雾环境。如果一个场所中的可燃物质没有释放源，或者在这种可燃物质所处的条件下根本就不会向外释放爆炸性气体混合物，那么在这种可燃物质周围就不会形成爆炸性气体环境危险场所。此场所一旦形成，那么在爆炸极限内若遇合适的点火源，则场所环境就会发生爆炸。

（三）释放源等级划分

释放源就是可燃性气体、蒸气或液体可能释放出能形成爆炸性气体环境的部位或地点。释放源按其释放可燃物质的频率、持续时间和数量等划分为三个基本等级，即连续级、1级和2级。同时释放源还可能导致上述释放源等级中的任何一种释放源或超过一种释放源的组合。

连续级释放源：连续释放或预计频繁释放或长期释放的释放。如固定顶的油罐上部空间和排气口；敞开的可燃性液体容器的液面附近处等，均应视为连续级释放源。

1级释放源：在正常运行时，预计可能周期性或偶尔释放的释放。如正常运行时，预计会向周围场所释放可燃性物质的泵、压缩机或阀门的密封处；含有可燃性液体的容器上的排水口处；正常工作时，预计可燃性物质可能释放到周围场所中的取样点；正常工作中，预计会释放可燃性物质的泄压阀、排气孔或其他开孔等均应视为1级释放源。

2级释放源：在正常运行时，预计不可能释放，如果释放也仅是偶尔和短期释放的释放。如正常运行时，不可能泄漏的压缩机或阀门的密封处；正常运行时，不可能泄漏的法兰、连接件或管道接头；正常运行时，不可能向周围场所释放可燃性物质的取样点等均应视为2级释放源。

现场实际情况可能同时具有连续级、1级、2级三个基本等级中的两个或三个释放特性

的释放源，也就是所谓的多重释放源。

（四）危险场所分类的确定

对危险场所分类的核心问题是对场所中可能出现爆炸性气体环境基本概率的分析，这需要有经验的专业人员的研究和参与，同时，要积累和收集场所中每台设备的运行状况和场所环境因素等资料。因此，危险场所分类应由熟悉可燃性物质性能、设备和工艺状况的专业人员与从事安全、电气及其他相关工程技术人员讨论确定。具体方法如下：

1. 查找和确定释放源

确定危险区域类型的根本因素就是鉴别释放源和确定释放源的等级。危险场所中存在可燃性气体或蒸气才有可能形成爆炸性气体环境，因此，首先必须查找场所中的含有可燃性物质的储存设备、加工设备或输送管道是否可能向场所中释放出可燃性气体或蒸气，或者空气是否可能进入容器内与可燃性气体或蒸气混合形成爆炸性混合物。

每一台设备(例如储罐、管道、泵、压缩机等)，如果其内部含有可燃性物质，就应该被视为潜在的释放源；如果它们不可能含有可燃性物质，那么很明显它们的周围就不会形成爆炸性混合物；如果该类设备虽含有可燃性物质，但不可能逸出或泄漏到场所中，则可不视为释放源(例如：设置于某一空间的无接缝的管道)。

如果已确认设备会向场所中释放可燃性物质，则应先确定释放频率和持续时间，并据此确定释放源的等级。

2. 确定危险场所的区域类型

划分危险场所的区域类型主要依据场所中的释放源等级和通风条件。一般来说，连续级释放源形成0区危险场所；1级释放源形成1区危险场所；2级释放源形成2区危险场所。同时应根据通风条件确定区域划分。如通风良好时，可降低危险场所的区域类别；反之，如通风不良时，可提高危险场所的区域类别。这是因为释放到周围场所中的可燃性气体或蒸气，会借助于通风形成的空气流动或扩散，使其浓度稀释至爆炸下限以下。可见，减少释放源、降低释放源等级和保持有效的通风效果，可以大大改善危险场所的危险程度。

（五）确定危险场所的区域范围

影响危险场所区域范围有可燃性气体或蒸气的释放速率、气体的爆炸下限、相对密度、通风条件等诸多因素，因此要对它们的影响综合分析后，确定危险场所的区域范围。

1. 可燃性物质的释放速率

释放速率越大，单位时间内释放到周围场所中的可燃性物质的量就越多，则危险区域的范围相应就越大。

2. 爆炸下限

对于一定的释放量，爆炸下限降低，则浓度达到爆炸下限之上的爆炸性气体混合物的量就相应增加，危险区域的范围也会相应变大。

3. 气体或蒸气的相对密度

如果气体或蒸气的相对密度比空气小，那么轻于空气的气体和蒸气就向上飘逸，这样，释放源上方垂直方向的危险区域范围将随着相对密度的减小而扩大；如果气体或蒸气的相对密度比空气大，那么重于空气的气体或蒸气就趋于沉积在地面上，这样，在地面附近，危险区域的水平范围将随着相对密度的增大而扩大。

4. 通风

加大通风量，可以缩小危险区域的范围，这是因为通风可以将场所中泄漏的可燃性气体或蒸气吹散或稀释，使危险区域的范围缩小。如果通风效果良好，通风换气量足够大，并且通风连续存在，例如，有备用风机等，则可以降低危险场所的区域类别。

此外，释放源周围的障碍物可以影响通风效果，使危险区域的范围扩大。另一方面，如果障碍物(如堤坝、围墙、天花板等)能阻挡可燃性气体或蒸气向周围进一步扩散，这时障碍物能限制危险区域的范围进一步向外围扩展。

不同的通风条件对危险区域范围的影响可以分析如下：

(1) 自然通风和整体强制通风时

如上所述，虽然通常情况下连续级释放源形成 0 区场所，1 级释放源形成 1 区场所，2 级释放源形成 2 区场所。但是，实际的生产现场由于通风的影响，情况要复杂得多。例如，通风良好，也许会使危险场所的区域范围小到忽略不计，成为危险性较低的区域类别，如果通风效果特别好，也许会成为非危险场所。反之，如果通风不良，也许会扩大危险场所的区域范围，也许会成为危险性较高的区域类别。

(2) 局部强制通风时

一般情况下，采用局部强制通风稀释爆炸性混合物，比自然通风和整体强制通风的效果更好。其结果会使危险场所的区域范围缩小，甚至会缩小至可忽略不计的程度，也许会成为危险性较低的区域类别。甚至成为非危险场所。

(3) 无通风时

无通风的场所存在释放源时，连续级释放源肯定会形成 0 区场所，1 级释放源也可能形成 0 区场所，2 级释放源也可能形成 1 区场所。但是，特殊情况下，例如释放量极小或监视释放时，也可能使之成为危险性较低的类别。

(4) 障碍物限制通风时

如果危险场所内有障碍物影响通风时，则会使危险场所的范围扩大，或使之成为危险性较高的类别。考虑障碍物影响时，应特别注意地坑及凹处的气体或蒸气的相对密度。

(5) 通风装置出现故障时

对危险场所进行分类是以通风装置正常工作为前提的，如果通风装置故障时的危险可以忽略不计(如另外设置有自动待机系统时)，则没有必要改变以通风装置正常工作为前提所确定的危险场所分类。但是，如果通风装置的故障危险不容忽视，则应预测无强制通风时爆炸性混合物的范围的扩大程度，同时还应预测通风装置出现故障的频率及持续时间，并据此来确定场所的类别。如果通风装置不出现故障或即使有故障也很短暂，则应把因通风装置的故障而扩展的危险场所定为 2 区场所。如果在通风装置出现故障时，能够采取措施防止可燃性物质的释放(例如：工艺流程自动停止)，则不必改变原确定的场所分类。

5. 其他条件

气候条件、地形分布状况等其他因素也能影响爆炸危险区域的范围。

综上所述，在确定危险区域时应注意以下事项：

(1) 重于空气的气体或蒸气可能流入低于地面的空间，例如凹槽和沟；

(2) 轻于空气的气体或蒸气可能会滞留在高处的空间，例如屋顶空间；

（3）如果释放源位于装置外面或场所附近，应该采取措施防止大量的可燃性气体或蒸气进入车间或场所；

（4）通风的状况对爆炸危险场所的范围影响很大，在进行区域划分时应十分注意。

二、防爆

（一）防爆电气设备

防爆电气设备是爆炸性环境用电气设备的简称，它是能在爆炸危险场所中安全使用而不会引起燃爆事故的特种电气设备。防爆电气设备的防爆形式有下列几种：隔爆型、本质安全型、增安型、正压型、冲油型、冲砂型、无火花型、防爆特殊型等。有害气体检测器一般采用隔爆型、本质安全型或隔爆本安混合型。

1. 隔爆型"d"

由隔爆外壳"d"保护的设备是应用缝隙隔爆原理，使设备外壳内部产生的爆炸火焰不能传播到设备外壳的外部而点燃设备周围环境中的爆炸性介质的电气设备。隔爆型防爆型式是把设备可能点燃爆炸性气体混合物的部件全部封闭在一个外壳内，其外壳能够承受通过外壳任何接合面或结构间隙，渗透到外壳内部的可燃性混合物在内部爆炸而不损坏，并且不会引起外部由一种、多种气体或蒸气形成的爆炸性环境的点燃。

把可能产生火花、电弧和危险温度的零部件均放入隔爆外壳内，隔爆外壳使设备内部空间与周围的环境隔开。隔爆外壳存在间隙，因电气设备呼吸作用和气体渗透作用，使内部可能存在爆炸性气体混合物，当其发生爆炸时，外壳可以承受产生的爆炸压力而不损坏，同时外壳结构间隙可冷却火焰、降低火焰传播速度或终止加速链，使火焰或危险的火焰生成物不能穿越隔爆间隙点燃外部爆炸性环境，从而达到隔爆目的。

隔爆结构要素：隔爆外壳的强度、各零部件间的隔爆接合面宽度、间隙、隔爆接合面粗糙度等应符合《爆炸性环境　第2部分：由隔爆外壳"d"保护的设备》（GB 3836.2）的规定。

隔爆型"d"按其允许使用爆炸性气体环境的种类分为Ⅰ类和ⅡA、ⅡB、ⅡC类。该防爆型式设备适用于1、2区场所。

2. 本质安全型"i"

由本质安全型"i"保护的设备内部的所有电路都是由在标准规定条件（包括正常工作和规定的故障条件）下，产生的任何电火花或任何热效应均不能点燃规定的爆炸性气体环境的本质安全电路，其应符合《爆炸性环境　第4部分：由本质安全型"i"保护的设备》（GB 3836.4）的规定。

本质安全型是从限制电路中的能量入手，通过可靠的控制电路参数将潜在的火花能量降低到可点燃规定的气体混合物能量以下，导线及元件表面发热温度限制在规定的气体混合物的点燃温度之下。上述两个条件是本质安全型防爆的基础。该防爆型式只能应用于弱电设备中，该类型设备适用于0、1、2区（Ex ia）或1、2区（Ex ib）。

3. 隔爆本安混合型

隔爆本安混合型是同时采用隔爆型和本质安全型技术，进一步提高仪表设备的防爆性能。

（二）防爆标志

1. 设备保护级别（EPL）

设备保护级别（EPL）是根据设备成为点燃源的可能性和煤矿瓦斯、爆炸性气体、爆炸性粉尘环境所具有的不同特征对设备规定的保护级别，见表3-4。

表3-4 设备保护级别与区的传统对应关系（没有附加危险评定）

设备保护级别（EPL）	危险场所	保护级别
Ma	煤矿甲烷气体环境	很高
Mb	煤矿甲烷气体环境	高
Ga	爆炸性气体环境 0 区	很高
Gb	爆炸性气体环境 1 区	高
Gc	爆炸性气体环境 2 区	一般
Da	爆炸性粉尘环境 20 区	很高
Db	爆炸性粉尘环境 21 区	高
Dc	爆炸性粉尘环境 22 区	一般

2. 设备分类

爆炸性环境用电气设备分为Ⅰ类、Ⅱ类和Ⅲ类。

Ⅰ类电气设备用于煤矿瓦斯气体环境。

Ⅱ类电气设备用于除煤矿瓦斯气体之外的其他爆炸性气体环境。Ⅱ类电气设备按照其拟使用的爆炸性环境的种类可进一步再分类，分为ⅡA类、ⅡB类、ⅡC类。

ⅡA类：代表性气体是丙烷；

ⅡB类：代表性气体是乙烯；

ⅡC类：代表性气体是氢气。

标志ⅡB的设备可适用于ⅡA设备的使用条件，标志ⅡC的设备可适用于ⅡB和ⅡA设备的使用条件。

Ⅲ类电气设备用于除煤矿以外的爆炸性粉尘环境。

3. 最高表面温度

Ⅰ类电气设备当电气设备表面可能堆积煤尘时，设备最高表面温度不应超过150℃；当电气设备表面不会堆积煤尘时，设备最高表面温度不应超过450℃。

Ⅱ类电气设备按其最高表面温度分为T1~T6组，使得对应的T1~T6组的电气设备的最高表面温度不能超过对应的温度组别的允许值，见表3-5。不同的环境温度及不同的外部热源和冷源可能有一个以上的温度组别。

表3-5 Ⅱ类电气设备的最高表面温度分组

温度级别	最高表面温度/℃	温度级别	最高表面温度/℃
T1	450	T4	135
T2	300	T5	100
T3	200	T6	85

4. 爆炸性气体环境防爆标志

防爆标志应包括：

（1）符号 Ex，表明电气设备符合防爆专用标准的一个或多个防爆型式。

（2）所使用的各种防爆型式符号如下：

——"d"：隔爆外壳（对应 EPL Gb 或 Mb）；

——"ia"：本质安全型（对应 EPL Ga 或 Ma）；

——"ib"：本质安全型（对应 EPL Gb 或 Mb）；

——"ic"：本质安全型（对应 EPL Gc）。

（3）类别符号

——Ⅰ类：易产生瓦斯的煤矿用电气设备；

——ⅡA 类、ⅡB 类或ⅡC 类：除易产生瓦斯的煤矿外其他爆炸性气体环境用电气设备。

当电气设备仅使用在某一特定的气体中，则在符号Ⅱ后面的括号内写上气体的化学名称或分子式。当电气设备除适用于特殊电气设备类别外还使用在某一特定气体中时，化学分子式应加在类别符号的后边并用符号"+"分开，例如："ⅡB+H_2"。

标志ⅡB 的设备可适用于ⅡA 设备的使用条件，同样，标志ⅡC 的设备可适用于ⅡA 和ⅡB 设备的使用条件。

（4）对于Ⅱ类电气设备，表示温度组别的符号。如果制造商愿意给出两个温度组别之间的最高表面温度，也可仅用摄氏温度来标志该最高表面温度，或两者都标出，但在摄氏温度之后加括号，括号内是温度组别，例如，T1 或 350℃ 或 350℃（T1）。对于最高表面温度超过450℃的Ⅱ类电气设备应用摄氏温度来标记最高表面温度，例如，600℃。

（5）用于特殊气体的Ⅱ类电气设备，不必标出相应温度组别或最高表面温度。当电气设备预计使用在特殊情况时，标志应包括 Ta 或 Tamb 和环境温度范围或符号 X，以表明符合规定的特殊使用条件。

（6）Ex 电缆引入装置、Ex 封堵件和 Ex 螺纹式管接头不必标志温度组别或最高表面温度（摄氏温度）。

5. 混（复）合型防爆型式

当一台电气设备的不同部分或 Ex 元件使用不同的防爆型式时，防爆标志应包括所有所使用的防爆型式符号，防爆型式的符号应按字母顺序排列，彼此之间应有小的间隔。当使用关联设备时，其防爆型式的标志，包括适用时的方括号，应标在电气设备防爆型式符号之后。

6. 防爆标志示例

Ex d ib ⅡC T6　Gb：气体防爆，防爆外壳"d"和本质安全"ib"防爆型式，ⅡC 级 T6 组，防护等级 Gb。

<h1 style="text-align:center">第四节　安全与防护</h1>

一、安全培训

1. 安全基础知识培训

安全基础知识培训包括与使用或现场有关，以及气体检测报警器制造商提供的文件中与气体检测报警器功能相关的内容。还应让培训人员了解以下内容：

（1）气体检测报警器仅仅可以检测在气体检测报警器附近存在的气体和蒸气。

（2）气体检测报警器仅仅可以检测在气体检测报警器或延长取样装置工作温度下不发生凝结的蒸气。

（3）在液体闪点高于环境温度的地方，其蒸气仅仅以很低的 LEL 百分比的量存在。

（4）气体检测报警器不能检测易燃液体、易燃雾气、灰尘或纤维。

（5）许多类型的气体检测报警器对整个范围内的气体有不同的灵敏度，如果所检测的气体不是校准时所用的标准气体类型，读数可能不正确。

（6）不稳定的指示可能说明气体检测报警器发生故障或有大气的扰动，当存在疑问时，应用第二台气体检测报警器进行检查或在继续使用前对原有气体检测报警器在控制条件下进行重新检查。

（7）在使用场所零点发生偏移，如有疑问，应使用零点气体对气体检测报警器进行重新检查。

（8）当出现超量程显示或指示方向不对时，应假定有潜在爆炸性或有毒气体存在，直至用其他手段进行证实（如用第二台报警器进行检查，通入干净空气再进行重新检查等）。

（9）有些可燃气体和所有蒸气（水蒸气除外）在低浓度下可能有毒，应对其潜在毒性有所了解并采取必要的措施。

（10）受限空间内可能缺氧，进入受限空间的人员需专门培训。

（11）如果通过延长管路对受限空间进行监测或取样，严重缺氧可能会导致气体检测报警器发生误读情况。

2. 现场操作人员培训

（1）对要进入特定环境工作的操作人员，应对其进行充分良好的安全培训。

（2）安全培训应确保使他们能够理解和熟悉所用的设备、工作环境和系统，并指导操作人员如何进行直观检查和功能检查，对接触并怀疑气体检测报警器发生故障的人员也要进行此类安全培训。

（3）应定期进行的复习式安全培训。

（4）在气体检测报警器安装、使用之前应拟订好相关的作业指导书，包括在发生报警时应采取的行动和其他安全方面的内容，以及怀疑气体检测报警器发生故障时操作人员应如何处理。

3. 维修人员培训

培训内容除包括所必需的安全知识，还应包括制造商提供的相关文件等。同时气体检测报警器所属单位做好进入作业区域的相关安全教育。

二、作业区域的安全与防护

1. 进入作业区域的准备

在进入作业区域前，应按照企业的管理规定办理相关手续，如危害识别、作业票等，使车间管理人员和当班操作人员了解作业人员的工作计划，包括进入现场时间、人员名单、作业时间、作业内容等，检定/校准及维护结束后应及时通知车间。作业人员应预先了解并熟悉各作业区域在事故突发时的应急撤离路线和报告程序。

2. 进入作业区域的个体防护

在进入作业区域时，应按照企业的管理规定佩戴必要的防护用品，如安全帽、防静电工作鞋、工作服、手套、安全带和便携式气体检测仪（根据工作场所确定类型）等。进入受限空间、高含硫天然气井集气站等特殊区域应按要求佩戴正压式空气呼吸器。

3. 在作业区域作业的注意事项

（1）在进入作业区域时，不得随意触动现场的其他测控仪表、阀门。当作业区域有交叉作业时，原则上应停止作业，必须作业时应识别和注意交叉作业可能带来的高空坠物、放空或排凝管线瞬间大量泄放等风险。

（2）注意观察周围设备、阀门、管线和仪表有无异常情况。如发现异常，应及时通知车间相关人员，同时立即撤离。随时注意厂、车间的应急广播，并根据广播内容，选择撤离或其他措施。

4. 进入受限空间作业注意事项

（1）一般与受限空间有关的主要危害有缺氧、富氧、存在易燃气体或有毒气体，生产、产品、废料、储存物品或工作活动可能造成其他危害。接触危害物质的主要途径有吸入、皮肤吸收等，对身体造成慢性或急性伤害。

（2）进入受限空间前应进行危害识别、作业许可证办理、落实作业安全措施等。

（3）进入受限空间的安全防护措施

① 制定安全应急预案，内容包括作业人员紧急状况时的逃生路线和救护方法，现场应配备的救生设施和灭火器材等。现场人员应熟知应急预案的内容。设备的出入口内外不得有障碍物，便于人员出入和抢救疏散。

② 作业前应切实做好工艺处理，与其相连的管线、阀门应加盲板断开。不得以关闭阀门代替安装盲板，盲板处应挂标示牌。

③ 取样分析应有代表性、全面性，并符合时效性相关要求。设备容积较大时应对上、中、下各部位取样分析，应保证设备内部任何部位的可燃气体浓度和氧含量合格。当可燃气体爆炸下限大于等于4%时，其被测浓度不大于0.5%（体积分数）为合格；爆炸下限小于4%时，其被测浓度不大于0.2%为合格；氧含量19.5%~23.5%为合格；有毒有害物质不超过国家规定的"车间空气中有毒物质最高容许浓度"的指标。分析结果报出后，样品至少保留4小时。设备内温度宜在常温左右，作业中应定时监测，至少每2h监测一次，如监测分析结果有明显变化，则应加大监测频率。作业中断超过30min应重新进行监测分析，对可能释放有害物质的受限空间，应连续监测。情况异常时，应立即停止作业，撤离人员，经对现场处理，并取样分析合格后方可恢复作业。

④ 在特殊情况下，作业人员佩戴供风式面罩、正压式空气呼吸器等。使用供风式面罩时，必须有专人监护供风设备。

5. 安全注意事项

（1）当作业区域状态改变时，作业人员应立即撤离现场。

（2）作业人员在作业过程中如发现异常情况或感到不适和呼吸困难时，应立即向作业监护人发出信号，迅速撤离现场，严禁在有毒、窒息环境中摘下防护面罩。

（3）作业期间监护人员不得离开监护位置，监护人员有权制止违章、中止作业，并下达撤离指令，作业人员必须无条件执行。

（4）为保证受限空间内空气流通和人员呼吸需要，可采用自然通风，必要时采取强制通风方法，但严禁向内充氧气。

三、现场检定防护指南样例

报警器现场检定作业，不同于其他直接作业环节，没有相关制度可循，为防止人员在作业现场受到伤害，针对检定作业，某公司编制了《现场检定防护指南》（以下简称"指南"）。主要用于规范计量检定人员的现场作业，使他们在进入现场作业之前了解现场的危害因素，掌握紧急情况下的逃生自救技能，做好前期准备工作，最终达到防止发生安全生产事故的目的。

指南的编制主要依据了该公司《高处作业安全管理规定》《进入受限空间作业安全管理规定》《硫化氢安全防护管理规定》《急救应急管理规定》《高毒物品防护管理规定》等制度。

指南情况如下：

（1）制定检定作业流程，使作业人员了解和掌握作业程序，确保整个作业过程有序实施，报警器现场检定作业流程如图 3-3 所示。

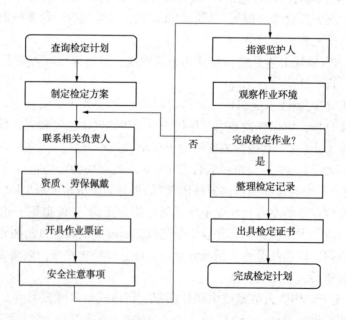

图 3-3　报警器现场检定作业流程图

（2）针对检定作业流程，建立针对性流程图，实现标准化管理，如图 3-4 所示。

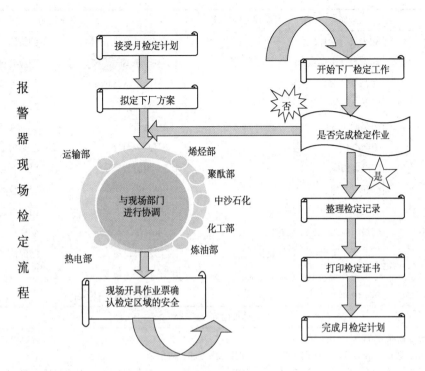

图 3-4　报警器现场检定作业流程图

（3）建立气体检测报警器及危险源分布图，实现气体检测报警器安装位置及作业周边环境危险源的全面辨识和管理，如图 3-5 所示。

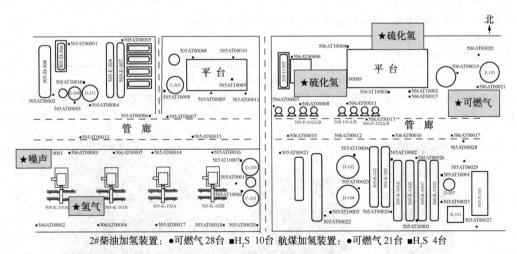

2#柴油加氢装置：●可燃气 28 台 ■H₂S 10 台　航煤加氢装置：可燃气 21 台 ■H₂S 4 台

图 3-5　气体检测报警器安装及危险源分布图

（4）制定"现场检定作业安全提示卡"，实现检定作业安全注意事项直观了解和全面管理，如图 3-6 所示。

危险因素	作业(操作)中可能存在的风险	安全措施	
苯 硫化氢 氨 噪声	☑火灾、爆炸！ ☑窒息、中毒！ ☑高处坠落！ ☑物体打击！ ☐车辆伤害！ ☐触电！ ☐放射伤害！ ☑机械伤害！ ☑灼(冻)伤害！ ☐损坏地上(地下)设施！ ☑频繁上下台阶\直\斜梯！ ☐工作环境不良(光线暗、湿滑、受限、大风、雨雾雪等)！	☑岗前\作业前体检 ☑安全教育 ☐警示\禁行标识 ☑手套 ☐安全带 ☑耳罩\耳塞 ☐专用服装 ☑防护鞋 ☐照明设备 ☐电气绝缘 ☐防辐射设备 ☐合格脚手架 ☐合理时速\保持车距	☐检测、检验 ☐应急预案 ☑安全帽 ☑防护眼镜\面罩 ☑防尘口罩\面具 ☐防护手套 ☑防护服 ☐呼吸器 ☐防爆通讯设备 ☑防爆工具 ☐围挡\围栏\隔离 ☐泄压\吹扫\盲板
检定作业时安全注意事项			

1. 服从属地安全管理，持证作业。

2. 办理 HSE 相关票证，落实属地监护人，并认真熟知提示内容和预防措施。

3. 进入装置，首先要观察装置内的安全警示标识；观察装置内的职业危害因素告知牌；观察装置边缘的风向标；观察逃生路线。

4. 按规定佩戴相关劳动保护用品：便携式复合报警仪、安全帽、防静电工作服、三防鞋、防爆工具、护目镜、过滤式防毒面具(半面罩)等。

5. 未经允许，不得操作、触摸装置内其他设备、管道等。

6. 涉及高处、受限空间等作业时按要求办理相应作业票证，落实好安全措施后，方能作业。

7. 攀爬楼梯，扶好扶手。

8. 两人作业，一人监护，一人操作。

图 3-6　现场检定作业安全提示卡

（5）制定"个人安全防护示意图"和标准化更衣间，实现个人防护安全达标，如图 3-7 所示。

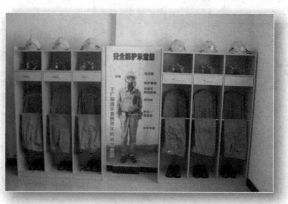

图 3-7　个人安全防护示意图和标准化更衣间

（6）为了应对意外情况，例如可燃气体、有毒气体泄漏或者其他的人身伤害事件。指南列举了出现上述情况时的应急处置方案，同时对装置的一些常规应急处理方法进行了叙述，确保检定人员了解和掌握，如图3-8所示。

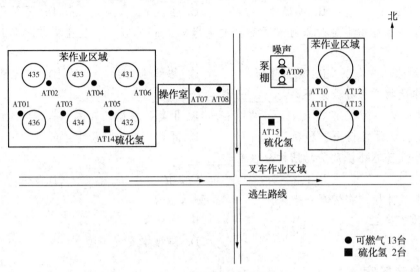

图3-8　应急逃生路线图

指南的应用实现了检定作业的安全标准化管理，杜绝了违章，保障了检定人员的作业安全。随着内容的不断完善和人员的熟练掌握，指南将在今后的安全生产工作中持续发挥作用。

习题及参考答案

一、习题

（一）选择题（单选）

1. 氢气的最大危害是_____。

A. 燃烧   B. 窒息

C. 爆炸   D. 与空气混合后起火爆炸

2. 有毒气体分类有刺激性气体和_____。

A. 麻醉性气体   B. 麻痹性气体   C. 窒息性气体   D. 致幻性气体

3. 我国硫化氢气体的职业接触限值是_____mg/m³。

A. 5   B. 8   C. 10   D. 1

4. 氧气的浓度过高或过低都会对人体造成危害，作业环境氧气含量建议控制在_____%的范围。

A.（17~19）   B.（19.5~23.5）   C.（19.5~40）   D.（23.5~40）

5. 爆炸性气体按其最大试验安全间隙细分成ⅡA、ⅡB、ⅡC三级，其中ⅡA级别的代表性气体是_____。

A. 丙烷　　　　　B. 乙烯　　　　　C. 氢气　　　　　D. 异丁烷

（二）选择题（多选）

1. 燃烧的三要素是_____。

A. 可燃物　　　　B. 助燃物　　　　C. 点火源　　　　D. 强氧化物

2. 爆炸性混合物不是在任何浓度都会发生爆炸，而是有一个发生爆炸的浓度范围，即是_____和_____。

A. 爆炸浓度　　　B. 爆炸下限　　　C. 爆炸上限　　　D. 可点燃浓度

3. 爆炸性物质可分为以下_____三类。

A. Ⅰ类：矿井甲烷　　　　　　　　B. Ⅱ类：爆炸性气体、蒸气

C. Ⅲ类：爆炸性粉末、颗粒　　　　D. Ⅲ类：爆炸性粉尘、纤维

4. 爆炸性气体环境危险场所的分区有_____。

A. 0 区　　　　　B. 1 区　　　　　C. 2 区　　　　　D. 3 区

5. 有害气体检测报警器一般采用_____防爆型式。

A. 本质安全性　　　　　　　　　　B. 隔爆型

C. 无火花型　　　　　　　　　　　D. 隔爆本安混合型

二、参考答案

（一）选择题（单选）

1. D　2. C　3. C　4. B　5. A

（二）选择题（多选）

1. ABC　2. BC　3. ABD　4. ABC　5. ABD

第四章 气体检测报警器的检定与校准

第一节 气体检测报警器计量检定规程及相关知识

一、计量检定规程及校准规范

计量检定规程属于计量技术法规，它是计量监督人员对计量器具实施监督管理、计量检定人员执行计量检定的重要法定技术检测依据，是计量器具检定时必须遵守的法定文件。所以，《中华人民共和国计量法》中第十条作了明确规定："计量检定必须执行计量检定规程"。

计量检定规程是为评定计量器具的计量特性，由国务院计量行政部门组织制定并批准颁布，在全国范围内施行，作为确定计量器具法定地位的技术文件。其内容包括计量要求、技术要求和管理要求，即，适用范围、计量器具的计量特性、检定项目、检定条件、检定方法、检定周期以及检定结果的处理和附录等。

计量检定规程的主要作用在于统一检定方法，确保计量器具量值的准确一致。它是协调生产需要、计量基准(标准)的建立和计量检定系统三者之间关系的纽带。国家修订了我国计量检定规程编写规则：JJF 1002—2010《国家计量检定规程编写规则》，作为统一全国编写计量检定规程的通则。

部门、地方检定规程是在无国家检定规程时，为评定计量器具的计量特性，由国务院有关主管部门或省、自治区、直辖市计量行政主管部门组织制定并批准颁布，在本部门、本地区施行，作为检定依据的法定技术文件。部门、地方计量检定规程如经国家计量行政主管部门审核批准，也可以推荐在全国范围内使用。当国家计量检定规程正式发布后，相应的部门和地方检定规程应当即行废止。

目前已颁布实施的气体检测报警器检定规程及校准规范包括：

JJG 693—2011 可燃气体检测报警器检定规程；

JJG 695—2019 硫化氢气体检测仪检定规程；

JJG 915—2008 一氧化碳气体检侧仪检定规程；

JJG 551—2021 二氧化硫气体检测仪检定规程；

JJG 365—2008 电化学电极氧分析器检定规程；

JJG 1105—2015 氨气检测仪检定规程；

JJG 635—2011 一氧化碳、二氧化碳红外气体分析器检定规程；

JJG 1022—2007 甲醛气体检测仪检定规程；

JJF 1433—2013 氯气检测报警仪校准规范；

JJF 1674—2017 苯气体检测报警器检定规范。

二、计量检定相关术语

1. 首次检定

对未曾检定过的测量仪器进行的一种检定。多数计量器具首次检定后还应进行后续检定，但某些强制检定的工作计量器具，例如竹木直尺、玻璃体温计、液体量提等，我国规定只做首次强制检定，失准报废。直接与供水、供气、供电部门结算用的生活用水表、煤气表和电能表也只做首次强制检定，限期使用，到期更换。

2. 后续检查

测量仪器首次检定后的一种检定，包括强制周期检查和修理后检定，强制周期检定是根据规程规定的周期和程序，对测量仪器定期进行的一种后续检定。修理后检定则是维修或更换了主要部件的测量仪器需要进行后续检定，合格后方可重新投用。

3. 使用中检验

为查明计量器具的检定标记或检定证书是否有效、保护标记是否损坏、检定后计量器具是否遭到明显改动，以及其误差是否超过使用中最大允许误差所进行的一种检查。它是对使用中检测仪的一种监督检查，一般由法定计量技术机构或授权机构进行。检验后，应在计量器具上做适当的标识，表明其状态。当计量器具的工作条件保证不使计量性能受损，对其不进行全部检查的一种后续检定，它构成一种"简化检定"。

4. 仲裁检定

用计量基准或者社会公用计量标准所进行的以裁决为目的的检定活动。

5. 测量重复性(简称重复性)

在一组重复性测量条件下的测量精密度。

6. 重复性测量条件(简称重复性条件)

相同测量程序、相同操作者、相同测量系统、相同操作条件和地点、并在短时间内对同一或相类似被测对象重复测量的一组测量条件。

相同测量程序：包括通气步骤、通气持续时间、通气流量、数据读取方式、相邻两次通气时间等；

相同的操作者：一台仪器的重复性测量期间不能换人；

相同的测量系统：气体标准物质、减压阀、气路、流量控制器、标定罩、泵、仪器自身泵(吸气流量设置一致)；

相同操作条件和地点：温度、湿度、风速、气压、检定位置；

短时间：如果现场无干扰气体，每次通气前，应检查仪器是否完全回零，为了保证每次读数的可靠性，只有回零后才可再次通气。注意规程均未给出相邻两次通气时间间隔，根据国外通行做法和实践经验，一般不超过3min。否则测试条件易发生变化。

7. 示值误差

测量仪器示值与对应输入量的参考量值之差。

8. 响应时间

在实验条件下，从检测器接触到被测气体至达到稳定指示值的时间，规定为读取稳定值90%的时间作为响应时间。

9. 测量仪器的稳定性(简称稳定性)

测量仪器保持其计量特性随时间恒定的能力。

10. 仪器漂移

由于测量仪器计量特性的变化引起的示值在一段时间内的连续或增量变化。

三、检定原始记录

检定原始记录是对检测结果提供客观依据的文件，作为检定过程及检定结果的原始凭证，也是编制证书或报告并在必要时再现检定的重要依据。因此，计量检定人员要在检定过程中如实地记录检定时所测量的实际数据。

1. 检定原始记录的信息

(1) 检定器具的名称、型号规格、编号、量程、生产厂家、准确度等级或最大允许误差或测量不确定度等；

(2) 检定依据；

(3) 使用的计量标准器具；

(4) 检定时环境条件(温度、湿度、振动、气压等)；

(5) 检定地点；

(6) 原始数据及计算过程；

(7) 检定结果判定(是否合格)；

(8) 检定日期；

(9) 检定人员、检验人员签名。

2. 检定原始记录填写的要求

(1) 检定原始记录格式统一印制(印制格式参照检定规程要求；检定规程没有规定的，由检定人员设计)；

(2) 检定原始记录内容应如实记载，记录完整，数据无误，字迹清楚，严禁追记，不得用铅笔填写。填写内容不允许随意涂改或删除；若确需要修改，当记录中出现错误时，每一错误应划改，不可擦涂掉，以免字迹模糊或消失，并将正确值填写在其旁边。对记录的所有改动应有改动人的签名或签名缩写。对电子存储的记录也应采取同等措施，以避免原始数据的丢失或改动。

(3) 检定原始记录应由持检定证件的检定人员和核验人员分别签名，核验人员必须认真核对检定数据，如果对检定数据有怀疑，必须进行复检。

3. 检定原始记录的数据处理

应按照检定规程和有关国家标准等技术文件的要求，对检定原始记录的数据进行正确处理。

4. 检定原始记录的存档与保管期限

检定原始记录由检定人员按一定数量或一定时间，汇集分别装订后，分类管理，由计量管理人员统一保管。计量检定原始记录应保存不少于 3 个检定周期。

四、计量检定周期的确定和调整

为了保证计量器具的量值准确可靠，必须按国家计量检定系统表和计量检定规程，对计量器具进行周期检定。在计量器具检定规程中，一般对需要进行周期检定的计量器具都规定了检定周期(最长周期)。用户可根据计量器具历次周检的合格情况以及下列因素，考虑是否缩短检定周期：

(1) 计量器具的性能，特别是长期稳定性和可靠性的水平；

(2) 使用环境条件的影响程度；

(3) 使用的频繁程度；

(4) 使用单位的维护保养能力；

(5) 配备位置的重要性；

(6) 影响计量器具的准确度和长期稳定性等。

经检定不合格、超期未检的计量器具，任何单位或者个人不得使用。

五、气体浓度单位及单位换算

1. 物质量的单位——摩尔(mol)

摩尔是物质的量的 SI 单位名称，用于表示物质的量，其国际符号为 mol。摩尔是一个系统的物质的量，该系统中所包含的基本单元(原子、分子、离子、电子及其他粒子或这些粒子的特定组合)数与 0.012kg 碳 12 的原子数目相等。在使用物质的量单位摩尔时应注意以下事项：

摩尔是一个独立的基本单位，它既不是一个简单的数目，又与质量的概念不同。

物质的量与质量概念不同，但它们之间有着内在的联系，即某系统物质所具有的质量与该系统物质所具有的物质的量的比值称为摩尔质量，即 $M=m/n$，其中 M 为摩尔质量；m 为物质的质量；n 为物质的量。

在使用摩尔时，应指明基本单元是原子、分子、离子、电子及其他粒子，或是这些粒子的特定组合。1 摩尔物质的粒子数是 $6.02×10^{23}$ 个。

例如：1 摩尔 Fe 原子 = $6.02×10^{23}$ Fe 原子

　　　1 摩尔 CO_2 分子 = $6.02×10^{23}$ CO_2 分子

　　　1 摩尔 Cl^- 离子 = $6.02×10^{23}$ Cl^- 离子

　　　1 摩尔 C—C 键 = $6.02×10^{23}$ C—C 键

2. 气体浓度的几种表示方法

(1) vol/vol(V/V) ——体积分数

可燃气体检测报警器规程中可燃气在空气中的爆炸极限用体积分数表示，如异丁烷的爆炸极限为 $(1.8~8.4)$ %(V/V)。

(2) mol/mol——摩尔分数

氨气检定规程中测量范围 $0 \leqslant c \leqslant 50 \mu mol/mol$。

(3) mg/m^3——质量体积分数

硫化氢的最高允许浓度为 10 mg/m^3。

(4) %LEL——爆炸下限浓度

可燃气体检测报警器的测量范围是 0~100%LEL。

(5) ppm ——百万分之一

ppm 为非法定计量单位，常用于表示有毒气体的浓度，$1ppm = 1 \times 10^{-6}$ mol/mol 即 $1\mu mol/mol$。

硫化氢气体检测仪检定规程中摩尔分数 $x(H_2S) \leqslant 100 \times 10^{-6}$ mol/mol，即 100ppm。

3. 气体浓度的不同表示方法之间的换算

如果想正确地换算不同表示方法之间的关系，应掌握以下几点：

① 理想气体状态方程

$$pV = nRT$$

式中　p——压力，Pa；

　　　V——体积，L；

　　　n——气体摩尔数，mol；

　　　T——气体绝对温度（$T_0 = 273.15K$），K；

　　　R——气体常数，其值为 $R = 8.31Pa \cdot m^3/mol \cdot K$。

温度较高、压力较小的实际气体，可近似的看作理想气体。

② 气体分压定律

容器内的总压力等于组分气体分压力之和，即在容器内某组分气体在混合气体中所产生的压力等于在与混合气体相同的温度下，该气体单独存在时所具有的压力。

③ 物质的摩尔数等于该物质的质量与其摩尔质量之比，摩尔质量又等于克分子量。

④ 常见气体在温度 0℃、一个大气压下的摩尔体积，见表 4-1。

表 4-1　常见气体的摩尔体积

气体名称	摩尔体积/(L/mol)	气体名称	摩尔体积/(L/mol)
空气	22.40	甲烷	22.36
氮气	22.40	一氧化碳	22.40
氧气	22.39	二氧化碳	22.39
氢气	22.40	丙烷	22.00
异丁烷	21.78	丙烯	21.96

（1）质量体积分数与摩尔比浓度之间的换算

例：将 20℃，一个大气压下浓度为 $100mg/m^3$ 的 CO/N_2 表示为摩尔比。

解：假定有 $1m^3$ 的混合气体中含有 100mg 的一氧化碳气体，CO 的分子量为 28，所以该混合气体中 CO 的摩尔数应为

$$n_{CO} = \frac{100 \times 10^{-3}}{28} = 3.57 \times 10^{-3}(mol)$$

该混合气体中 CO 在 20℃的体积应为

$$V_{CO} = 3.57 \times 10^{-3} \times \frac{273 + 20}{273} \times 22.4 = 8.58 \times 10^{-2}(L)$$

我们已经知道 N_2 在温度 0℃，一个大气压下的摩尔体积是 22.40，根据理想气体状态方程可知在 20℃时的体积为

$$V_{N_2} = \frac{273 + 20}{273} \times 22.4 = 24.04(L/mol)$$

所以在 20℃，一个大气压下 $1m^3$ 的 CO/N_2，N_2 应有的摩尔数为

$$n_{N_2} = \frac{1000 - 8.58 \times 10^{-2}}{24.04} = 41.56(mol)$$

所以 CO 气体的摩尔比浓度为

$$\frac{3.57 \times 10^{-3}}{3.57 \times 10^{-3} + 41.56} \approx 85.9 \times 10^{-6}(mol/mol)$$

（2）摩尔比浓度与体积比浓度之间的换算

例：将 0℃、一个大气压下摩尔比为 $100 \times 10^{-6}(mol/mol)$ 空气中异丁烷表示为体积比。

解：已知异丁烷和空气在温度 0℃，一个大气压下的摩尔体积分别为 21.78 和 22.40，所以其体积比浓度应为

$$\frac{100 \times 10^{-6} \times 21.78}{(1 - 100 \times 10^{-6}) \times 22.40 + 100 \times 10^{-6} \times 21.78} \approx 97.2 \times 10^{-6}(V/V)$$

（3）摩尔比浓度与爆炸下限之间的换算

例：有一瓶空气中异丁烷气体标准物质，标准值为摩尔比 1.10%，请计算相当于多少的爆炸下限浓度？已知空气中异丁烷的爆炸下限为 1.8%（体积分数）。

解：先将摩尔比浓度转化为体积比浓度，计算过程同上一例题。

$$\frac{1.10 \times 10^{-2} \times 21.78}{(100 - 1.10) \times 10^{-2} \times 22.40 + 1.10 \times 10^{-2} \times 21.78} \times 100\% = 1.06\%$$

体积比转化为爆炸下限浓度，用体积比除以该气体在空气中的爆炸下限，得

$$\frac{1.06}{1.8} \times 100\% = 58.9\%LEL$$

（4）质量体积分数与 ppm 之间的换算

例：硫化氢的最高允许浓度为 $10mg/m^3$，0℃，常压状态下，约为多少 ppm？

解：①以空气为平衡气，假定混合气的总体积为 $1m^3$，则混合气中硫化氢的摩尔数等于质量除以摩尔质量，即 $n_{H_2S} = M/m$

$$n_{H_2S} = \frac{10 \times 10^{-3}}{34} = 0.294 \times 10^{-3}(mol)$$

② 硫化氢在 0℃，常压状态下的摩尔体积 22.4L/mol，混合气中硫化氢的体积为摩尔数乘以摩尔体积，即 $L_{H_2S} = n_{H_2S} \times V_n$

$$L_{H_2S} = 0.294 \times 10^{-3} \times 22.4 = 6.5856 \times 10^{-3}(L)$$

③体积浓度之比以 ppm 表示为

$$\frac{6.5856 \times 10^{-3}}{1 \times 10^3} \approx 6.6 \times 10^{-6} = 6.6ppm$$

六、标准物质管理

1. 标准物质的定义

具有一种或多种足够均匀和很好地确定了的特性，用以校准测量装置、评价测量方法或给材料赋值的一种材料或物质。

有证标准物质：附有证书的标准物质，其一种或多种特性量值用建立了溯源性的程序确定，使之可溯源到准确复现的表示该特性值的测量单位，每一种认定的特性量值都附有给定置信水平的不确定度。

2. 标准物质分级

我国将标准物质分为一级与二级。

一级标准物质 GBW 符合如下条件：

（1）用绝对测量法或两种以上不同原理的准确可靠的方法定值。在只有一种定值方法的情况下，用多个实验室以同种准确可靠的方法定值；

（2）准确度具有国内最高水平，均匀性在准确度范围之内；

（3）稳定性在一年以上，或达到国际上同类标准物质的先进水平；

（4）包装形式符合标准物质技术规范的要求 。

二级标准物质 GBW(E) 符合如下条件：

（1）用与一级标准物质进行比较测量的方法或一级标准物质的定值方法定值；

（2）准确度和均匀性未达到一级标准物质的水平，但能满足一般测量的需要；

（3）稳定性在半年以上，或能满足实际测量的需要；

（4）包装形式符合标准物质技术规范的要求。

3. 气体标准物质的管理

（1）分类储存，对于使用的标准气体种类比较多，应按照气体种类不同，浓度不同进行分类储存并建立标准物质台账，并动态管理。

（2）建立标准气体领用、使用台账，专人负责，掌握标准气体的钢瓶号、浓度值、有效期等标准信息。

第二节　可燃气体检测报警器

一、范围

规程原文：

> 本规程适用于非矿井作业环境中使用的可燃气体检测报警器（包括可燃气体检测仪，以下简称"仪器"）的首次检定、后续检定和使用中检查。

理解要点：

（1）JJG 693—2011《可燃气体检测报警器》代替 JJG 693—2004《可燃气体检测报警器》和 JJG 940—1998《催化燃烧氢气检测仪》。

（2）强调非矿井作业环境中使用的可燃气体检测报警器。矿井作业中主要含有的气体是瓦斯气，瓦斯气的主要成分是甲烷和一氧化碳，对于矿井作业一般是采用专用甲烷检测报警器。

（3）量程范围有：100%LEL(可燃气体的爆炸下限浓度)、低浓度($\mu mol/mol$)和高浓度

（100%体积分数）。

二、概述

规程原文：

> 仪器的检测原理主要有催化燃烧型、红外线吸收型、热导型等。采样方式有扩散式和吸入式。仪器主要由检测元件、放大电路、报警系统、显示器等组成，用于监测环境中可燃气体的浓度。

理解要点：

（1）扩散式仪器的特点是结构简单、寿命长、省电，但易受风向和风速的影响，适用于室内和不易受风向影响的场所。

（2）吸入式仪器的特点是增加了气体捕获罩、气体分离器、吸气泵、气路等，结构复杂，但不易受风向和风速的影响，采集率高，应用范围广。

三、计量性能要求

规程原文：

表1　计量性能要求

项　　目		要求
示值误差		±5%FS
重复性		≤2%
响应时间	扩散式	≤60s
	吸入式	≤30s
漂移	零点漂移	±2%FS
	量程漂移	±3%FS

注："FS"表示仪器的满量程，下同。

理解要点：

（1）计量性能要求是该规程的核心指标，示值误差的指标是以引用误差来表示的，其中FS表示仪器的满量程。

（2）重复性是指在重复性条件下，对常规的被测对象进行 n 次独立重复测量，利用贝塞尔公式计算得出的值，重复性没有正负号。

（3）扩散式和吸入式响应时间要求不同，扩散式时间长，吸入式时间短。

（4）漂移是指由于测量仪器计量特性的变化引起的示值在一段时间内的连续或增量变化。零点漂移的指标为±2%FS，量程漂移的指标为±3%FS。

四、通用技术要求

规程原文：

4.1　外观及结构

4.1.1　仪器不应有影响其正常工作的外观损伤。新制造的仪器的表面应光洁平整，漆色镀层均匀，无剥落锈蚀现象。

4.1.2　仪器连接可靠，各旋钮或按键应能正常操作和控制。

4.2　标志和标识

仪器的名称、型号、制造厂名称、出厂时间、编号、防爆标志及编号和国产仪器的制造计量器具许可证标志及编号等应齐全、清楚。

4.3　通电检查

通电后，仪器应能正常工作，显示部分应清晰、完整。

理解要点：

（1）对于外观及结构，查看外观是否有影响正常工作的损伤；查看仪器的按键或旋钮是否能正常工作。对于数显仪器，查看数字显示是否齐全。外部过脏或油污造成表头信息无法查看、按键或旋钮不能正常工作等均可判定为外观检查不合格。

（2）标志和标识，要检查仪器的名称、型号、制造厂、编号等必要信息是否齐全。对于石化行业，要重点检查现场的报警器是否有防爆标志。例如防爆等级 Exd Ⅱ CT4，其中 Ex 表示防爆声明；d 表示防爆方式中的隔爆型；Ⅱ C 类表示气体类别，Ⅱ 类表示爆炸性气体和蒸气，T4 表示温度组别。

（3）国产仪器，主要查看制造计量器具许可证标志**Ⓜ️Ⓒ**，它是中国制造计量器具许可证标志。取得该标志的企业具备生产计量器具的能力，所生产的计量器具准确度和可靠性等指标符合法制要求。进口仪器查看计量器具型式批准标志 CPA，它是计量器具型式批准证书的专用标志。

（4）仪器通电后没有显示或显示不完整判定为外观不合格。

五、报警功能及绝缘电阻

规程原文：

4.4　报警功能及报警动作值检查

仪器的声光报警应正常。

4.5　绝缘电阻

对使用交流电源的仪器，绝缘电阻应不小于 20MΩ。

理解要点：

（1）通入大于报警点的气体标准物质，达到设定的报警点后，仪器应能正常报警并显示报警值，否则判定为该项不合格。报警误差在实际的检定工作中不易测量，并且误差范围比较宽，实际检定的意义不大，通过观察仪器通气后是否有报警动作来判断仪器是否合格。

（2）绝缘电阻为首检项目。绝缘电阻针对使用交流电源的仪器，进行该项目的检定，用绝缘电阻表进行测量，施加 500V 直流电压持续 5s，测得的绝缘电阻值应不小于 20MΩ。

六、检定环境条件

规程原文：

> 5.1　检定条件
>
> 5.1.1　检定环境条件
>
> 　　环境温度：0~40℃；
>
> 　　相对湿度：<85%；
>
> 　　通风良好，无干扰被测气体。

理解要点：

检定应严格执行规程要求的环境条件。一般实验室环境能满足规程要求；现场检定环境要注意冬天温度低于 0℃ 或夏天温度高于 40℃ 的情况下不适合检定。

七、检定用标准设备

规程原文：

> 5.1.2　检定用设备
>
> 5.1.2.1　气体标准物质
>
> 　　采用与仪器所测气体种类相同的气体标准物质，如氢、乙炔、甲烷、异丁烷、丙烷、苯、甲醇、乙醇等；若仪器未注明所测气体的种类，可以采用异丁烷或丙烷气体标准物质。标准气体浓度约为满量程的 10%、40%、60% 及大于报警设定点浓度的气体标准物质；气体标准物质的扩展不确定度不大于 2%（$k=2$）。
>
> 　　也可采用标准气体稀释装置稀释高浓度的气体标准物质，稀释装置的流量示值误差应不大于 ±1%，重复性应不大于 0.5%。气体标准物质的浓度单位在使用时应换算成与被检仪器的表示单位一致。

理解要点：

（1）气体标准物质应采用计量行政部门批准颁布、并具有相应标准物质《制作计量器具许可证》的单位提供的气体标准物质。气体标准物质一般分为两级，带有气体标准物质证书的一级或二级气体标准物质均可用于计量检定。

（2）通常检定时，应采用与被测气体相同的气体标准物质。对于通用仪器可以采用异丁烷或丙烷气体标准物质作为替代气种，或采用报警器生产厂家指定的气体标准物质。

（3）气体标准物质的浓度无论是采用摩尔比浓度 mol/mol，还是体积比浓度 vol/vol 来表示，在使用前都需要换算成与被检仪器的表示单位一致（如爆炸下限百分比浓度——%LEL）。

（4）催化燃烧式传感器应使用空气作为平衡气，红外式传感器使用空气或氮气均可。

八、检定用流量控制器

规程原文：

> 5.1.2.2　流量控制器
>
> 　　流量控制器有检定流量计和旁通流量计组成，流量范围应不小于 500mL/min，流量计的准确度级别不低于 4 级。

理解要点：

（1）根据被检仪器的采样方式，使用流量控制器控制流量。检定吸入式仪器时，须保证流量控制器的旁通流量计有气体放空（如图 4-1 所示），使气体标准物质的进气流量大于仪器自身吸气的流量，以防止在吸入零点气体或气体标准物质的同时也吸入了周围的空气或干扰气体，导致检定结果产生偏差。

（2）检定扩散式仪器，标定罩一般侧面会有开口，其作用一是排掉传感器表面空气；二是避免压力增大影响仪器准确度。

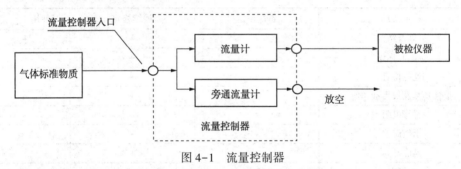

图 4-1　流量控制器

（3）通气流量应控制在说明书建议的范围内。如无明确要求，流量一般控制在（200~500）mL/min 范围内。

九、检定用其他设备

规程原文：

> 5.1.2.3　零点气体
>
> 　　清洁空气或氮气（氮气纯度 99.99%）。
>
> 5.1.2.4　秒表
>
> 　　分度值不大于 0.1s。
>
> 5.1.2.5　减压阀和气路
>
> 　　使用与气体标准物质钢瓶配套的减压阀和不影响气体浓度的管路材料，例如聚四氟乙烯等。
>
> 5.1.2.6　标定罩
>
> 　　扩散式仪器应有专用标定罩。

5.1.2.7 绝缘电阻表

输出电压500V，准确度级别10级。

理解要点：

（1）零点气体最好选择清洁的空气。如果选择氮气作零点气体，需要将氮气排空后再通入气体标准物质。

（2）对于可燃性气体，一般气体本身不具有腐蚀性，减压阀和气体管路的材质选择以不与标准气体发生反应为准，管路材质可以选择聚四氟乙烯。

（3）流量计、秒表、绝缘电阻表等配套设备应有检定或校准证书，且在有效期内。

十、检定项目

规程原文：

5.2 检定项目

表2 检定项目一览表

检定项目	首次检定	后续检定	使用中检查
外观及结构	+	+	+
标志和标识	+	+	+
通电检查	+	+	+
报警功能及报警动作值	—	+	+
绝缘电阻	+	—	—
示值误差	+	+	+
响应时间	+	+	+
重复性	+	+	—
漂移	+	—	—

注：1."+"为需要检定项目；"–"为不需要检项目。2.经安装及维修后对仪器计量性能有较大影响的，其后续检定按首次检定要求进行。

理解要点：

首次检定、后续检定及使用中检查按照规程中表2要求的检定项目依次进行检定。漂移检定由于时间过长，只作为首检项目。常规检定按后续检定执行。

十一、外观及报警功能的检查

规程原文：

5.3 检定方法

5.3.1 用目察、手感按4.1要求进行外观及结构；

5.3.2 用目察按4.2要求进行标志及标识；

5.3.3 通电检查

用目察、手感按4.3要求进行。

5.3.4　报警功能及报警动作值的检查

通入大于报警设定点浓度的气体标准物质，使仪器出现报警动作，观察仪器声光报警是否正常，并记录仪器报警时的示值。重复测量 3 次，3 次的算术平均值为仪器的报警动作值。

5.3.5　绝缘电阻

仪器不连接供电电源，但接通仪器电源开关。将绝缘电阻表的一个接线端接到电源插头的相、中连线上，另一接线端接到仪器的接地端上，施加 500V 直流电压持续 5s，用绝缘电阻表测量仪器的绝缘电阻值。

理解要点：

通入大于（1.1 倍以上）报警点浓度的气体标准物质，观察仪器的显示值，当达到报警设定点浓度时，仪器应该发出声光报警，如果仪器的声光报警正常，则该仪器此项合格。

十二、示值误差的检定

规程原文：

5.3.6　示值误差

仪器通电预热稳定后，按图 1 连接气路。根据被检仪器的采用方式使用流量控制器，控制被检仪器所需要的流量。检定扩散式仪器时，流量的大小依据使用说明书要求的流量。检定吸入式仪器时，一定要保证流量控制器的旁通流量计有流量放出。按照上述通气方法，分别通入零点气体和浓度约为满量程 60% 的气体标准物质，调整仪器的零点和示值。然后分别通入浓度约为满量程 10%，40%，60% 的气体标准物质，记录仪器稳定示值。每点重复测量 3 次。按公式（1）计算 ΔC，取绝对值最大的 ΔC 为示值误差。对多量程的仪器，根据仪器量程选用相应的气体标准物质。

$$\Delta C = \frac{\bar{C} - C_0}{R} \times 100\% \tag{1}$$

式中：

$\bar{C}$——仪器示值的算术平均值；

C_0——通入仪器气体标准物质的浓度值；

R——仪器满量程。

理解要点：

（1）首先判断仪器是否为零，若不为零，需要进行调整。一般调整方式分为电位器调整、光电或磁棒调整、软件程序调整三种。具体调整方式参照厂家说明书。

（2）对于便携式仪器需要提前预热。固定式仪器由于长期运行不需要预热。

（3）当零点调整完成以后，通入浓度约为满量程 60% 的气体标准物质进行量程调整，使其达到稳定示值。如果稳定示值与标准值之差小于 5.0%FS，可不进行调整；若大于 5.0%FS，则需要对量程进行调整，具体量程调整方式参照厂家说明书。

（4）送气管路应尽量短，一般不长于1m，否则影响响应时间。

（5）固定式仪器读数

① 气体检测报警器现场、二次表和DCS均可读数，建议读取二次表数值，现场和DCS显示可作参考。

② 气体检测报警器现场和DCS均可读数，建议读取现场数值，DCS可作参考。

③ 气体检测报警器现场无显示功能，无二次表，只能通过DCS读取示值。

如果现场读数与二次表或DCS差别较大（超过1/3最大允许误差），建议应联系相关人员查找原因。如果现场或控制室配有报警设施，需要现场与控制室联动测试系统的报警功能。

十三、重复性的检定

规程原文：

5.3.7 重复性

仪器预热稳定后，通入约为满量程40%的气体标准物质，记录仪器稳定示值C_i，撤去气体标准物质。在相同条件下重复上述操作6次。按式（2）计算的相对标准偏差为重复性：

$$s_r = \frac{1}{\bar{C}} \sqrt{\frac{\sum\limits_{i=1}^{6} (C_i - \bar{C})^2}{5}} \times 100\% \qquad (2)$$

式中：

s_r——单次测量的相对标准偏差；

$\bar{C}$——6次测量的平均值；

C_i——第i次的示值。

理解要点：

（1）重复性与示值误差的检定可同时进行，使用浓度约为满量程40%的气体标准物质，进行6次重复测量，对检定结果进行相对标准偏差的计算，其结果应≤2%，方可判定该项合格。

（2）对重复性计算公式的理解，首先计算出6次测量的平均值，然后计算根号内的分子，分子是一个平方和，即用第一次的测量值减去平均值的差的平方加上第二次测量值减去平均值的平方，一直加到第六次测量值减去平均值的平方，求得的结果除以5然后再开方，开方后除以平均值得出的结果就是重复性。

例：用浓度为38%LEL的异丁烷气体标准物质对一台可燃气体检测报警器进行重复性检定，6次检定结果分别为37%LEL，38%LEL，39%LEL，38%LEL，38%LEL，38%LEL，求该台仪器的重复性？

① 求平均值

$$\bar{C} = \frac{37 + 38 + 39 + 38 + 38 + 38}{6} = 38.0$$

② 求重复性

$$s_r = \frac{1}{38} \times \sqrt{\frac{(37-38)^2 + (38-38)^2 + (39-38)^2 + (38-38)^2 + (38-38)^2 + (38-38)^2}{5}} \times 100\%$$

$$= 1.7\%$$

十四、响应时间的检定

规程原文：

5.3.8 响应时间

通入零点气体调整仪器零点后，再通入浓度约为满量程40%的气体标准物质，读取稳定值，停止通气，让仪器回到零点，再通入上述气体标准物质，同时启动秒表，待示值升至稳定值的90%时，停止秒表，记下秒表显示的时间。按上述操作方法重复测量3次，3次测量结果的算术平均值作为仪器的响应时间。

理解要点：

（1）响应时间与示值误差的检定可同时进行。

（2）稳定值是指第一次通入浓度约为满量程40%的气体标准物质，仪器稳定后显示的值，而不是气体标准物质的标称值或标准值。

例：一瓶异丁烷气体标准物质，浓度标称值为40%LEL、标准值为43.3%LEL，第一次通入该气体标准物质，仪器稳定值为42%LEL，响应时间应如何测量？

解：响应时间是计算从通气开始到稳定值的90%，即为42×90%=37.8%LEL，则响应时间为再次通气开始到仪器显示37.8%LEL时停止计时秒表上所显示的时间。

（3）对于扩散式仪器，通气管路应尽量短，检定的是仪器本身响应速度，不应含标准气体置换气路中空气的时间。对于配有专用导管的吸入式仪器，建议当导管不大于1m时，可以一起检定；否则，去掉导管进行检定。

十五、漂移的检定

规程原文：

5.3.9 漂移

仪器的漂移包括零点漂移和量程漂移。

通入零点气至仪器示值稳定后（对指针式的仪器应将示值调到满量程的5%处），记录仪器显示值 Z_0，然后通入浓度约为满量程60%的气体标准物质，待读数稳定后，记录仪器示值 S_0，撤去标准气体。便携式仪器连续运行1h，每间隔10min重复上述步骤一次，固定式仪器连续运行6h，每隔1h重复上述步骤一次；同时记录仪器显示值 Z_i 及 S_i，（i=1，2，3，4，5，6）。按式（3）计算零点漂移。

$$\Delta Z_i = \frac{Z_i - Z_0}{R} \times 100\% \tag{3}$$

取绝对值最大的 ΔZ_i，作为仪器的零点漂移。

按式(4)计算量程漂移：

$$\Delta S_i = \frac{(S_i - Z_i) - (S_0 - Z_0)}{R} \times 100\%$$
(4)

取绝对值最大的 ΔS_i 为仪器的量程漂移。

理解要点：

(1) 漂移为首次检定项目，日常检定按后续检定执行。

(2) 固定式仪器连续运行6h，每隔1h读取一次 Z_i 和 S_i；便携式仪器连续运行1h，每隔10min读取一次 Z_i 和 S_i。开始和结束时均要读取数值。

十六、检定结果及检定周期

规程原文：

5.4 检定结果处理

按本规程要求检定合格的仪器，发给检定证书；检定不合格的仪器，发给检定结果通知书，并注明不合格项目。

5.5 检定周期

仪器的检定周期一般不超过1年。对仪器测量数据有怀疑、仪器更换了主要部件或修理后应及时送检。

理解要点：

(1) 检定结论分合格和不合格。所有检定项目均合格，检定结论为合格，应出具检定证书；反之其中有任何一项检定不合格，检定结论为不合格，应出具检定结果通知书，并标明不合格项目。

(2) 报警器的检定周期为1年，在周期内如果仪器更换了主要部件应及时进行检定，主要部件包括传感器、主板、泵等会对仪器的性能产生影响的部件。

十七、数据处理

一台报警器检定数据见表4-2，示值误差、重复性、响应时间、报警动作值、漂移如何计算。

表4-2 可燃气体报警器检测数据

标准值/	仪器示值/%LEL							响应时间/s				设报警点为
%LEL	1	2	3	4	5	6	平均	1	2	3	平均	25%LEL
10.1	9	8	10				9.0					
39.0	41	40	42	40	41	42	41.0	20	23	20	21	23 24 25
63.0	62	61	62				61.7					

(1) 示值误差的计算

根据公式 $\bar{C} = \frac{\sum C_i}{n}$ 计算出三个点的平均值：

$$\bar{C}_1 = \frac{62 + 61 + 62}{3} = 61.7$$

$$\bar{C}_2 = \frac{41 + 40 + 42 + 40 + 41 + 42}{6} = 41.0$$

$$\bar{C}_3 = \frac{9 + 8 + 10}{3} = 9.0$$

计算每一点的示值误差：

$$\Delta C = \frac{\bar{C} - C_0}{R} \times 100\%$$

$$\Delta C_1 = \frac{61.7 - 63.0}{100} \times 100\% = -1.3\%\text{FS}$$

$$\Delta C_2 = \frac{41.0 - 39.0}{100} \times 100\% = 2.0\%\text{FS}$$

$$\Delta C_3 = \frac{9.0 - 10.1}{100} \times 100\% = -1.1\%\text{FS}$$

取 3 点中最大的作为示值误差，该表的示值误差为 2.0%FS。

（2）重复性的计算

$$s_r = \frac{1}{\bar{C}} \sqrt{\frac{\sum_{i=1}^{6} (C_i - \bar{C})^2}{5}} \times 100\%$$

$$s_r = \frac{1}{41} \sqrt{\frac{(41-41)^2 + (40-41)^2 + (42-41)^2 + (40-41)^2 + (41-41)^2 + (42-41)^2}{5}} \times 100\%$$

$$= 2.2\%$$

（3）响应时间的计算

$$t = \frac{20 + 23 + 20}{3} = 21\text{s}$$

（4）报警动作值的计算

$$\frac{23 + 24 + 25}{3} = 24\%\text{LEL}$$

（5）零点漂移的计算

Z_0 为 -1，$Z_1 \sim Z_6$ 分别为 0，0，0，-1，1，2，则

$$\Delta Z_i = \frac{Z_i - Z_0}{R} \times 100\%$$

$$\Delta Z = \frac{2 - (-1)}{100} \times 100\% = 3\%\text{FS}$$

不需每点计算，选择 Z_i 最大的一点计算即可得出零点漂移。

（6）量程漂移的计算

S_0 为 58，$S_1 \sim S_6$ 分别为 58，58，58，59，60，62，则

$$\Delta S_i = \frac{(S_i - Z_i) - (S_0 - Z_0)}{R} \times 100\%$$

$$\Delta S = \frac{(62 - 2) - [58 - (-1)]}{100} \times 100\% = 1\% \text{FS}$$

不需每点计算，选择 $S_i - Z_i$ 最大的一点计算即可得出量程漂移。

十八、检定原始记录样例

可燃气体检测报警器检定记录

任务单号	44639	送检单位		烯烃部	证书编号		HBJ 2017-0126
型号	MiniMAX X4	制造厂		路美德	仪器名称		便携式可燃气体检测报警器
出厂编号	k113390076	检定地点	检定楼报警器检定间		量程		（0~100）% LEL
检定温度	20.0 ℃	湿度	45.0%RH	压力	101.325kPa	检定依据	JJG 693—2011 可燃气体检测报警器
标准装置名称及考核证书号			可燃气体检测报警器检定装置[98]国量标石化证字第 070 号				

标准器名称	标准值	不确定度	样品编号	有效期至
空气中异丁烷标准物质	9.9	$U_r = 1\%$，$k = 2$	0612174	2017.4.13
	38.2	$U_r = 1\%$，$k = 2$	173391	2017.4.13
	60.6	$U_r = 1\%$，$k = 2$	039935	2017.4.14

一、外观及结构　合格　　二、标志和标识　合格　　三、通电检查　合格　　四、绝缘电阻　—

五、报警功能及报警动作值

报警功能	实测报警值			报警动作值
声光报警	10/20	10/20	10/20	10/20

六、示值误差及响应时间

标气浓度(%LEL)	仪器示值(%LEL)					响应时间(s)			
	1	2	3	平均值	示值误差	1	2	3	$\bar{t}$
9.9	10.0	10.0	10.0	10.0	0.1	—	—	—	—
38.2	39.0	39.0	39.0	39.0	0.8	20.0	20.0	20.0	20.0
60.6	62.0	62.0	62.0	62.0	1.4	—	—	—	—

七、重复性

标准值(%LEL)	示值1(%LEL)	示值2(%LEL)	示值3(%LEL)	示值4(%LEL)	示值5(%LEL)	示值6(%LEL)	平均值(%LEL)	重复性
38.2	39.0	39.0	39.0	39.0	39.0	39.0	39.0	0.0%

结论：　　合格　　　　检定日期：　　2017-3-6

检定员：　　　　　　　核验员：

原始记录的设计来自源于 JJG 693—2011 的附录 A，作为计量检定部门的参考模板使用。使用者也可根据实际情况另行设计原始记录的格式。原始记录要求在检定的同时填写。

1. 基础信息填写

① 仪器的名称、型号、出厂编号、量程、制造单位等通过外观检查将仪器上的相应信息填写到原始记录上。

② 送检单位：填写送检单位的名称。

③ 证书编号：是依据该原始记录的检定结论出具的相应的检定证书或检定结果通知书的编号。

④ 检定地点：如果是便携式仪器，填写检定该仪器的实验室的房间号；如果是现场检定，填写该仪器的安装位置或位号。

⑤ 温度、湿度：对于实验室检定，可以通过观察室内的温湿度显示仪上的数值来填写；对于现场检定可以参考本地区当日的天气预报。

⑥ 压力：可以参考本地区的大气压力。

⑦ 检定依据：依据最新版本的计量检定规程。

⑧ 检定用标准和装置：填写本单位通过计量标准考核后，质量监督部门颁发的计量标准考核证书号。

⑨ 气体标准物质的信息：本项附件 A 中未涉及，设计原始记录时建议增加该项，便于溯源。

2. 检定项目的填写

① 外观及结构、标志和标识、通电检查，符合规程要求，填写合格；如果其中某一项不符合规程的要求，则填写不合格。

② 绝缘电阻为首次检定的项目，若为首次检定将检定结果直接填写在横线上；如果为后续检定，则该项不检，直接划掉。

③ 报警功能及报警动作值：填写报警功能是否正常、实测报警值(低爆值和高爆值)和报警动作值。报警动作值是指三次报警实测值的平均值。

④ 示值误差及响应时间：标气浓度填写 10%FS，40%FS，60%FS 气体标准物质的标准值；仪器示值填写实测值、平均值及示值误差；响应时间填写实测值及平均值。

⑤ 重复性：标准值填写 40%气体标准物质的标准值；示值填写 6 次连续测量的实测值；平均值和重复性由计算得出。

3. 其他信息的填写

① 检定结论：填写合格或不合格。上述检定项目均合格，则填写合格；如果检定项目中有任一项不合格，则填写不合格，并注明不合格项目。

② 检定、核验人员：填写实际检定员和核验员姓名。

③ 检定日期：填写检定当天的日期。

十九、检定证书内页样例

证书编号：**HBJ 2017—0126**

检定机构授权说明

检定环境条件及地点

温度	20℃	地点	检定楼报警器检定间
相对湿度	45.0%	其他	—

检定使用的计量（基）标准装置

名称	测量范围	不确定度/准确度等级/最大允许误差	计量（基）标准证书编号	有效期至
可燃气体检测报警器检定装置	（0~100）%LEL	$U = 1\%LEL$，$k = 2$	［98］国量标石化证字第 070 号	2018-7-7

检定使用的标准器

名称	测量范围	不确定度/准确度等级/最大允许误差	检定/校准证书编号	有效期至
空气中异丁烷标准物质 GBW（E）060277	9.9	$U_r = 1\%$，$k = 2$	0612174	2017.4.13
	38.2	$U_r = 1\%$，$k = 2$	173391	2017.4.13
	60.6	$U_r = 1\%$，$k = 2$	039935	2017.4.13

证书编号：**HBJ 2017—0126**

检 定 结 果

检定项目	技术要求	检定结果			结果判定
1. 外观及结构	规程要求	符合规程要求			合格
2. 标志和标识	规程要求	符合规程要求			合格
3. 通电检查	规程要求	符合规程要求			合格
4. 绝缘电阻	≥20MΩ	—			—
5. 示值误差	±5%FS	标准值	平均值	示值误差	
		9.9	10.0	0.1	合格
		38.2	39.0	0.8	合格
		60.6	62.0	1.4	合格
6. 重复性	≤2%	0.0%			合格
7. 响应时间	扩散式≤60s	—			—
	吸入式≤30s	20.0s			合格
8. 报警功能报警动作值	声光报警应正常	正常			合格
	—	10/20			合格
9. 零点漂移	±2%FS	—			—
10. 量程漂移	±3%FS	—			—

以下空白

1. 检定证书的填写

① 证书编号：HBJ 2017—0126 中字母代表专业和器具名称(化学报警器)，2017 是出具该份证书的年份，0126 是该证书的顺序号，即 2017 年出具的第 126 张证书。

② 检定机构的授权说明：填写检定机构授权情况，没有可不填。

③ 检定环境条件及地点：与原始记录保持一致。

④ 检定使用的计量(基)标准装置：填写检定用标准装置的信息。

⑤ 检定使用的标准器：填写 10%FS，40%FS，60%FS 气体标准物质的信息。

⑥ 外观及结构、标志及标识、通电检查：技术要求填写规程要求；检定结果、结果判定根据实际情况填写。

⑦ 绝缘电阻：检定结果填写实测值，结果判定根据与技术要求比较填写是否合格。

⑧ 示值误差：标准值、平均值及示值误差的填写与原始记录一致；结果判定根据与技术要求比较填写是否合格。

⑨ 重复性、响应时间、报警功能报警动作值：检定结果的填写与原始记录一致；结果判定根据与技术要求比较填写是否合格。

⑩ 零点漂移、量程漂移：检定结果的填写与原始记录一致；结果判定根据与技术要求比较填写是否合格。如果为后续检定，则该项不检，直接划掉。

第三节　硫化氢气体检测仪

一、范围

规程原文：

> 本规程适用于硫化氢气体检测仪的首次检定、后续检定和使用中检查。硫化氢气体检测仪包括硫化氢气体检测报警仪、硫化氢气体分析仪。

二、概述

规程原文：

> 硫化氢气体检测仪(以下简称仪器)主要用于检测作业场所环境和生产流程中硫化氢气体的浓度。具有报警功能的仪器，当显示值大于报警设定值时，应有声、光或振动报警。仪器主要由气路单元、检测单元、信号处理单元、报警单元和显示单元等组成。检测原理主要为电化学法、光谱法等。按采样方式分为扩散式、正压输送式和泵吸式。按使用方式分为便携式和固定式。按工作方式可分为非连续性测量和连续性测量。

理解要点：

(1) 扩散式仪器的特点是结构简单、寿命长、省电，但易受风向和风速的影响，适用于室内和不易受风向影响的场所。

（2）泵吸式仪器的特点是增加了气体捕获罩、气体分离器、吸气泵、气路等，结构复杂，但不易受风向和风速的影响，采集率高，应用范围广。

三、计量性能要求

规程原文：

计量性能要求见表1。

表1　计量性能要求

项目		硫化氢气体分析仪	硫化氢气体检测报警仪
示值误差		±10%	±2μmol/mol 或±10%（满足其一即可）
响应时间		≤90s	≤60s
重复性		≤1.5%	≤2%
漂移	零点漂移	±2%FS	
	量程漂移	±3%FS	

注：FS表示仪器满量程。

理解要点：

（1）计量性能要求是该规程的核心指标，示值误差的指标按仪器的种类分为两种，当仪器为硫化氢气体分析仪时，示值误差限为±10%，此值为相对误差；当仪器为硫化氢气体检测报警仪时，示值误差限为±2μmol/mol 或±10%，此值满足其一即可。

（2）重复性是指在重复性条件下，对常规的被测对象进行 n（一般6次以上）次独立重复测量，利用贝塞尔公式计算得出的值，重复性没有正负号。

（3）硫化氢气体分析仪和硫化氢气体检测报警仪响应时间要求不同，气体分析仪响应时间为不大于90s，气体检测报警仪响应时间为不大于60s。

（4）漂移是指由于测量仪器计量特性的变化引起的示值在一段时间内的连续或增量变化。连续性仪器一般指长时间不间断工作的仪器，如固定式仪器；非连续性仪器一般指间断性工作的仪器，如便携式仪器和移动式仪器。硫化氢气体分析仪和硫化氢气体检测报警仪时的零点漂移的指标相同，均应±2%FS；量程漂移的指标相同，均应±3%FS。

四、通用技术要求

规程原文：

4.1　外观与结构

4.1.1　仪器不应有影响其正常工作的外观损伤。新制造的仪器表面应光洁平整，漆色镀层均匀，无剥落锈蚀现象。

4.1.2　各调节部件应能正常操作，各紧固件应无松动。

4.2 标志和标识

仪器名称、型号、编号、制造单位名称、制造日期、测量范围、最大允许误差等应齐全、清楚。

4.3 通电检查

仪器通电后，应能正常工作，显示部分应清晰完整。使用电池供电的仪器应有电量显示或欠压提示功能。

4.4 报警功能

具有报警功能的仪器，应具有报警设定值。当显示值大于报警设定值时，应有声、光或振动报警。

4.5 绝缘电阻

对使用交流电的仪器，绝缘电阻不小于 $40M\Omega$。

理解要点：

（1）对于外观，查看外观是否有影响正常工作的损伤；新制造的仪器查看表面是否光洁平整，漆色镀层是否均匀、有无剥落锈蚀现象；查看仪器的按键或旋钮是否能正常工作，各调节部件是否能正常操作，各紧固件有无松动。对于数显仪器，查看数字显示是否齐全。外部过脏或油污造成表头信息无法查看、按键或旋钮不能正常工作等均可判定为外观检查不合格。

（2）标志和标识，要检查仪器名称、型号、编号、制造单位名称、制造日期、测量范围、最大允许误差等必要信息是否齐全。对于石化行业，要重点检查现场的报警器是否有防爆标志。例如防爆等级 ExdⅡCT4，其中 Ex 表示防爆声明；d 表示防爆方式中的隔爆型；ⅡC 表示气体类别，Ⅱ类表示爆炸性气体和蒸气，T4 表示温度组别。

（3）仪器通电后没有显示或显示不完整判定为通电检查不合格。

（4）绝缘电阻为首检项目，是针对使用交流电源供电的仪器的检定项目。

五、检定环境条件

规程原文：

仪器的计量器具控制包括首次检定、后续检定和使用中检验。

5.1 检定条件

5.1.1 检定环境条件

5.1.1.1 环境温度：$(5\sim40)$℃；检定过程中波动不超过±2℃

5.1.1.2 相对湿度：≤85%

5.1.1.3 应保持通风并采取安全措施，无影响仪器正常工作的电磁场及干扰气体。

理解要点：

检定应严格执行规程要求的环境条件。一般实验室环境能满足规程要求；现场检定环境要注意冬天温度低于5℃或夏天温度高于40℃的情况下不适合检定。由于大部分硫化氢气体检测报警仪采用电化学传感器，电化学反应受温度、湿度影响较大，尽管制造商在传感器内部采取了一些温度补偿措施，输出响应依然存在(0.5%~1.0%)/℃的误差，在极端天气条件下输出响应变化较大。如果湿度过高，传感器表面会聚集水汽，缩小了目标气体进入的通道，硫化氢微溶于水，通常条件下，1体积水能溶解2.61(20℃)体积硫化氢。

六、检定用标准设备

规程原文：

> 5.1.2　检定用设备
>
> 5.1.2.1　气体标准物质
>
> 　　氮中硫化氢气体有证标准物质，其相对扩展不确定度应不大于2%($k=2$)。当采用气体稀释装置时，稀释后标准气体的相对扩展不确定度应满足上述要求。
>
> 5.1.2.2　零点气体
>
> 　　采用纯度不小于99.999%的高纯氮气或合成空气(由99.999%的氮气和99.999%的氧气配制)。

理解要点：

气体标准物质应采用计量行政部门批准颁布、并具有相应标准物质《制作计量器具许可证》的单位提供的气体标准物质。气体标准物质一般分为两级，带有气体标准物质证书的一级或二级气体标准物质均可用于计量检定。气体标准物质应在有效期内。

七、检定用流量控制器

规程原文：

> 5.1.2.3　流量计
>
> 　　准确度级别不低于4级。

理解要点：

(1)根据被检仪器的采样方式，使用流量控制器控制流量。检定泵吸式仪器时，须保证流量控制器的旁通流量计有气体放空，如图4-2所示，使气体标准物质的进气流量大于仪器自身吸气的流量，以防止在吸入零点气体或气体标准物质的同时也吸入了周围的空气或干扰气体，导致检定结果产生偏差。

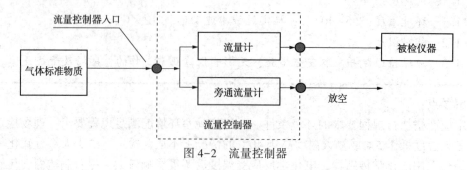

图4-2　流量控制器

（2）检定扩散式仪器，标定罩一般侧面会有开口，开口的作用一是排掉传感器表面空气；二是避免压力增大影响仪器准确度。

（3）通气流量应控制在说明书建议的范围内。如无明确要求，流量一般控制在（200~500）mL/min 范围内。

八、检定用配套设备

规程原文：

> 5.1.2.4　秒表
> 　分度值不大于0.1s。
> 5.1.2.5　气体减压阀和气路
> 　对被测气体应无吸附及化学反应。
> 5.1.2.6　绝缘电阻表
> 　输出电压500V，准确度级别不低于10级。

理解要点：

（1）流量计、秒表、绝缘电阻表应有检定或校准证书，且在有效期内。

（2）由于硫化氢有较强的吸附性，气路、减压阀使用铜、橡胶等材质容易对标准气体进行吸附，造成气体浓度降低，建议气路、减压阀采用不锈钢材质。硫化氢对气路、减压阀材质的适应性详见表4-3。

表4-3　硫化氢对气路、减压阀材质的适应性

材料	适应性	材料	适应性
不锈钢	较好	铜、黄铜	较差
玻璃	较好	天然橡胶	较差
聚四氟乙烯	一般	异丁橡胶	较差
铝	一般		

九、检定项目

规程原文：

> 5.2　检定项目
> 　检定项目见表2。
>
> 表2　检定项目一览表
>
> | 检定项目 | 首次检定 | 后续检定 | 使用中检查 |
> |---|---|---|---|
> | 外观与结构 | + | + | + |
> | 标志和标识 | + | + | + |
> | 通电检查 | + | + | + |
> | 报警功能 | + | + | + |

续表

检定项目	首次检定	后续检定	使用中检查
绝缘电阻	+	–	–
示值误差	+	+	+
重复性	+	+	+
响应时间	+	+	+
漂移	+	–	–

注1："+"为需要检定项目；"–"为不需要检定项目；

注2：具有报警功能的仪器，应检定报警功能项目；

注3：仪器经修理及更换主要部件后，应按首次检定项目进行

理解要点：

首次检定、后续检定及使用中检查按照规程中表2要求的检定项目依次进行检定。漂移和绝缘电阻，只作为首检项目。常规检定按后续检定执行。

十、外观与结构、标志和标识、通电检查、报警功能及仪器的调整

规程原文：

5.3 检定方法

5.3.1 外观与结构、标志和标识及通电检查

用手动、目测法按4.1、4.2、4.3要求进行检查。

5.3.2 报警功能

通入约1.5倍报警设定值浓度的气体标准物质，观察仪器声、光或振动报警功能是否正常，并记录仪器的报警浓度值。重复操作3次，3次的算术平均值为仪器的报警值。

5.3.3 仪器的调整

按照仪器使用说明书的要求对仪器进行预热，预热稳定后，按图1所示连接气路。检定泵吸式仪器时，必须保证旁通流量计有气体放出。检定扩散式或正压输送式仪器时，应按照仪器使用说明书的要求调节流量。若使用说明书中有明确要求，则按说明书的要求调整仪器的零点和示值。若说明书中没有明确要求，则用零点气体和满量程80%的气体标准物质调整仪器的零点和示值。

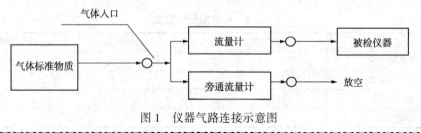

图1 仪器气路连接示意图

理解要点：

（1）接收被检仪器或到现场检定，应首先记录仪器的型号、编号、制造单位、量程等。便携式仪器开机后检查仪器显示、指针、按键是否正常，自检观察仪器有无报警声，报警灯是否闪烁。

（2）通入浓度约1.5倍报警（下限）设定值的气体标准物质，观察仪器的显示值，当达到报警设定值浓度时，仪器应该发出声、光或振动报警，如果仪器的声、光或振动报警正常，则仪器此项合格。

（3）判断仪器是否为零，若不为零，需要进行调整。一般调整方式分为电位器调整、光电或磁棒调整、软件程序调整三种。具体调整方式参照厂家说明书。

（4）对于便携式仪器需要提前预热，通常电化学传感器预热时间较长，在极端温度环境中或温度变化较大时，可能需要更长时间。并注意应在无干扰气体的环境完成开机。固定式仪器由于长期运行不需要预热。

（5）当零点调整完成以后，按仪器使用说明书的要求进行量程调整，使其达到稳定示值。如果稳定示值与标准值之差在$\pm 2\mu mol/mol$或$\pm 10\%$之内，可不进行调整；若大于示值误差限，则需要对量程进行调整。若多次调整仍不能满足示值误差要求，则仪器不合格。

十一、示值误差的检定

规程原文：

> 5.3.4　示值误差
>
> 　　分别通入浓度约为满量程20%、50%和80%的气体标准物质，记录仪器稳定示值。每点测量3次，取3次的算术平均值作为仪器的示值。按式（1）或式（2）计算仪器各浓度点的示值误差Δx或Δx_r。
>
> $$\Delta x = \bar{x} - x_s \tag{1}$$
>
> $$\Delta x_r = \frac{\bar{x} - x_s}{x_s} \times 100\% \tag{2}$$
>
> 　　式中：
>
> 　　$\bar{x}$——仪器示值的算术平均值；
>
> 　　x_s——气体标准物质的浓度值；

理解要点：

（1）送气管路应尽量短，一般不长于1m，否则影响响应时间。

（2）记录仪器的稳定读数

参照ISA-92.0.01《有毒气体检测仪性能要求》第7.4.8条，可基于本单位检测仪的实际情况，制定读数方法。如某品牌检测仪，给气2min后，在第3min内读数没有显著变化，即可读数。

（4）固定式仪器读数

① 气体检测报警器现场、二次表和 DCS 均可读数，建议读取二次表数值，现场和 DCS 显示可作参考。

② 气体检测报警器现场和 DCS 均可读数，建议读取现场数值，DCS 可作参考。

③ 气体检测报警器现场无显示功能，无二次表，只能通过 DCS 读取示值。

如果现场读数与二次表或 DCS 差别较大（超过 1/3 示值误差），建议应联系相关人员查找原因。如果现场或控制室配有报警设施，需要现场与控制室联动测试系统的报警功能。

十二、重复性的检定

规程原文：

5.3.5 重复性

通入浓度约为满量程 50% 的气体标准物质，记录仪器稳定示值。然后通入零点气体使仪器回零，再通入上述浓度的气体标准物质，重复测量 6 次。重复性以单次测量的相对标准偏差来表示。按式（3）计算仪器的重复性。

$$s_r = \frac{1}{\bar{x}} \sqrt{\frac{\sum_{i=1}^{n} (x_i - \bar{x})^2}{n-1}} \times 100\%$$

式中：

x_i——第 i 次的示值；

$\bar{x}$——仪器示值的算数平均值；

n——测量次数。

理解要点：

（1）重复性与示值误差的检定可同时进行，使用浓度为量程 50% 左右的气体标准物质，进行 6 次重复测量，对检定结果进行相对标准偏差的计算，其结果应≤2%，方可判定该项合格。

（2）对重复性计算公式的理解，首先计算出 6 次测量的平均值，然后计算根号内的分子，分子是一个平方和，即用第一次的测量值减去平均值的差的平方加上第二次测量值减去平均值的平方，一直加到第六次测量值减去平均值的平方，求得的结果除以 5 然后再开方，开方后除以平均值得出的结果就是重复性。

例：用浓度为 49μmol/mol 的硫化氢气体标准物质对一台硫化氢气体检测报警器进行重复性检定，6 次检定结果分别为 49μmol/mol，49μmol/mol，50μmol/mol，49μmol/mol，50μmol/mol，49μmol/mol，求该台仪器的重复性？

① 求平均值

$$\bar{x} = \frac{49+50+49+50+49+49}{6} \approx 49.3$$

② 求重复性

$$S_r = \frac{1}{49.3}\sqrt{\frac{(49-49.3)^2+(50-49.3)^2+(49-49.3)^2+(50-49.3)^2+(49-49.3)^2+(49-49.3)^2}{5}} \times 100\%$$

$$= 1.1\%$$

十三、响应时间的检定

规程原文：

> 5.3.6　响应时间
>
> 通入零点气体校准仪器零点后，通入浓度约为满量程 50% 的气体标准物质，记录稳定示值。然后通入零点气体使仪器回零，再通入上述浓度的气体标准物质，同时用秒表记录从通入气体标准物质瞬时起到仪器显示稳定值 90% 时的时间。重复测量 3 次，取 3 次的算术平均值作为仪器的响应时间。

理解要点：

（1）响应时间与示值误差的检定可同时进行。

（2）稳定值是指第一次通入浓度为满量程 50% 左右的气体标准物质，仪器稳定后显示的值，而不是气体标准物质的标称值或标准值。

例：一瓶硫化氢气体标准物质，浓度标称值为 $50\mu mol/mol$、标准值为 $53\mu mol/mol$，第一次通入该气体标准物质，仪器稳定值为 $52\mu mol/mol$，响应时间应如何测量？

解：响应时间是计算从通气开始到稳定值的 90%，即为 $52\times90\% = 46.8\mu mol/mol$，则响应时间为再次通气开始到仪器显示 $46.8\mu mol/mol$ 时停止计时秒表上所显示的时间。

（3）对于扩散式仪器，通气管路应尽量短，检定的是仪器本身响应速度，不应含标准气体置换气路中空气的时间。对于配有专用导管的吸入式仪器，建议当导管不大于 1m 时，可以一起检定；否则，应去掉导管进行检定。

十四、漂移的检定

规程原文：

> 5.3.7　漂移
>
> 仪器的漂移包括零点漂移和量程漂移。
>
> 通入零点气体，记录仪器稳定后的示值 x_{z0}，然后通入浓度约为满量程 80% 的气体标准物质，待读数稳定后，记录仪器示值 x_{s0}。撤去气体标准物质，通入零点气体，待仪器回零后撤去零点气体。非连续性测量仪器连续运行 1h，每间隔 10min 重复上述步骤一次，连续性测量仪器连续运行 6h，每间隔 1h 重复上述步骤一次；分别记录通入零点气体的示值 x_{zi} 及通入浓度约为满量程 80% 的气体标准物质的示值 x_{si}（$i=1$，2，3，4，5，6）。

按式(4)计算零点漂移 Δ_{zi}，取绝对值最大的 Δ_{zi} 作为仪器的零点漂移。

$$\Delta_{zi} = \frac{x_{zi} - x_{z0}}{R} \times 100\% \tag{4}$$

按式(5)计算量程漂移 Δ_{si}，取绝对值最大的 Δ_{si} 作为仪器的量程漂移。

$$\Delta_{si} = \frac{(x_{si} - x_{zi}) - (x_{s0} - x_{z0})}{R} \times 100\% \tag{5}$$

式中：

R——仪器满量程。

理解要点：

(1) 漂移为首次检定项目，日常检定按后续检定执行，不进行该项检定项目。

(2) 连续性仪器(一般为固定式仪器)连续运行 6h，每隔 1h 读取一次 x_{zi} 和 x_{si}；非连续性仪器(一般为便携式仪器)连续运行 1h，每隔 10min 读取一次 x_{zi} 和 x_{si}。开始和结束时均要读取数值。

十五、绝缘电阻

规程原文：

5.3.8 绝缘电阻

仪器不连接供电电源，但接通仪器电源开关。将绝缘电阻表的一个接线端接到仪器电源插头的相(或中)线上，另一个接线端接到仪器的接地端(或机壳)上，施加 500V 直流电压，持续 5s，用绝缘电阻表测量仪器的绝缘电阻。

理解要点：

绝缘电阻为首检项目，后续检定中不需要检定。

十六、检定结果及检定周期

规程原文：

5.4 检定结果的处理

按本规程的要求检定合格的仪器，发给检定证书；不合格的仪器，发给检定结果通知书，并注明不合格项目。

5.5 检定周期

仪器的检定周期一般不超过 1 年。如果对仪器的测量结果有怀疑或仪器更换了主要部件及修理后应及时送检。

理解要点：

（1）检定结论分合格和不合格。所有检定项目均合格，检定结论为合格，应出具检定证书；反之其中有任何一项检定不合格，检定结论为不合格，应出具检定结果通知书，并标明不合格项目。

（2）报警器的检定周期为 1 年，在周期内如果仪器更换了主要部件应及时进行检定，主要部件包括传感器、主板、泵等会对仪器的性能产生影响的部件。

十七、数据处理

对于满量程为 50μmol/mol，报警设定值为 6.0μmol/mol 的硫化氢气体检测报警器，用浓度为 10.2μmol/mol，25.2μmol/mol，41.0μmol/mol 的标准气体，测得相关数据见表 4-4（单位：μmol/mol），分别计算其示值误差、重复性、响应时间、报警功能、漂移。

表 4-4　硫化氢报警器检定数据

示值误差			
标准气浓度（单位：μmol/mol）	仪器指示值（单位：μmol/mol）		
	1	2	3
10.2	11.2	11.3	11.3
25.2	25.8	25.8	25.9
41.0	38.6	38.7	38.6

重复性　标准气体浓度：25.2（单位：μmol/mol）					
测试次数	1	2	3	4	5	6
指示值	25.2	25.2	25.4	25.3	25.3	25.3

响应时间　标准气体浓度：25.2（单位：μmol/mol）		
测试次数	1	2	3
指示值	15	15	16

报警功能　标准气体浓度：10.2（单位：μmol/mol）			
报警功能	实测报警值		报警值
声、光或振动报警正常	6.0	6.0	6.0	6.0

1. 示值误差的计算

当标气浓度为 10.2 三次测量值分别为：11.2，11.3，11.3

$$\Delta x_1 = \bar{x} - x_s = \frac{11.2 + 11.3 + 11.3}{3} - 10.2 = 1.1 \mu mol/mol$$

当标气浓度为 25.2 三次测量值分别为：25.8，25.8，25.9

$$\Delta x_2 = \bar{x} - x_s = \frac{25.8 + 25.8 + 25.9}{3} - 25.2 = 0.6\,\mu mol/mol$$

当标气浓度为 41.0 三次测量值分别为：38.6，38.7，38.6

$$\Delta x_3 = \frac{\bar{x} - x_s}{x_s} \times 100\% = \frac{\frac{38.6 + 38.7 + 38.6}{3} - 41.0}{41.0} \times 100\% = -5.9\%$$

分别记录 3 点的示值误差结果。

2. 重复性的计算

用公式 $s_r = \frac{1}{\bar{x}} \sqrt{\frac{\sum\limits_{i=1}^{n}(x_i - \bar{x})^2}{n-1}} \times 100\%$ 来计算仪器的相对标准偏差，即重复性。

$$\bar{x} = \frac{25.2 + 25.2 + 25.4 + 25.3 + 25.3 + 25.3}{6} = 25.3$$

$$s_r = \frac{1}{25.3} \sqrt{\frac{(25.2-25.3)^2 + (25.2-25.3)^2 + (25.4-25.3)^2 + (25.3-25.3)^2 + (25.3-25.3)^2 + (25.3-25.3)^2}{5}}$$

$$= 0.3\%$$

3. 响应时间的计算

$$t = \frac{15 + 15 + 16}{3} = 15s$$

4. 漂移的计算

如果 x_{z0} 为 0，x_{zi} 计录了六个值：分别为 -0.5，0，0，-0.5，0.5，0.5，则根据公式 $\Delta_{zi} = \frac{x_{zi} - x_{z0}}{R} \times 100\%$ 取绝对值最大的 Δ_{zi} 作为仪器的零点漂移。

（1）计算零点漂移

$$\Delta_{zi} = \frac{x_{zi} - x_{z0}}{R} \times 100\% = \frac{0.5 - 0}{50} \times 100\% = 1.0\%FS$$

假如通入 41.0 的标准气体，x_{s0} 为 40.0，x_{z0} 为 0，x_{zi} 为 -0.5，0，0，-0.5，0.5，0.5，x_{si} 分别为 39.6，39.8，40.0，40.2，39.9，39.5，则根据公式 $\Delta_{si} = \frac{(x_{si} - x_{zi}) - (x_{s0} - x_{z0})}{R} \times 100\%$ 取绝对值最大的 Δ_{si} 作为仪器的量程漂移。

（2）计算量程漂移

$$\Delta_{si} = \frac{(x_{si} - x_{zi}) - (x_{s0} - x_{z0})}{R} \times 100\% = \frac{(39.5 - 0.5) - (40.0 - 0)}{50} \times 100\% = -2.0\%FS$$

十八、检定原始记录样例

硫化氢气体检测报警器检定原始记录

计量器具名称 便携式硫化氢气体检测报警器　　型号/规格 HP4　　出厂编号 202105203B01879

制造单位 深圳市特安电子有限公司　　　　　仪器量程 (0-50)μmol/mol

送检单位 中国石化青岛炼油化工有限责任公司　检定依据 JJG 695—2019《硫化氢气体检测仪检定规程》

检定日期 2022.09.21　检定员 ＿＿＿＿　核验员 ＿＿＿＿　证书编号 2022QJD3220

一、环境条件　　温度 23℃　　大气压力 100.6kPa　　相对湿度 43%

标准气体	浓度单位	标准气体号	浓度	不确定度	钢瓶编号	有效期至
H_2S/N_2	μmol/mol	GBW(E)061324	10.2	$U_{rel}=2\%$ $k=3$	QL01165	2022.12.21
			25.2	$U_{rel}=2\%$ $k=3$	QL06075	2022.12.21
			41.0	$U_{rel}=2\%$ $k=3$	QL01243	2022.12.21

其他仪器设备：RF-2 流量控制器；HS-3 电子秒表。

二、外观与结构：符合 JJG 695—2019 中 4.1 的要求　　是☑　否□

三、标志和标识：符合 JJG 695—2019 中 4.2 的要求　　是☑　否□

四、通电检查：符合 JJG 695—2019 中 4.3 的要求　　是☑　否□

五、绝缘电阻：/　MΩ

六、示值误差

标准气体浓度 （μmol/mol）	仪器指示值（μmol/mol）				示值误差
	1	2	3	平均值	
10.2	11.2	11.3	11.3	11.3	1.1μmol/mol
25.2	25.8	25.8	25.9	25.8	0.6μmol/mol
41.0	38.6	38.7	38.6	38.6	-5.9%

七、重复性　标准气体浓度：25.2(μmol/mol)

测量次数	1	2	3	4	5	6	C.V
指示值	25.2	25.2	25.4	25.3	25.3	25.3	0.3%

八、响应时间　标准气体浓度：25.2(μmol/mol)

测量次数	1	2	3	平均值
响应时间(s)	15	15	16	15

九、报警功能　标准气体浓度：10.2（μmol/mol）

声、光或振动报警是否正常		实测报警值（μmol/mol）			报警值（μmol/mol）
☑正常	□其他	6.0	6.0	6.0	6.0

十、漂移　标准气体浓度：41.0（μmol/mol）

时间	0	1h （10min）	2h （20min）	3h （30min）	4h （40min）	5h （50min）	6h （60min）	零点漂移	量程漂移
零点示值	0	−0.5	0	0	−0.5	0.5	0.5	1.0%FS	−2.0%FS
量程示值	40.0	39.6	39.8	40.0	40.2	39.9	39.5		

十一、结论　合格

原始记录的设计来自源于 JJG 695—2019 的附录 A，作为计量检定部门的参考模板使用。使用者也可根据实际情况另行设计原始记录的格式。原始记录要求在检定的同时填写。

1. 基础信息填写

① 仪器的名称、型号、出厂编号、量程、制造单位等通过外观检查将仪器上的相应信息填写到原始记录上。

② 送检单位：填写送检单位的名称。

③ 检定日期：填写检定当天的日期。

④ 检定人员：检定工作至少需要 2 名具备相应资质的计量检定员，一人为检定员，一人为核验员，分别在原始记录上的相应位置填写姓名。

⑤ 证书编号：是依据该原始记录的检定结论出具的相应的检定证书或检定结果通知书的编号。

⑥ 温度、湿度：对于实验室检定，可以通过观察室内的温湿度显示仪上的数值来填写；对于现场检定可以参考本地区当日的天气预报。

⑦ 压力：可以参考本地区的大气压力。

⑧ 检定依据：依据最新版本的计量检定规程。

⑨ 气体标准物质的信息：填写检定所用标准气信息。

2. 检定项目的填写

① 外观与结构，标志和标识及通电检查：用手动、目测法按 4.1、4.2、4.3 的要求对设备的外观与结构，标志和标识，通电检查。符合规程要求，填写合格；如果其中某一项不符合规程的要求，则该项填写不合格。

② 示值误差：按照规程的要求使用三种不同浓度的气体标准物质。分别通入不同的气体标准物质，将报警器上的显示值（或二次表上的显示值）填在原始记录上，每种浓度的气体标准物质测量三次，分别将三次的显示值记录在原始记录上，通过计算求出平均值，按照计算公式求出平均值和示值误差。

③ 重复性：通入浓度约为量程 50% 的气体标准物质并记录显示值。分别测量 6 次，将每次仪器的显示值记录在原始记录上，求出平均值，用重复性计算公式计算出相对标准偏差，把结果填写在原始记录上。

④ 响应时间：用零点校准气校准仪器零点后，通入浓度约为量程 50% 的气体标准物质进行测量，读取稳定数值后，撤去标准气，待仪器显示为零后重新通入标准气，用秒表记录从开始通气到仪器显示到稳定值 90% 时的时间，测量三次，分别将秒表上的时间记录在原始记录上。取三次的平均值作为最终的响应时间。

⑤ 报警功能：通入约 1.5 倍报警设定值浓度的气体标准物质，观察仪器声、光或振动报警功能是否正常，并记录报警器仪表显示(或是二次表)上显示的显示值，重复操作 3 次，3 次的算术平均值为仪器的报警值。

⑥ 漂移：该项为首次检定项目，如果为首检则按照 JJG 695—2019 中 5.3.7 的方法进行检定，将每次测量的值依次填到相应的原始记录中，按照零点漂移公式和量程漂移公式计算零点漂移和量程漂移填在原始记录上。如果不是首次检定，则不需要填写该项，直接划掉。

⑦ 绝缘电阻：该项为首次检定的项目。若为首次检定将检定结果直接填写在横线上，如 30MΩ；如果为后续检定，则该项不检，直接划掉。

⑧ 检定结论，上述检定项目若均合格，则检定结论为合格；如果检定项目中有任一项不合格，则检定结论为不合格，并注明不合格项目名称。

十九、检定证书内页样例

证书编号：2022QJD3220

检定机构授权说明			
检定环境条件及地点			
温度	23℃	相对湿度	43%
大气压	100.6kPa	其他	/
检定使用的计量(基)标准装置			

名称	测量范围	不确定度/准确度等级/最大允许误差	计量(基)标准证书编号	有效期至
硫化氢气体检测仪检定装置	$(0\sim200)$ μmol/mol	$U_{rel}=2\%(k=2)$	[2021]青量标证崂山字第 017 号	2026.11.01

检定使用的标准器				
名称	测量范围	不确定度/准确度等级/最大允许误差	检定/校准证书编号	有效期至
硫化氢/氮气标准气体 GBW(E)061324	10.2	$U_{rel}=2\%$，$k=3$	QL01165	2022.12.21
	25.2	$U_{rel}=2\%$，$k=3$	QL06075	2022.12.21
	41.0	$U_{rel}=2\%$，$k=3$	QL01243	2022.12.21

检定结果			
检定项目	技术要求	检定结果	结果判定
外观与结构	JJG695-2019 中 4.1	符合要求	合格
标志和标识	JJG695-2019 中 4.2	符合要求	合格
通电检查	JJG695-2019 中 4.3	符合要求	合格

检定项目	技术要求	检定结果			结果判定
		标准值	平均值	示值误差	
示值误差	±2μmol/mol 或±10%	10.2μmol/mol	11.3μmol/mol	1.1μmol/mol	合格
		25.2μmol/mol	25.8μmol/mol	0.6μmol/mol	
		41.0μmol/mol	38.6μmol/mol	−5.9%	
重复性(C_v)	≤2%	0.3%			合格
响应时间(t)	≤60s	15s			合格
报警功能	报警值	6μmol/mol			合格
	声、光或振动报警	正常			
零点漂移	±2.0%FS	1.0%FS			合格
量程漂移	±3.0%FS	−2.0%FS			合格
绝缘电阻	—	—			—

备注：如果对仪器的检定数据有怀疑或仪器更换了主要部件及修理后应及时送检。

以下空白

在填写检定结果时，若需要，可另加附页。未经本中心许可，不得复制或修改本证书内容。

检定证书的填写：

① 证书编号：2022QJD 中 2022 表示出具该份证书的年份，QJD 表示青岛计量检定授权项目，3220 表示该证书的顺序号，即 2022 年出具的第 3220 份证书。

② 检定机构的授权说明：填写检定机构授权情况，没有可不填。

③ 检定环境条件及地点：与原始记录保持一致。

④ 检定使用的计量（基）标准装置：填写检定用标准装置。包括装置的名称，装置开展检定的测量范围，标准装置的不确定度或准确度等级或最大允许误差，考核证书号及考核的有效期。

⑤ 检定使用的标准器：对于硫化氢气体检测报警器来说主要标准器是气体标准物质，填写同原始记录中的气体标准物质的信息。

⑥ 外观与结构、标志和标识及通电检查：按照规程要求检查仪器外观，符合规程要求结果判定填写合格，否则填写不合格，并写明不符合情况。

⑦ 示值误差：分别用三种不同浓度的气体标准物质进行检定，分别填写在检定结果位置，并与技术要求相比较，符合上述要求结果判定填写合格，否则填写不合格。

⑧ 重复性、响应时间：用规程中的公式计算出的结果填写在检定结果位置，与技术要求相比较，小于等于技术指标填写合格，否则填写不合格。

⑨ 报警功能：观察仪器声、光或振动报警是否正常，符合规程要求结果判定填写合格，否则填写不合格，并写明不符合情况。按照要求填写仪器报警值。

⑩ 漂移、绝缘电阻：检定结果的填写与原始记录一致，结果判定根据与技术要求比较填写是否合格。如果为后续检定，上述项目不检，直接划掉。

⑪ 检定结果通知书：在检定结果不合格项注明是哪一项不合格。

第四节　二氧化硫气体检测仪

一、范围

规程原文：

> 本规程适用于二氧化硫气体检测仪的首次检定、后续检定和使用中检查。二氧化硫气体检测仪包括二氧化硫气体检测报警仪、二氧化硫气体分析仪。
>
> 本规程不适用于测量浓度低于 $1\mu mol/mol$ 的二氧化硫气体分析仪以及固定污染源烟气排放监测用二氧化硫气体分析仪。

二、概述

规程原文：

> 二氧化硫气体检测报警仪主要用于检测作业场所环境中二氧化硫气体的浓度，主要由检测单元、信号处理单元、显示单元和报警单元等组成，检测原理主要为电化学法。当显示值大于报警设定值时，具有声、光或振动报警。按采样方式可分为扩散式和泵吸式；按使用方式可分为便携式和固定式；按工作方式可分为连续性测量和非连续性测量。
>
> 二氧化硫气体分析仪主要用于检测生产流程和作业场所环境中二氧化硫气体的浓度，主要由检测单元、信号处理单元和显示单元等组成，检测原理主要为光谱法、热导法等。按采样方式可分为正压输送式和泵吸式；按工作方式可分为连续性测量和非连续性测量。

理解要点：

(1) 扩散式仪器的特点是结构简单、寿命长、省电，但易受风向和风速的影响，适用于室内和不易受风向影响的场所。

(2) 吸入式仪器的特点是增加了气体捕获罩、气体分离器、吸气泵、气路等，结构复杂，但不易受风向和风速的影响，采集率高，应用范围广。

三、计量性能要求

规程原文：

> 计量性能要求见表1。
>
> **表1　计量性能要求**
>
> | 检定项目 | | 计量性能要求 | |
> |---|---|---|---|
> | | | 二氧化硫气体分析仪 | 二氧化硫气体检测报警仪 |
> | 示值误差 | | ±3%FS | ±5%FS 或±10%满足其中之一即可 |
> | 重复性 | | 1.5% | 2% |
> | 响应时间 | | 90s | 60s |
> | 漂移 | 零点漂移 | ±1%FS | ±2%FS |
> | | 量程漂移 | ±2%FS | ±3%FS |

理解要点：

（1）计量性能要求是该规程的核心指标，示值误差的指标按仪器的种类分为两种，当仪器为二氧化硫气体分析仪时，示值误差限为±3%FS，此值为满量程误差；当仪器为二氧化硫气体检测报警仪时，示值误差限为±5%FS或±10%，此值满足其一即可。

（2）重复性是指在重复性条件下，对常规的被测对象进行 n 次独立重复测量，利用贝塞尔公式计算得出的值，重复性没有正负号。

（3）分析仪和报警仪响应时间要求不相同，分析仪、报警仪响应时间分别为不大于 90s 和 60s。

（4）漂移是指由于测量仪器计量特性的变化引起的示值在一段时间内的连续或增量变化。连续性仪器一般指长时间不间断工作的仪器，如固定式仪器；非连续性仪器一般指间断性工作的仪器，如便携式仪器和移动式仪器。

四、通用技术要求

规程原文：

4.1 外观与结构

4.1.1 仪器不应有影响其正常工作的外观损伤。新制造的仪器表面应光洁平整，漆色镀层均匀，无剥落锈蚀现象。

4.1.2 所有铭牌及标志应清楚、持久，各紧固件牢固可靠。

4.1.3 对于扩散式仪器，应附带有检定专用标定罩。

4.2 标志和标识

仪器名称、型号、出厂编号、测量范围、最大允许误差、制造单位名称、制造日期、工作的环境条件等应齐全、清楚。

4.3 通电检查

通电检查时，仪器应能正常工作。仪器的显示应清晰完整。各调节旋钮应能正常调节。

使用电池供电的仪器，应有电量显示或欠压提示功能。

4.4 报警功能检查

具有报警功能的仪器，应具有报警设定值。当显示值大于报警设定值时，应有声、光或振动或报警电信号输出功能。

4.5 绝缘电阻

使用交流供电的仪器，绝缘电阻应不小于40MΩ。

理解要点：

（1）对于外观，查看外观是否有影响正常工作的损伤；查看仪器的按键或旋钮是否能正常工作。对于数显仪器，查看数字显示是否齐全。外部过脏或油污造成表头信息无法查看、按键或旋钮不能正常工作等均可判定为外观检查不合格。

（2）标志和标识要检查仪器的名称、型号、制造单位、出厂编号等必要信息是否齐全。对于石化行业，要重点检查现场的报警器是否有防爆标志。例如防爆等级 Exd Ⅱ CT4，其中

Ex 表示防爆声明；d 表示防爆方式中的隔爆型；ⅡC 表示气体类别，Ⅱ类表示爆炸性气体和蒸气，T4 表示温度组别。

（3）国产仪器主要查看制造计量器具许可证标志 CMC，它是中国制造计量器具许可证标志。取得该标志的企业具备生产计量器具的能力，所生产的计量器具准确度和可靠性等指标符合法制要求。进口仪器查看计量器具型式批准标志 CPA，它是计量器具型式批准证书的专用标志。

（4）仪器通电后没有显示或显示不完整判定为通电检查不合格。

（5）绝缘电阻为首检项目，是针对使用 220V 交流电源供电的仪器的检定项目。

五、检定环境条件

规程原文：

> 　　计量器具控制包括首次检定，后续检定和使用中检查。
>
> 5.1　检定条件
>
> 5.1.1　检定环境条件
>
> 5.1.1.1　环境温度：（5~40）℃，检定过程中波动不大于5℃。
>
> 5.1.1.2　相对湿度：≤85%。
>
> 5.1.1.3　应保持通风并采取安全措施，无影响仪器正常工作的电磁场及干扰气体。

理解要点：

检定应严格执行规程要求的环境条件。一般实验室环境能满足规程要求，现场检定环境要注意冬天温度低于5℃或夏天温度高于40℃的情况下不适合检定。由于大部分二氧化硫检测仪采用电化学传感器，电化学反应受温度影响较大，尽管制造商在传感器内部采取了一些温度补偿措施，输出响应依然存在 0.5%~1.0%/℃ 的误差。如果湿度过高，传感器表面会聚集水汽，缩小了目标气体进入的通道。在常温、常压下，1 体积水大约能溶解 40 体积的二氧化硫。

六、检定用标准设备

规程原文：

> 5.1.2　检定用设备
>
> 5.1.2.1　气体标准物质
>
> 　　检定二氧化硫气体分析仪时，氮中二氧化硫气体标准物质相对扩展不确定度不大于 1.5%，$k=2$；检定二氧化硫气体检测报警仪时，氮中二氧化硫气体标准物质相对扩展不确定度不大于 2%，$k=2$。当采用气体稀释装置时，稀释后标准气体的相对扩展不确定度应满足上述要求。
>
> 5.1.2.2　零点气体
>
> 　　采用纯度不小于 99.999% 的氮气或合成空气（由纯度不小于 99.999% 的氮气和氧气配制）。

理解要点：

气体标准物质应采用计量行政部门批准颁布、并具有相应标准物质《制作计量器具许可证》的单位提供的气体标准物质。气体标准物质一般分为两级，带有气体标准物质证书的一级或二级气体标准物质均可用于计量检定。气体标准物质应在有效期内。

七、检定用流量控制器

规程原文：

> 5.1.2.3 流量计
>
>   准确度级别不低于4.0级。

理解要点：

（1）根据被检仪器的采样方式，使用流量控制器控制流量。检定吸入式仪器时，须保证流量控制器的旁通流量计有气体放空，如图4-3所示，使气体标准物质的进气流量大于仪器自身吸气的流量，以防止在吸入零点气体或气体标准物质的同时也吸入了周围的空气或干扰气体，导致检定结果产生偏差。

（2）检定扩散式仪器，标定罩一般侧面会有开口，开口的作用一是排掉传感器表面空气；二是避免压力增大影响仪器准确度。

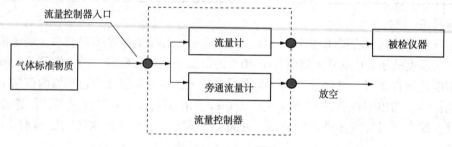

图4-3 流量控制器

（3）通气流量应控制在说明书建议的范围内。如无明确要求，流量一般控制在（200～500）mL/min 范围内。

八、检定用配套设备

规程原文：

> 5.1.2.4 电子秒表
>
>   MPE：±0.10s/h。
>
> 5.1.2.5 绝缘电阻表
>
>   输出电压500V，准确度级别不低于10级。
>
> 5.1.2.6 减压阀和气路
>
>   使用与气体标准物质钢瓶配套的减压阀；减压阀、管路材料对被测气体应无吸附及化学反应。

理解要点:

（1）流量计、秒表、绝缘电阻表应有检定或校准证书，且在有效期内。

（2）由于二氧化硫有较强的吸附性，气路、减压阀使用铜、橡胶等材质容易对标准气体进行吸附，造成气体浓度降低，建议气路、减压阀材质采用不锈钢或聚四氟乙烯。二氧化硫对气路、减压阀材质的适应性详见表4-5。

表4-5　二氧化硫对气路、减压阀材质的适应性

材料	适应性	材料	适应性
不锈钢	较好	铜、黄铜	较差
聚四氟乙烯	较好	天然橡胶	较差
玻璃	较好	异丁橡胶	较差
铝	一般		

九、检定项目

规程原文:

5.2　检定项目

检定项目如表2所示。

表2　检定项目一览表

序号	检定项目	首次检定	后续检定	使用中检查
1	外观与结构	+	+	+
2	标志和标识	+	+	+
3	通电检查	+	+	+
4	报警功能检查	+	+	+
5	示值误差	+	+	+
6	重复性	+	+	-
7	响应时间	+	+	+
8	漂移	+	-	-
9	绝缘电阻	+	-	-

注：1　"+"为需要检定项目；"-"为不需要检定项目。

2　二氧化硫气体分析仪不检报警功能检查项目。

3　仪器经修理及更换主要部件后，应按首次检定要求进行检定。

理解要点：

首次检定、后续检定及使用中检查按照规程中表2要求的检定项目依次进行检定。漂移及绝缘电阻只作为首检项目。常规检定按后续检定执行。

十、外观与结构、标志和标识、通电检查、报警功能检查及仪器的调整

规程原文：

5.3　检定方法

5.3.1　外观与结构

　　按4.1要求进行检查。

5.3.2　标志和标识

　　按4.2要求进行检查

5.3.3　通电检查

　　按4.3要求进行检查

5.3.4　报警功能检查

　　操作仪器的自检功能或通入浓度约为报警设定点1.5倍的气体标准物质，当示值超过报警设定值时，观察仪器的声、光或振动报警或报警电信号输出功能是否正常，并记录仪器报警时的示值。

5.3.5　仪器的调整

　　按照仪器使用说明书的要求对仪器进行预热，预热稳定后，按图1所示连接气体标准物质、流量计和被检仪器。检定泵吸式仪器时，必须保证旁通流量计有气体放出。检定扩散式或正压输送式仪器时，应按照仪器使用说明书的要求调节流量。若使用说明书中有明确要求，则按说明书的要求调整仪器的零点和示值。若说明书中没有明确要求，则用零点气体调整仪器的零点，用满量程80%的气体标准物质调整仪器的示值。

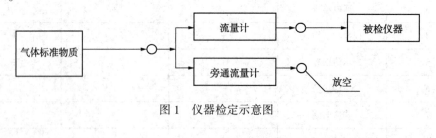

图1　仪器检定示意图

理解要点：

（1）接收被检仪器或到现场检定，应首先记录仪器的型号、编号、制造商、量程等。便携式仪器开机后检查仪器显示、指针、按键是否正常，自检观察仪器有无报警声，报警灯是否闪烁。

（2）绝缘电阻为首检项目，后续检定中不需要检定。

十一、示值误差的检定

规程原文：

5.3.6 示值误差

分别通入浓度约为满量程20%、50%和80%的气体标准物质，待读数稳定后，记录仪器示值。每点测量3次，取3次示值的算术平均值作为仪器各点的示值。按公式(1)和公式(2)计算仪器各浓度点的示值误差 Δx 和 $\Delta x'$。

$$\Delta x = \frac{\bar{x} - x_s}{R} \times 100\% \tag{1}$$

$$\Delta x' = \frac{\bar{x} - x_s}{x_s} \times 100\% \tag{2}$$

式中：

$\bar{x}$——各浓度点仪器示值的算术平均值，mol/mol；

x_s——气体标准物质的浓度值，mol/mol；

R——量程，mol/mol。

理解要点：

(1) 首先判断仪器是否为零，若不为零，需要进行调整。一般调整方式分为电位器调整、光电或磁棒调整、软件程序调整三种。具体调整方式参照厂家说明书。

(2) 对于便携式仪器需要提前预热，通常电化学传感器预热时间较长，在极端温度环境中或温度变化较大时，可能需要更长时间。并注意应在无干扰气体的环境完成开机。固定式仪器由于长期运行不需要预热。

(3) 当零点调整完成以后，通入浓度为测量范围上限值80%左右的气体标准物质进行量程调整，使其达到稳定示值。如果稳定示值与标准值之差在±5%FS 或±10%之内，可不进行调整；若大于示值误差限，则需要对量程进行调整，具体量程调整方式参照厂家说明书。若多次调整仍不能满足示值误差要求，则仪器不合格。

(4) 送气管路应尽量短，一般不长于1m，否则影响响应时间。

(5) 记录仪器的稳定读数

参照 ISA-92.0.01，Part Ⅰ—1998 第7.4.8 条，可基于本单位检测仪的实际情况，制定读数方法。如某品牌检测仪，给气2min 后，在第3min 内读数没有显著变化，即可读数。

(6) 固定式仪器读数

① 气体检测报警器现场、二次表和 DCS 均可读数，建议读取二次表数值，现场和 DCS 显示可作参考。

② 气体检测报警器现场和 DCS 均可读数，建议读取现场数值，DCS 可作参考。

③ 气体检测报警器现场无显示功能，无二次表，只能通过 DCS 读取示值。

如果现场读数与二次表或 DCS 差别较大(超过 1/3 示值误差)，建议应联系相关人员查找原因。如果现场或控制室配有报警设施，需要现场与控制室联动测试系统的报警功能。

十二、重复性的检定

规程原文：

5.3.7　重复性

通入浓度约为满量程50%的气体标准物质，待读数稳定后，记录仪器示值 x_i，然后通入零点气体，使之回零后，再通入上述浓度的气体标准物质。重复测量6次。按公式(3)计算单次测量的相对标准偏差作为仪器的重复性。

$$S_r = \frac{1}{\bar{x}} \sqrt{\frac{\sum_{i=1}^{n} (x_i - \bar{x})^2}{n-1}} \times 100\% \tag{3}$$

式中：

s_r——单次测量的相对标准偏差；

$\bar{x}$——6次示值的算术平均值，mol/mol；

x_i——第 i 次测量的示值，mol/mol；

n——测量次数。

理解要点：

（1）重复性与示值误差的检定可同时进行，使用浓度为量程50%左右的气体标准物质，进行6次重复测量，对检定结果进行相对标准偏差的计算，其结果应≤2%，方可判定该项合格。

（2）对重复性计算公式的理解，首先计算出6次测量的平均值，然后计算根号内的分子，分子是一个平方和，即用第一次的测量值减去平均值的差的平方加上第二次测量值减去平均值的平方，一直加到第六次测量值减去平均值的平方，求得的结果除以5然后再开方，开方后除以平均值得出的结果就是重复性。

例：用浓度为49μmol/mol的二氧化硫气体标准物质对一台二氧化硫气体检测报警器进行重复性检定，6次检定结果分别为49μmol/mol，49μmol/mol，50μmol/mol，49μmol/mol，50μmol/mol，49μmol/mol，求该台仪器的重复性？

（1）求平均值

$$\bar{x} = \frac{49+50+49+50+49+49}{6} \approx 49.3$$

（2）求重复性

$$s_r = \frac{1}{49.3} \sqrt{\frac{(49-49.3)^2+(50-49.3)^2+(49-49.3)^2+(50-49.3)^2+(49-49.3)^2+(49-49.3)^2}{5}} \times 100\%$$

$$= 1.0\%$$

十三、响应时间的检定

规程原文：

5.3.8　响应时间

通入浓度约为满量程50%的气体标准物质，读取稳定示值后，通入零点气体，使之回零。再通入上述浓度的气体标准物质，同时用秒表记录从通入气体标准物质瞬时起到仪器指示第1次稳定示值的90%时所需的时间。重复上述步骤3次，取3次测得值的算术平均值作为仪器的响应时间。

理解要点：

响应时间与示值误差的检定可同时进行。

稳定值是指第一次通入浓度为量程50%左右的气体标准物质，仪器稳定后显示的值，而不是气体标准物质的标称值或标准值。

例：一瓶二氧化硫气体标准物质，浓度标称值为50μmol/mol、标准值为53μmol/mol，第一次通入该气体标准物质，仪器稳定值为52μmol/mol，响应时间应如何测量？

解：响应时间是计算从通气开始到稳定值的90%，即为52×90%＝46.8μmol/mol，则响应时间为再次通气开始到仪器显示46.8μmol/mol时停止计时秒表上所显示的时间。

对于扩散式仪器，通气管路应尽量短，检定的是仪器本身响应速度，不应含标准气体置换气路中空气的时间。对于配有专用导管的泵吸式仪器，建议当导管不大于1m时，可以一起检定；否则，应去掉导管进行检定。

十四、漂移的检定

规程原文：

5.3.9　漂移

仪器的漂移包括零点漂移和量程漂移。

仪器预热稳定后，用零点气体和浓度约为满量程80%的气体标准物质调整仪器的零点和示值。通入零点气体，待读数稳定后，记录仪器示值 x_{z0}，然后通入浓度约为满量程80%的气体标准物质，待读数稳定后，记录仪器示值 x_{s0}。撤去气体标准物质，通入零点气体，待仪器回零后撤去零点气体。连续性测量仪器连续运行6h，每间隔1h重复上述步骤1次；非连续性测量仪器连续运行1h，每间隔10min重复上述步骤1次，分别记录通入零点气体的测得值 x_{zi} 和通入满量程80%的气体标准物质的测得值 x_{si}（$i=1$，2，3，4，5，6）。

按公式(4)计算零点漂移 Δ_{zi}，取绝对值最大的 Δ_{zi} 作为零点漂移的检定结果。

$$\Delta_{zi}=\frac{x_{zi}-x_{z0}}{R}\times100\%$$　　　　(4)

按公式(5)计算量程漂移 Δ_{si}，取绝对值最大的 Δ_{si} 作为量程漂移的检定结果。

$$\Delta_{si}=\frac{(x_{si}-x_{zi})-(x_{s0}-x_{z0})}{R}\times100\%$$　　　　(5)

理解要点：

（1）漂移为首次检定项目，日常检定按后续检定执行，不进行该项检定项目。

（2）连续性仪器（一般为固定式仪器）连续运行 6h，每隔 1h 读取一次 x_{zi} 和 x_{si}；非连续性仪器（一般为便携式仪器）连续运行 1h，每隔 10min 读取一次 x_{zi} 和 x_{si}。开始和结束时均要读取数值。

十五、绝缘电阻的检定

规程原文：

> 5.3.10　绝缘电阻
>
> 　　使用交流供电的仪器，仪器不连接供电电源，且电源开关处于开启状态。将绝缘电阻表的两根接线分别接在仪器电源插头的相（或中）线及接地端上，施加 500V 直流电压，持续 5s，用绝缘电阻表测量仪器的绝缘电阻。

理解要点：

绝缘电阻为首检项目，后续检定中不需要检定。

十六、检定结果及检定周期

规程原文：

> 5.4　检定结果的处理
>
> 　　按本规程要求检定合格的仪器，发给检定证书；检定不合格的仪器，发给检定结果通知书，并注明不合格项目。
>
> 5.5　检定周期
>
> 　　仪器的检定周期为 1 年。
>
> 　　如果对仪器的检测数据有怀疑或更换了主要部件及修理后应及时送检。

理解要点：

（1）检定结论分合格和不合格。所有检定项目均合格，检定结论为合格，应出具检定证书；反之其中有任何一项检定不合格，检定结论为不合格，应出具检定结果通知书，并标明不合格项目。

（2）报警器的检定周期为 1 年，在周期内如果仪器更换了主要部件应及时进行检定，主要部件包括传感器、主板、泵等会对仪器的性能产生影响的部件。

十七、数据处理

对于满量程为 100μmol/mol，报警设定值为 10μmol/mol 的二氧化硫气体检测报警器，用浓度为 19.9μmol/mol，50.4μmol/mol，79.3μmol/mol 的标准气体，测得相关数据，见表 4-6（单位：μmol/mol），分别计算其示值误差，重复性，响应时间，漂移。

表4-6　二氧化硫报警器检测数据

示值误差

标准气浓度 （单位：μmol/mol）	仪器指示值（单位：μmol/mol）		
	1	2	3
19.9	19	20	20
50.4	50	49	48
79.3	79	78	77

重复性　标准气体浓度：50.4（单位：μmol/mol）

测试次数	1	2	3	4	5	6
指示值	50	49	48	49	49	50

响应时间　标准气体浓度：50.4（单位：μmol/mol）

测试次数	1	2	3
指示值	20	22	21

报警功能检查：声☑　光☑　振动☑　报警正常　　其他☐　　报警值：2μmol/mol

1. 示值误差的计算

用公式 $\Delta x = \dfrac{\bar{x} - x_s}{R} \times 100\%$ 计算，分别记录3点的 Δx 示值误差。

当标气浓度为19.9 三次测量值分别为：19，20，20

$$\Delta x = \frac{\bar{x} - x_s}{R} \times 100\% = \frac{\dfrac{19+20+20}{3} - 19.9}{100} \times 100\% = -0.23\% \text{FS}$$

当标气浓度为50.4 三次测量值分别为：50，49，48

$$\Delta x = \frac{\bar{x} - x_s}{R} \times 100\% = \frac{\dfrac{50+49+48}{3} - 50.4}{100} \times 100\% = -1.4\% \text{FS}$$

当标气浓度为79.3 三次测量值分别为：79，78，77

$$\Delta x = \frac{\bar{x} - x_s}{R} \times 100\% = \frac{\dfrac{79+78+77}{3} - 79.3}{100} \times 100\% = -1.3\% \text{FS}$$

分别记录3点的示值误差结果。

2. 重复性的计算

用公式 $S_r = \dfrac{1}{\bar{x}} \sqrt{\dfrac{\sum\limits_{i=1}^{n}(x_i - \bar{x})^2}{n-1}} \times 100\%$ 来计算仪器的相对标准偏差，即重复性。

$$\bar{x} = \frac{50+49+48+49+49+50}{6} = 49.2$$

$$S_r = \frac{1}{49.2} \sqrt{\frac{(50-49.2)^2+(49-49.2)^2+(48-49.2)^2+(49-49.2)^2+(49-49.2)^2+(50-49.2)^2}{5}}$$

$$= 1.6\%$$

3. 响应时间的计算

$$t = \frac{20+22+21}{3} = 21s$$

4. 漂移的计算

如果 x_{z0} 为0，x_{zi} 计录了六个值：分别为-1，0，0，-1，1，1，则根据公式 $\Delta_{zi} = \frac{x_{zi}-x_{z0}}{R} \times 100\%$ 取绝对值最大的 Δ_{zi} 作为仪器的零点漂移值；

计算零点漂移：

$$\Delta_{zi} = \frac{x_{zi}-x_{z0}}{R} \times 100\% = \frac{1-0}{100} \times 100\% = 1.0\%FS$$

假如通入80%的标准气体，x_{s0} 为80，x_{z0} 为0，x_{zi} 为-1，0，0，-1，1，1，x_{si} 分别为80，80，79，79，80，79，则根据公式 $\Delta_{si} = \frac{(x_{si}-x_{zi})-(x_{s0}-x_{z0})}{R} \times 100\%$ 取绝对值最大的 Δ_{si} 作为仪器的量程漂移值。

计算量程漂移：

$$\Delta_{si} = \frac{(x_{si}-x_{zi})-(x_{s0}-x_{z0})}{R} \times 100\% = \frac{(79-1)-(80-0)}{100} \times 100\% = -2.0\%FS$$

第五节　一氧化碳检测报警器

一、范围

规程原文：

> 本规程适用于检测非矿井作业环境中使用一氧化碳气体浓度的一氧化碳检测报警器（以下简称仪器）的首次检定、后续检定和使用中检验。
>
> 仪器可以分为连续性测量和非连续性测量的仪器。

规程原文：

（1）强调非矿井作业环境中使用的一氧化碳检测报警器。矿井作业中主要含有的气体是瓦斯气，瓦斯气的主要成分是甲烷和一氧化碳，对于矿井环境中使用的一氧化碳检测报警器检定依据《矿用一氧化碳检测报警器检定规程》(JJG 1093—2013)。

(2) 连续性测量仪器一般指长时间不间断工作的仪器，如固定式仪器；非连续性测量仪器一般指间断性工作的仪器，如便携式仪器和移动式仪器。

二、概述

规程原文：

> 仪器主要由传感器加上电子部件和显示部分组成，由传感器将环境中一氧化碳气体转换成电信号，然后通过电子部件处理，并以浓度值显示出来。
>
> 根据采样方式的不同，仪器可以分为扩散式和吸入式。

理解要点：

(1) 扩散式仪器的特点是结构简单、寿命长、省电，但易受风向和风速的影响，适用于室内和不易受风向影响的场所。

(2) 吸入式仪器的特点是增加了气体捕获罩、气体分离器、吸气泵、气路等，结构复杂，但不易受风向和风速的影响，采集率高，应用范围广。

三、计量性能要求

规程原文：

> 3.1 测量范围
>> $(0 \sim 2000)\,\mu mol/mol$。
>
> 3.2 示值误差
>> 绝对误差：$\pm 5\mu mol/mol$；
>> 相对误差：$\pm 10\%$。
>> 以上满足其中之一即可。
>
> 3.3 重复性
>> $\leqslant 2\%$。
>
> 3.4 响应时间
>> 扩散式$\leqslant 60s$；
>> 吸入式$\leqslant 30s$。
>
> 3.5 漂移
> 3.5.1 零点漂移：$\pm 3\mu mol/mol$。
> 3.5.2 量程漂移：$\pm 5\%$。

理解要点：

(1) 计量性能要求是该规程的核心指标，示值误差的指标是绝对误差和相对误差两个，不是两者都必须满足，满足一个即可。

（2）重复性是指在重复性条件下，对常规的被测对象进行 n 次独立重复测量，利用贝塞尔公式计算得出的值，重复性没有正负号。

（3）扩散式和吸入式响应时间要求不同，扩散式时间长，吸入式时间短。

（4）漂移是指由于测量仪器计量特性的变化引起的示值在一段时间内的连续或增量变化。零点漂移不超过 $\pm3\mu mol/mol$，为绝对误差；量程漂移不超过的 5%，为相对误差。

四、通用技术要求

规程原文：

4.1 外观

4.1.1 仪器应标明制造单位名称、仪器型号和编号、制造年月、计量器具制造许可证标志及编号，附件应齐全，并附使用说明书。

4.1.2 仪器的显示应清晰完整。各调节器部件应能正常工作，各紧固件应无松动。

4.1.3 仪器不应有影响其正常工作的外观损伤。新制造仪器的涂层不应有明显的颜色不匀和剥落，各部件接合处应平整。

4.1.4 扩散式仪器应附有专用的标定罩。

4.2 报警功能和报警设定值检查

4.2.1 仪器开机后声或光报警应显示正常。

4.2.2 检查仪器的报警设定值。

4.2.3 如果仪器设定了两个以上的报警设定值，则主要检查仪器的下限报警设定值。

理解要点：

（1）对于外观，查看外观是否有影响正常工作的损伤；查看仪器的按键或旋钮是否能正常工作。对于数显仪器，查看数字显示是否齐全。外部过脏或油污造成表头信息无法查看、按键或旋钮不能正常工作等均可判定为外观检查不合格。

（2）标志和标识，要检查仪器的名称、型号、制造厂、编号等必要信息是否齐全。对于石化行业，要重点检查现场的报警器是否有防爆标志。例如防爆等级 Exd Ⅱ CT4，其中 Ex 表示防爆声明；d 表示防爆方式中的隔爆型；Ⅱ C 表示气体类别，Ⅱ 类表示爆炸性气体和蒸气，T4 表示温度组别。

（3）国产仪器，主要查看制造计量器具许可证标志 **CMC**，它是中国制造计量器具许可证标志。取得该标志的企业具备生产计量器具的能力，所生产的计量器具准确度和可靠性等指标符合法制要求。进口仪器查看计量器具型式批准标志 CPA，它是计量器具型式批准证书的专用标志。

（4）仪器通电后没有显示或显示不完整判定为外观不合格。

（5）仪器正常开机后，通入标准气体，达到报警设定值后，仪器应能正常声光报警并显示报警值，否则判定为该项不合格。当仪器设有两级或两级以上报警值时，则主要检查仪器的下限报警设定值。

五、检定环境条件

规程原文：

仪器的计量器具控制包括首次检定、后续检定和使用中检验。

5.1 检定条件

5.1.1 检定环境条件

5.1.1.1 环境温度：0~40℃；

5.1.1.2 相对湿度：≤85%；

5.1.1.3 应无影响仪器正常工作的电磁场干扰。

理解要点：

检定应严格执行规程要求的环境条件。一般实验室环境能满足规程要求；现场检定环境要注意冬天温度低于0℃或夏天温度高于40℃的情况下不适合检定。由于大部分一氧化碳气体检测报警器采用电化学传感器，电化学反应受温度、湿度影响较大，尽管制造商在传感器内部采取了一些温度补偿措施，输出响应依然存在0.5%~1.0%/℃的误差，在极端天气条件下输出响应变化较大。如果湿度过高，传感器表面会聚集水汽，缩小了目标气体进入的通道。

六、检定用标准设备

规程原文：

5.1.2 检定用设备

5.1.2.1 气体标准物质

空气中一氧化碳气体标准物质(以下简称标准气体)，其扩展不确定度应不大于2.0%($k=2$)。

5.1.2.2 零点气

高纯氮气(纯度不小于99.999%)。

理解要点：

气体标准物质应采用计量行政部门批准颁布、并具有相应标准物质《制作计量器具许可证》的单位提供的气体标准物质。气体标准物质一般分为两级，带有气体标准物质证书的一级或二级气体标准物质均可用于计量检定。气体标准物质应在有效期内，必须采用平衡气为空气的一氧化碳气体标准物质，零点气体应选用高纯氮气，纯度不小于99.999%。

七、检定用配套设备

规程原文：

5.1.2.3 流量控制器

流量控制器由两个气体流量计组成，如图1*所示。

> 气体流量计量程：(0~1000)mL/min，准确度级别不低于4级。
>
> 5.1.2.4 秒表：
>
> 分辨力≤0.1s。

注：见图4-3。

理解要点：

流量计、秒表应有检定或校准证书，且在有效期内。

八、检定项目

规程原文：

> 5.2 检定项目
>
> **表1 检定项目一览表**
>
> | 检定项目 | 首次检定 | 后续检定 | 使用中检验 |
> | :---: | :---: | :---: | :---: |
> | 外观 | + | + | + |
> | 报警浓度值 | + | + | + |
> | 报警功能 | + | + | + |
> | 示值误差 | + | + | + |
> | 重复性 | + | + | − |
> | 响应时间 | + | + | + |
> | 漂移 | + | − | − |
>
> 注：1 "+"为需检项目；"−"为可不检项目。
>
> 2 仪器经修理及更换主要部件后，应按首次检定要求进行检定。

理解要点：

首次检定、后续检定及使用中检验按照规程中表1要求的检定项目依次进行检定。漂移检定由于时间过长，只作为首检项目。常规检定按后续检定执行。

九、外观及仪器的调整

规程原文：

> 5.3 检定方法
>
> 5.3.1 外观
>
> 用目察、手感法按4.1要求进行。
>
> 5.3.2 仪器的调整
>
> 按照仪器使用说明书的要求对仪器进行预热稳定以及零点和示值的调整。
>
> 检定仪器时，按图1*所示连接标准气体、流量控制器和被检仪器，根据被检仪器采样方式的不同，使用流量控制器控制标准气体的流量。检定扩散示仪器时，流量应根据仪器说明书的要求，如果仪器说明书没有明确要求，则一般控制在(200±50)mL/min 范围；检定吸入式仪器时，必须保证流量控制器的旁路流量计有流量放空。

注：见图4-3。

理解要点：

（1）接收被检仪器或到现场检定，应首先记录仪器的型号、编号、制造商、量程等。便携式仪器开机后检查仪器显示、指针、按键是否正常，自检观察仪器有无报警声，报警灯是否闪烁。

（2）判断仪器是否为零，若不为零，需要进行调整。一般调整方式分为电位器调整、光电或磁棒调整、软件程序调整三种。具体调整方式参照厂家说明书。

（3）对于便携式仪器需要提前预热，通常电化学传感器预热时间较长，在极端温度环境中或温度变化较大时，可能需要更长时间，并注意应在无干扰气体的环境完成开机。固定式仪器由于长期运行不需要预热。

（4）当零点调整完成以后，按仪器使用说明书的要求进行量程调整，使其达到稳定示值。如果稳定示值与标准值之差在示值误差之内，可不进行调整；若大于示值误差，则需要对量程进行调整。若多次调整仍不能满足示值误差要求，则仪器不合格。

（5）根据被检仪器的采样方式，使用流量控制器控制流量，见图4-4。检定吸入式仪器时，须保证流量控制器的旁通流量计有气体放空，使气体标准物质的进气流量大于仪器自身吸气的流量，以防止在吸入零点气体或气体标准物质的同时也吸入了周围的空气或干扰气体，导致检定结果产生偏差。

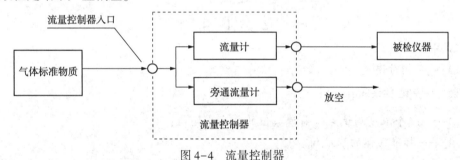

图4-4　流量控制器

（6）检定扩散式仪器，标定罩一般侧面会有开口，其作用一是排掉传感器表面空气；二是避免压力增大影响仪器准确度。

（7）通气流量应控制在说明书建议的范围内。如无明确要求，流量一般控制在（200±50）mL/min 范围内。

十、报警设定值和报警功能检查

规程原文：

> 5.3.3　报警设定值和报警功能检查
> 仪器开机稳定后，通入浓度约为 1.5 倍仪器报警（下限）设定值的标准气体，记录仪器的报警（下限）设定值并观察仪器声或光报警是否正常。

理解要点：

（1）通入浓度约为 1.5 倍仪器报警（下限）设定值的气体标准物质，观察仪器的显示值，当达到报警设定点浓度时，仪器应该发出声或光报警，如果仪器的声或光报警正常，则该仪器此项合格。

（2）如果用于报警误差检定的气体标准物质的浓度过低，仪器本身的示值误差有可能达不到触发报警，如果浓度过高，仪器示值在超过报警点时变化太快，难以准确读数，所以规程中要求采用报警设定点1.5倍左右的气体标准物质。

十一、示值误差的检定

规程原文：

5.3.4 示值误差

对于仪器的首次检定和后续检定。用零点气调整仪器的零点，依次通入浓度约为1.5倍仪器报警（下限）设定值、30%测量范围上限值和70%测量范围上限值的标准气体。记录气体通入后仪器的实际读数。重复测量3次，分别记录仪器显示值A_i，按式（1）或式（2）计算仪器3个浓度测试点的示值误差Δ_e和Δ'_e，取绝对值最大的Δ_e和Δ'_e作为仪器的示值误差。

$$\Delta_e = \frac{\overline{A} - A_s}{A_s} \times 100\% \tag{1}$$

$$\Delta'_e = \overline{A} - A_s \tag{2}$$

式中：

Δ_e——相对误差；

Δ'_e——绝对误差；

$\overline{A}$——三个浓度测试点仪器读数值的算术平均值；

A_s——标准气体的浓度值。

对于仪器的使用中检验，首先应确定仪器的报警设定值，选择浓度约为仪器报警（上限）设定值1.1倍的标准气体及零点气对仪器进行零点和示值的调整。通入标准气体后记录仪器的显示值，测量3次，按式（1）或式（2）计算仪器的示值误差。

理解要点：

（1）首先判断仪器是否为零，若不为零，需要进行调整。一般调整方式分为电位器调整、光电或磁棒调整、软件程序调整三种。具体调整方式参照厂家说明书。

（2）送气管路应尽量短，一般不长于1m，否则影响响应时间。

（3）记录仪器的稳定读数。参照 ISA-92.0.01，Part I—1998 第7.4.8条，可基于本单位检测仪的实际情况，制定读数方法。如某品牌检测仪，给气2min后，在第3min内读数没有显著变化，即可读数。

（4）固定式仪器读数，如下：

① 气体检测报警器现场、二次表和DCS均可读数，建议读取二次表数值，现场和DCS显示可作参考。

② 气体检测报警器现场和DCS均可读数，建议读取现场数值，DCS可作参考。

③ 气体检测报警器现场无显示功能，无二次表，只能通过 DCS 读取示值。

如果现场读数与二次表或 DCS 差别较大(超过 1/3 示值误差)，建议应联系相关人员查找原因。如果现场或控制室配有报警设施，需要现场与控制室联动测试系统的报警功能。

十二、重复性的检定

规程原文：

5.3.5 重复性

用零点气调整仪器的零点，通入浓度约为满量程 70%测量范围上限值的标准气体，待读数稳定后，记录仪器显示值 A_i。重复上述测量 6 次，重复性以单次测量的相对标准偏差来表示。按式(3)计算仪器的重复性 s_r：

$$s_r = \frac{1}{\overline{A}} \sqrt{\frac{\sum_{i=1}^{n} (A_i - \overline{A})^2}{n-1}} \times 100\% \tag{3}$$

式中：

A_i——仪器读数值；

$\overline{A}$——仪器读数值的算术平均值；

n——测量次数($n=6$)。

理解要点：

(1) 重复性与示值误差的检定可同时进行，使用约为满量程 70%测量范围上限值的气体标准物质，进行 6 次重复测量，对检定结果进行相对标准偏差的计算，其结果应≤2%，方可判定该项合格。

(2) 对重复性计算公式的理解，首先计算出 6 次测量的平均值，然后计算根号内的分子，分子是一个平方和，即用第一次的测量值减去平均值的差的平方加上第二次测量值减去平均值的平方，一直加到第六次测量值减去平均值的平方，求得的结果除以 5 然后再开方，开方后除以平均值得出的结果就是重复性。

例：用浓度为 350×10^{-6} mol/mol 的一氧化碳气体标准物质对一台一氧化碳气体检测报警器进行重复性检定，6 次检定结果分别为 347×10^{-6} mol/mol，345×10^{-6} mol/mol，343×10^{-6} mol/mol，346×10^{-6} mol/mol，348×10^{-6} mol/mol，346×10^{-6} mol/mol，求该台仪器的重复性？

求平均值：

$$\overline{C} \approx \frac{347+345+343+346+348+346}{6} \approx 345.8$$

求重复性：

$$s_r = \frac{1}{345.8} \sqrt{\frac{(347-345.8)^2+(345-345.8)^2+(343-345.8)^2+(346-345.8)^2+(348-345.8)^2+(346-345.8)^2}{5}} \times 100\%$$

$$=0.5\%$$

十三、响应时间的检定

规程原文：

5.3.6 响应时间

对于仪器的首次检定和后续检定。用零点气调整仪器的零点，通入浓度约为70%测量范围上限值的标准气体，读取稳定数值后，撤去标准气，通入零点气至仪器稳定后，再通入上述浓度的标准气，同时用秒表记录从通入标准气体瞬时起到仪器显示稳定值90%时的时间。重复测量3次，取3次测量值的平均值作为仪器的响应时间。

对于仪器的使用中检验。在仪器示值误差的使用中检验的同时，对仪器的响应时间进行检定。测量2次，取平均值为仪器的响应时间。

理解要点：

（1）响应时间与示值误差的检定可同时进行。

（2）稳定值是指第一次通入浓度约为70%测量范围上限值的气体标准物质，仪器稳定后显示的值，而不是气体标准物质的标称值或标准值。

例：一瓶一氧化碳气体标准物质，浓度标称值为$350×10^{-6}$ mol/mol、标准值为$345×10^{-6}$ mol/mol，第一次通入该气体标准物质，仪器稳定值为$343×10^{-6}$ mol/mol，响应时间应如何测量？

解：响应时间是计算从通气开始到稳定值的90%，即为$343×90\% = 309×10^{-6}$ mol/mol，则响应时间为再次通气开始到仪器显示$309×10^{-6}$ mol/mol 时停止计时秒表上所显示的时间。

（3）对于扩散式仪器，通气管路应尽量短，检定的是仪器本身响应速度，不应含标准气体置换气路中空气的时间。对于配有专用导管的吸入式仪器，建议当导管不大于1m时，可以一起检定；否则，应去掉导管进行检定。

十四、漂移的检定

规程原文：

5.3.7 漂移

通入零点气至仪器稳定后，记录仪器显示值A_{z0}，然后通入浓度约为70%测量范围上限值的标准气体，仪器稳定后，记录读数A_{s0}，撤去标准气体。非连续性测量的仪器连续运行1h，每间隔15min重复上述步骤一次，连续性测量的仪器连续运行4h，每间隔1h重复上述步骤一次；同时记录仪器显示值A_{zi}及A_{si}（$i=1$，2，3，4）。按式（4）计算零点漂移，取绝对值最大的Δ_{zi}作为仪器的零点漂移值Δ_z。

$$\Delta_{zi} = A_{zi} - A_{z0} \qquad (4)$$

按式（5）计算量程漂移，取绝对值最大的Δ_{zi}作为仪器的量程漂移值Δ_z。

$$\Delta_{si} = \frac{(A_{si} - A_{zi}) - (A_{s0} - A_{z0})}{A_{s0} - A_{z0}} \times 100\% \qquad (5)$$

理解要点：

（1）漂移为首次检定项目，日常检定按后续检定执行，不进行该项检定项目。

（2）连续性仪器（一般为固定式仪器）连续运行 4h，每隔 1h 读取一次 A_{zi} 和 A_{si}；非连续性仪器（一般为便携式仪器）连续运行 1h，每隔 15min 读取一次 A_{zi} 和 A_{si}；开始和结束时均要读取数值。

十五、检定结果及检定周期

规程原文：

5.4 检定结果的处理

　　按本规程的规定和要求检定合格的仪器，发给检定证书；检定不合格的仪器发给检定结果通知书，并注明不合格项目。

5.5 检定周期

　　仪器的检定周期为 1 年。

　　如果对仪器的检测数据有怀疑或仪器更换了主要部件及修理后，应及时送检。

理解要点：

（1）检定结论分合格和不合格。所有检定项目均合格，检定结论为合格，应出具检定证书；反之其中有任何一项检定不合格，检定结论为不合格，应出具检定结果通知书，并标明不合格项目。

（2）报警器的检定周期为 1 年，在周期内如果仪器更换了主要部件应及时进行检定，主要部件包括传感器、主板、泵等会对仪器的性能产生影响的部件。

十六、数据处理

对于满量程为 500μmol/mol，报警设定值为 50μmol/mol 的一氧化碳气体检测报警器，用浓度为 99.5μmol/mol，150μmol/mol，351μmol/mol 的标准气体，测得相关数据见表 4-7（单位：μmol/mol），分别计算其示值误差、重复性、响应时间。

表 4-7　一氧化碳报警器检定数据

示值误差			
标准气浓度 （单位：μmol/mol）	仪器指示值（单位：μmol/mol）		
	1	2	3
99.5	96	94	93
150	146	148	144
351	350	339	345

重复性	标准气体浓度：351（单位：μmol/mol）					
测试次数	1	2	3	4	5	6
指示值	350	339	345	346	348	349

响应时间	标准气体浓度：351（单位：μmol/mol）		
测试次数	1	2	3
指示值	19	20	21

（1）示值误差的计算

用公式 $\Delta_e = \dfrac{\overline{A} - A_s}{A_s} \times 100\%$ 计算，取绝对值最大的 Δ_e 作为仪器的示值误差。

当标气浓度为 99.5 三次测量值分别为：96，94，93

$$\Delta_e = \frac{\overline{A} - A_s}{A_s} \times 100\% = \frac{\dfrac{96 + 94 + 93}{3} - 99.5}{99.5} \times 100\% = 5.2\%$$

当标气浓度为 150 三次测量值分别为：146，148，144

$$\Delta_e = \frac{\overline{A} - A_s}{A_s} \times 100\% = \frac{\dfrac{146 + 148 + 144}{3} - 150}{150} \times 100\% = 2.7\%$$

当标气浓度为 351 三次测量值分别为：350，339，345

$$\Delta_e = \frac{\overline{A} - A_s}{A_s} \times 100\% = \frac{\dfrac{350 + 339 + 345}{3} - 351}{351} \times 100\% = 1.8\%$$

取 3 点中绝对值最大的为示值误差结果，该仪器的示值误差为 5.2%。

（2）重复性的计算

用公式 $s_r = \dfrac{1}{\overline{C}} \sqrt{\dfrac{\sum\limits_{i=1}^{n}(C_i - \overline{C})^2}{n - 1}} \times 100\%$ 来计算仪器的相对标准偏差，即重复性。

$$\overline{C} = \frac{350 + 339 + 345 + 346 + 348 + 349}{6} = 346$$

$$s_r = \frac{1}{346} \sqrt{\frac{(350-346)^2 + (339-346)^2 + (345-346)^2 + (346-346)^2 + (348-346)^2 + (349-346)^2}{5}}$$

$= 1.1\%$

（3）响应时间的计算

$$t = \frac{19 + 20 + 21}{3} = 20$$

（4）漂移的计算

如果 A_{z0} 为-1，A_{zi} 记录了六个值分别为-1，1，0，-1，0，2，则根据公式 $\Delta_{zi} = A_{zi} - A_{z0}$ 取绝对值最大的 Δ_{zi} 作为仪器的零点漂移值；

计算零点漂移：

$$\Delta_{zi} = A_{zi} - A_{z0} = 2 - (-1) = 3$$

假如通入 70% 的标准气体，A_{s0} 为 348，A_{si} 记录了六个值为 348，348，349，349，352，

352，则根据公式 $\Delta_{si} = \dfrac{(A_{si}-A_{zi})-(A_{s0}-A_{z0})}{A_{s0}-A_{z0}} \times 100\%$ 取绝对值最大的 Δ_{si} 作为仪器的量程漂

移值。

计算量程漂移：

$$\Delta_{si} = \frac{(A_{si}-A_{zi})-(A_{s0}-A_{z0})}{A_{s0}-A_{z0}} \times 100\% = \frac{[352-(-1)]-(348-2)}{348-2} \times 100\% = 2.0\%$$

第六节　电化学氧测定仪

一、范围

规程原文：

> 本规程适用于含氧量测量下限不小于 0.1% 的电化学氧测定仪的首次检定、后续检定和使用中的检验。不适用于矿井下使用的电化学氧测定仪。

理解要点：

（1）本规程适用于电化学原理的氧测定仪，其他原理的测定仪不能执行本规程。

（2）本规程适用于非矿井作业环境中使用的电化学氧测定仪，矿井下使用的电化学氧测定仪不能执行本规程。

二、概述

规程原文：

> 电化学氧测定仪（以下简称仪器）主要用于化学工业、冶金工业、环境监测、医疗卫生、航空航天、电子工业领域中生产和应用的气体及环境空气中氧含量的测量。该类仪器为电化学原理，包括：原电池法（燃料电池、赫兹电池、隔膜伽伐尼电池）、恒电位电解池、恒电流电解池、库仑电量法、极谱法等以电化学原理为检测单元的气体氧分析器。
>
> 该仪器通常由电化学氧传感器（液体或固体电解质）、气路单元和电子显示单元组成。仪器根据气体采样方式分为泵吸入式、正压输送式、扩散式三种类型。测量程序如图 1 所示。
>
>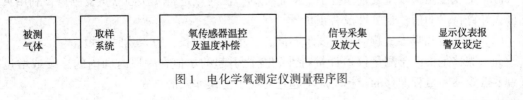
>
> 图 1　电化学氧测定仪测量程序图

理解要点：

（1）扩散式仪器的特点是结构简单、寿命长、省电，但易受风向和风速的影响，适用于室内和不易受风向影响的场所。

（2）泵吸入式、正压输送式仪器的特点是增加了气体捕获罩、气体分离器、吸气泵、气路等，结构复杂，但不易受风向和风速的影响，采集率高，应用范围广。

三、计量性能要求

规程原文：

3.1 仪器量程和示值误差

不同量程的仪器，在其量程范围内，对应的示值误差应符合表1的规定。

表1 仪器量程和示值误差

仪器量程/%	示值误差/%FS
≤25	±2.0
>25	±3.0

注："FS"为被检仪器的满量程。

3.2 重复性

相对标准偏差≤1%。

3.3 响应时间

吸入式、正压输送式仪器响应时间不大于30s；扩散式仪器不大于60s。

3.4 漂移

3.4.1 零点漂移

电池供电仪器连续运行1h，电源供电仪器连续运行4h，零点漂移应不大于对应示值误差限的1/3。

3.4.2 量程漂移

电池供电仪器连续运行1h，电源供电仪器连续运行4h，量程漂移应不大于对应示值误差限的1/3。

理解要点：

（1）计量性能要求是该规程的核心指标，示值误差的指标按仪器的量程分为两种表示方法，当仪器量程≤25%时，示值误差限为±2.0%FS；当仪器量程>25%时，示值误差限为±3.0%FS，其中FS表示仪器的满量程。

（2）重复性是指在重复性条件下，对常规的被测对象进行n次独立重复测量，利用贝塞尔公式计算得出的值，重复性没有正负号。

（3）扩散式和吸入式响应时间要求不同，扩散式时间长，吸入式时间短。

（4）漂移是指由于测量仪器计量特性的变化引起的示值在一段时间内的连续或增量变化。零点漂移和量程漂移的指标均应不超过对应示值误差限的1/3。

四、通用技术要求

规程原文：

> 4.1 外观及功能性检查
>
> 4.1.1 仪器应附有制造厂的使用说明书，并附件齐全；应标明仪器的名称、型号、编号、及制造厂名称；国产仪器应有制造计量器具许可证标志及编号，各开关、旋钮、显示器、报警设置等部件应有明确的功能标志。
>
> 4.1.2 仪器通电、通气后，能正常工作。各调节器调节正常，显示器应清晰、稳定地显示测量值。
>
> 4.1.3 新出厂的仪器的表面镀、涂层均匀，无明显擦伤、毛刺和粗糙不平，各部件接合处应平整，仪器不应有影响其正常工作的外观损伤。
>
> 4.1.4 对于扩散式仪器，应带有检定用扩散罩。
>
> 4.2 绝缘电阻
>
> 　　对于使用 220V 交流电源的仪器，电源相线对地的绝缘电阻不小于 40MΩ。
>
> 4.3 绝缘强度
>
> 　　对于使用 220V 交流电源的仪器，电源相线对地的绝缘强度，应能承受 1500V 正弦交流电压、频率 50Hz、电流 5mA、历时 1min 的实验，无击穿和飞弧现象产生。

理解要点：

（1）对于外观，查看外观是否有影响正常工作的损伤；查看仪器的按键或旋钮是否能正常工作。对于数显仪器，查看数字显示是否齐全。外部过脏或油污造成表头信息无法查看、按键或旋钮不能正常工作等均可判定为外观检查不合格。

（2）标志和标识，要检查仪器的名称、型号、制造厂、编号等必要信息是否齐全。对于石化行业，要重点检查现场的报警器是否有防爆标志。例如防爆等级 ExdⅡCT4，其中 Ex 表示防爆声明；d 表示防爆方式中的隔爆型；ⅡC 表示气体类别，Ⅱ类表示爆炸性气体和蒸气，T4 表示温度组别。

（3）国产仪器，主要查看制造计量器具许可证标志 (MC)，它是中国制造计量器具许可证标志。取得该标志的企业具备生产计量器具的能力，所生产的计量器具准确度和可靠性等指标符合法制要求。进口仪器查看计量器具型式批准标志 CPA，它是计量器具型式批准证书的专用标志。

（4）仪器通电后没有显示或显示不完整判定为外观不合格。

（5）绝缘电阻和绝缘强度为首检项目，是针对使用 220V 交流电源供电的仪器的检定项目。

五、检定环境条件

规程原文：

> 　　计量器具控制包括首次检定、后续检定以及使用中的检验。
>
> 5.1 检定条件
>
> 5.1.1 检定环境条件

5.1.1.1 环境温度：(10~30)℃，检定过程中波动小于±2℃。

5.1.1.2 相对湿度：≤85%。

5.1.1.3 电源电压：(220±22)V，50Hz。

5.1.1.4 应无影响仪器正常工作的电磁场及检测精度的干扰气体。

理解要点：

检定应严格执行规程要求的环境条件。一般实验室环境能满足规程要求；现场检定环境要注意冬天温度低于10℃或夏天温度高于30℃的情况下不适合检定。由于采用电化学传感器，电化学反应受温度、湿度影响较大，尽管制造商在传感器内部采取了一些温度补偿措施，输出响应依然存在 $0.5\% \sim 1.0\%/℃$ 的误差，在极端天气条件下输出响应变化较大。如果湿度过高，传感器表面会聚集水汽，缩小了目标气体进入的通道，在20℃、100kPa下，纯水里大约溶解氧9mg/L。

六、检定用标准器及配套设备要求

规程原文：

5.1.2 检定用标准器及配套设备要求

5.1.2.1 标准气体

采用浓度约为满量程20%，50%，80%，其扩展不确定度应不大于1%(包含因子 $k=3$)的氮中氧气体标准物质。

5.1.2.2 零点气体

零点气体为高纯氮，纯度不低于99.99%。

5.1.2.3 气体流量控制器：由2个流量计组成，流量计准确度级别不低于4级，测量范围：(0~1)L/min。

5.1.2.4 秒表：分度值不大于0.1s。

5.1.2.5 绝缘电阻表：500V，10级。

5.1.2.6 绝缘强度测试仪：电压大于1.5kV。

5.1.2.7 与检定用气体钢瓶配套使用的气体减压阀、压力表。

5.1.2.8 气体管路：采用不影响气体检测精度的管路材料，例如：不锈钢或聚四氟乙烯材质。

理解要点：

(1) 气体标准物质应采用计量行政部门批准颁布、并具有相应标准物质《制作计量器具许可证》的单位提供的气体标准物质。气体标准物质一般分为两级，带有气体标准物质证书的一级或二级气体标准物质均可用于计量检定。气体标准物质应在有效期内。

(2) 流量计、秒表、绝缘电阻表、绝缘强度测试仪应有检定或校准证书，且在有效期内。

七、检定项目

规程原文：

5.2 检定项目

　　检定项目如表2所示。

表2　检定项目一览表

检定项目	首次检定	后续检定	使用中检验
外观及功能性检查	+	+	+
绝缘电阻	+	−	−
绝缘强度	+	−	−
示值误差	+	+	+
重复性	+	+	
响应时间	+	+	+
零点漂移	+	−	−
量程漂移	+	−	−

注：1 "+"为需要检定；"−"为可不检定。

2 当仪器更换传感器及维修后对仪器计量性能有重大影响，其后续检定按首次检定进行。

理解要点：

　　首次检定、后续检定及使用中检验按照规程中表2要求的检定项目依次进行检定。零点漂移和量程漂移检定由于时间过长，只作为首检项目。常规检定按后续检定执行。

八、外观及功能性检查、绝缘电阻、绝缘强度

规程原文：

5.3 检定方法

5.3.1 外观及功能性检查

　　用手感目察法，按4.1要求进行。

5.3.2 绝缘电阻的检定

　　仪器不连接供电电源，但接通电源开关。将绝缘电阻表的一个接线端子接到电源插头的相线上，另一接线端子接到仪器的接地端（或机壳）上，用绝缘电阻表测量仪器的绝缘电阻。

5.3.3 绝缘强度的检定

　　仪器不连接供电电源，但接通电源开关。将绝缘强度测试仪的两根接线分别接到仪器电源插头的相线及接地端（或机壳）上，将电压平稳地施加到1500V，漏电流设置为5mA，保持1min，然后将电压平稳地下降到0V，在试验过程中不应出现击穿和飞弧现象。

理解要点：

接收被检仪器或到现场检定，应首先记录仪器的型号、编号、制造商、量程等。便携式仪器开机后检查仪器显示、指针、按键是否正常，自检观察仪器有无报警声，报警灯是否闪烁。

九、检定气路及流量的控制与要求

规程原文：

5.3.4 检定气路及流量的控制与要求

5.3.4.1 检定气路示意图

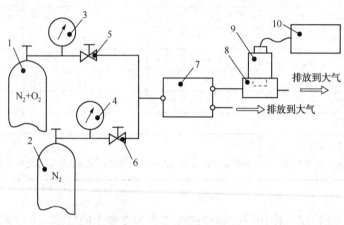

图 2　检定气路示意图

1—氮中氧标准气体；2—零点气体；3、4—压力表；5、6—调节阀；
7—流量控制器；8—隔气帽；9—氧电极；10—氧测定仪。

5.3.4.2 流量控制器示意图

将标准气体通过气瓶阀门与流量控制器相连，由流量控制器调节到仪器所需流量大小，检测流量的稳定性。

5.3.4.3 气体流量的要求

检定时，应根据被检定仪器采样方式不同，使用流量控制器控制不同的气体流量。检定泵吸入式仪器时，必须保证流量控制器中的旁通流量计有流量放空。正压输送式、扩散式仪器流量应根据仪器说明书的要求。如果说明书没有明确的要求，则应控制在 300mL/min，流量波动小于 ±20mL/min 范围。

理解要点：

（1）根据被检仪器的采样方式，使用流量控制器控制流量，如图 4-5 所示。检定吸入式仪器时，须保证流量控制器的旁通流量计有气体放空，使气体标准物质的进气流量大于仪器自身吸气的流量，以防止在吸入零点气体或气体标准物质的同时也吸入了周围的空气或干扰气体，导致检定结果产生偏差。

（2）检定扩散式仪器，标定罩一般侧面会有开口，其作用一是排掉传感器表面空气；二

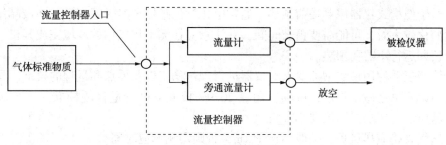

图 4-5　流量控制器

是避免压力增大影响仪器准确度。

（3）通气流量应控制在说明书建议的范围内。如无明确要求，流量一般控制在 300mL/min，流量波动小于±20mL/min。

十、示值误差的检定

规程原文：

5.3.5 示值误差的检定

5.3.5.1 仪器的校准

　　按照仪器使用说明书的要求对仪器进行预热稳定以及零点和量程的校准。量程校准时，如使用说明书未做出规定，可以采用在 20.9% 校准点进行量程的校准。

5.3.5.2 仪器的检定点及顺序

　　仪器的常用检定点不少于 3 点(一般选择在量程的 20%，50%，80% 附近 3 点)，其他量程应选择 20%、80% 附近 2 点。仪器示值从低氧浓度点到高氧浓度点的顺序检定。

　　5.3.5.3 在规定的流量下，将已知浓度的氮中氧标准气体通入仪器，待示值稳定后(一般从通气到读数的时间不得少于该仪器响应时间的 3 倍)读数。

　　5.3.5.4 更换不同氧浓度的标准气体。逐点检定，每点重复检定 3 次，取算术平均值，按式(1)计算示值误差 ΔA_i：

$$\Delta A_i = \overline{A_i} - A_s = \frac{\overline{A_i} - A_s}{FS} \times 100\% FS \qquad (1)$$

式中：

$\overline{A_i}$——仪器示值的平均值，i 为检定点序号；

A_s——标准气体的氧含量；

FS——被检仪器的满量程(以下同)。

取各点中绝对值最大的 ΔA_i 值作为仪器的示值误差检定结果。

理解要点：

（1）首先判断仪器是否为零，若不为零，需要进行调整。一般调整方式分为电位器调整、光电或磁棒调整、软件程序调整三种。具体调整方式参照厂家说明书。

（2）对于便携式仪器需要提前预热，通常电化学传感器预热时间较长，在极端温度环境中或温度变化较大时，可能需要更长时间，并注意应在无干扰气体的环境完成开机。固定式仪器由于长期运行不需要预热。

（3）按照仪器使用说明书的要求对仪器进行预热稳定以及零点和量程的校准。量程校准时，如使用说明书未做出规定，可以采用在 20.9% 校准点进行量程的校准。若多次调整仍不能满足示值误差要求，则仪器不合格。

（4）送气管路应尽量短，一般不长于1m，否则影响响应时间。

（5）固定式仪器读数：

① 气体检测报警器现场、二次表和 DCS 均可读数，建议读取二次表数值，现场和 DCS 显示可作参考。

② 气体检测报警器现场和 DCS 均可读数，建议读取现场数值，DCS 可作参考。

③ 气体检测报警器现场无显示功能，无二次表，只能通过 DCS 读取示值。

如果现场读数与二次表或 DCS 差别较大（超过 1/3 示值误差），建议应联系相关人员查找原因。如果现场或控制室配有报警设施，需要现场与控制室联动测试系统的报警功能。

十一、重复性的检定

规程原文：

> 5.3.6 重复性的检定
>
> 通入浓度约为量程 50% 左右的氮中氧标准气体，待示值稳定后，记录仪器示值 A_i。重复检定 6 次，重复性以单次测量的相对标准偏差 RSD 来表示。按式（2）计算仪器的重复性。
>
> $$RSD = \frac{1}{\bar{A}}\sqrt{\frac{\sum_{i=1}^{n}(A_i - \bar{A})^2}{n-1}} \times 100\% \tag{2}$$
>
> 式中：
>
> A_i——仪器第 i 次测量的示值；
>
> $\bar{A}$——仪器示值的平均值；
>
> n——测量次数（$n=6$）。

理解要点：

（1）重复性与示值误差的检定可同时进行，使用浓度为满量程 50% 左右的气体标准物质，进行 6 次重复测量，对检定结果进行相对标准偏差的计算，其结果应≤2%，方可判定该项合格。

（2）对重复性计算公式的理解，首先计算出 6 次测量的平均值，然后计算根号内的分子，分子是一个平方和，即用第一次的测量值减去平均值的差的平方加上第二次测量值减去平均值的平方，一直加到第六次测量值减去平均值的平方，求得的结果除以 5 然后再开方，开方后除以平均值得出的结果就是重复性。

例：用浓度为 15.0%mol/mol 的氮气中氧气标准物质对一台电化学氧检测报警器进行重复性检定，6 次检定结果分别为 15.2%mol/mol，15.3%mol/mol，15.2%mol/mol，15.3%mol/mol，15.2%mol/mol，15.2%mol/mol。求该台仪器的重复性？

求平均值：

$$\overline{C} \approx \frac{15.2+15.3+15.2+15.3+15.2+15.2}{6} \approx 15.2$$

求重复性：

$$s_r = \frac{1}{15.2}\sqrt{\frac{(15.2-15.2)^2+(15.3-15.2)^2+(15.2-15.2)^2+(15.3-15.2)^2+(15.2-15.2)^2+(15.2-15.2)^2}{5}} \times 100\%$$

$$= 0.3\%$$

十二、响应时间的检定

规程原文：

5.3.7 响应时间的检定

通入零点标准气校准仪器零点后，按 5.3.4.3 中规定的流量向仪器通入浓度为量程 80% 左右的氮中氧标准气体，用秒表测定从通入标准气体开始到仪器示值变化至被测气体稳定值 90% 所需的时间。重复上述步骤 3 次，取算数平均值为仪器的响应时间。

理解要点：

（1）响应时间与示值误差的检定可同时进行。

（2）稳定值是指第一次通入浓度为量程 80% 左右的气体标准物质，仪器稳定后显示的值，而不是气体标准物质的标称值或标准值。

例：一瓶氮中氧气体标准物质，浓度标称值为 24.0%mol/mol、标准值为 24.3%mol/mol，第一次通入该气体标准物质，仪器稳定值为 24.2%mol/mol，响应时间应如何测量？

解：响应时间是计算从通气开始到稳定值的 90%，即为 24.2×90%＝21.8%mol/mol，则响应时间为再次通气开始到仪器显示 21.8%mol/mol 时停止计时秒表上所显示的时间。

（3）对于扩散式仪器，通气管路应尽量短，检定的是仪器本身响应速度，不应含标准气体置换气路中空气的时间。对于配有专用导管的吸入式仪器，建议当导管不大于 1m 时，可以一起检定；否则，应去掉导管进行检定。

十三、零点漂移和量程漂移的检定

规程原文：

5.3.8 零点漂移和量程漂移的检定

在仪器的最高量程，通入零点气体，记录稳定示值为 A_{z0}，再通入含量约为量程 80% 的氮中氧标准气体，记录稳定示值 A_{s0}。对电池供电的仪器，每间隔 15min，重复上述步骤记录一次，连续检定 1h；对电源供电的仪器，每间隔 1h，重复上述步骤记录一次，连续运行 4h，分别记录仪器稳定示值 A_{zi} 及 A_{si}。

按式(3)计算第 i 次零点漂移。

$$\Delta_{zi} = \frac{A_{zi} - A_{z0}}{FS} \times 100\%FS \tag{3}$$

式中：

A_{zi}——零点第 i 次示值，i 为检定点的序号；

A_{z0}——零点初次示值。

按式(4)计算第 i 次量程漂移：

$$\Delta_{si} = \frac{(A_{si} - A_{zi}) - (A_{s0} - A_{z0})}{FS} \times 100\%FS \tag{4}$$

式中：

A_{si}——通入标准气体后第 i 次示值；

A_{s0}——通入标准气体后初次示值。

取各次中绝对值最大的 Δ_{zi}，Δ_{si} 作为仪器的零点漂移和量程漂移检定结果。

理解要点：

(1) 零点漂移和量程漂移为首次检定项目，日常检定按后续检定执行，不进行该项检定项目。

(2) 对电源供电的仪器连续运行 4h，每隔 1h 读取一次 A_{zi} 和 A_{si}；对电池供电的仪器连续运行 1h，每隔 15min 读取一次 A_{zi} 和 A_{si}。开始和结束时均要读取数值，按照公式计算漂移。

十四、检定结果及检定周期

规程原文：

5.4 检定结果的处理

按本规程的规定，检定合格的仪器发给检定证书；不合格的仪器发给检定结果通知书，并注明不合格项目。

5.5 检定周期

仪器的检定周期一般为 1 年，如果对仪器的检测数据有怀疑或仪器更换了主要部件及修理后应及时送检。

理解要点：

(1) 检定结论分合格和不合格。所有检定项目均合格，检定结论为合格，应出具检定证书；反之其中有任何一项检定不合格，检定结论为不合格，应出具检定结果通知书，并标明不合格项目。

(2) 报警器的检定周期为 1 年，在周期内如果仪器更换了主要部件应及时进行检定，主要部件包括传感器、主板、泵等会对仪器的性能产生影响的部件。

十五、数据处理

对于满量程为 25% 的氧气气体检测报警器，用浓度为 5.0%，15.0%，24.1% 的标准气体，测得相关数据见表 4-8(单位:%)，分别计算其示值误差、重复性、响应时间、漂移。

表 4-8　氧测定仪检定数据

示值误差

标准气浓度 （单位:%）	仪器指示值（单位:%）		
	1	2	3
5.0	4.8	4.9	4.8
15.0	14.6	14.5	14.7
24.1	24.0	23.8	23.5

重复性　标准气体浓度: 15.0(单位:%)

测试次数	1	2	3	4	5	6
指示值	14.6	14.5	14.7	14.6	14.8	14.7

响应时间　标准气体浓度: 24.1(单位:%)

测试次数	1	2	3
指示值	20	22	21

（1）示值误差的计算:

用公式 $\Delta A_i = \overline{A}_i - A_s = \dfrac{\overline{A}_i - A_s}{FS} \times 100\%FS$ 计算，取绝对值最大的 ΔA_i 作为仪器的示值误差。

当标气浓度为 5.0 三次测量值分别为: 4.8，4.9，4.8

$$\Delta A_i = \overline{A}_i - A_s = \frac{\overline{A}_i - A_s}{FS} \times 100\%FS = -0.8\%FS$$

当标气浓度为 15.0 三次测量值分别为: 14.6，14.5，14.7

$$\Delta A_i = \overline{A}_i - A_s = \frac{\overline{A}_i - A_s}{FS} \times 100\%FS = -1.6\%FS$$

当标气浓度为 24.1 三次测量值分别为: 24.0，23.8，23.5

$$\Delta A_i = \overline{A}_i - A_s = \frac{\overline{A}_i - A_s}{FS} \times 100\%FS = -1.2\%FS$$

取 3 点中绝对值最大的为示值误差结果，该仪器的示值误差为-1.6%FS。

（2）重复性的计算:

用公式 $RSD = \dfrac{1}{\overline{A}} \sqrt{\dfrac{\sum\limits_{i=1}^{n}(A_i - \overline{A})^2}{n-1}} \times 100\%$ 来计算仪器的相对标准偏差，即重复性。

$$\overline{C} = \frac{14.6 + 14.5 + 14.7 + 14.6 + 14.8 + 14.7}{6} = 14.7$$

$$RSD = \frac{1}{14.7} \sqrt{\frac{(14.6-14.7)^2 + (14.5-14.7)^2 + \cdots + (14.8-14.7)^2 + (14.7-14.7)^2}{5}}$$

$$= 0.8\%$$

（3）响应时间的计算：

$$t = \frac{20 + 22 + 21}{3} = 21s$$

（4）漂移的计算：

如果 A_{z0} 为 0，A_{zi} 记录了六个值：分别 0，0，0.2，0.3，0.1，−0.1，则根据公式 $\Delta_{zi} = \frac{A_{zi} - A_{z0}}{FS} \times 100\%FS$ 取绝对值最大的 Δ_{zi} 作为仪器的零点漂移值；

计算零点漂移

$$\Delta_{zi} = \frac{A_{zi} - A_{z0}}{FS} \times 100\%FS = 1.6\%FS$$

假如通入 80% 的标准气体，A_{s0} 为 24.0，A_{si} 记录的六个值分别为 24.0，23.8，23.7，23.9，23.8，24.0，则根据公式 $\Delta_{si} = \frac{(A_{si} - A_{zi}) - (A_{s0} - A_{z0})}{FS} \times 100\%FS$ 取绝对值最大的 ΔS_i 作为仪器的量程漂移值。

计算量程漂移

$$\Delta S_i = \frac{(A_{si} - A_{zi}) - (A_{s0} - A_{z0})}{FS} \times 100\%FS = 2.8\%FS$$

第七节　氨气检测仪

一、范围

规程原文：

本规程适用于测量空气或氮气中氨含量的气体分析仪和检测报警器（以下简称分析仪和报警器，统称仪器）的首次检定、后续检定和使用中的检查。

理解要点：

本规程是依据《国家计量检定规程编写规则》（JJF 1002）、《通用计量术语及定义》（JJF 1001）和《测量不确定度评定与表示》（JJF 1059.1）为基础而制定的，相关术语与上述规范保持一致。

二、概述

规程原文：

仪器的检测原理有电化学、红外声光、非色散红外、化学发光、紫外等。

采样方式有吸入式和扩散式两种，使用方式分为固定式和便携式。仪器一般由传感器气室、采样元件、电子电路、显示器等组成。

理解要点：

（1）氨气检测仪分两种，氨气分析仪和氨气报警器。氨气分析仪属于准确度较高的精密仪器，检测原理以红外声光、非色散红外、化学发光、紫外、激光等为主；氨气检测报警器属于常规的检测报警器，测量原理大多以电化学传感器为主，也有非色散红外的小型仪器。

（2）扩散式仪器的特点是结构简单、寿命长、省电，但易受风向和风速的影响，适用于室内和不易受风向影响的场所。

（3）吸入式仪器的特点是增加了气体捕获罩、气体分离器、吸气泵、气路等，结构复杂，但不易受风向和风速的影响，采集率高，应用范围广。

三、计量性能要求

规程原文：

3.1 示值误差

　　示值误差要满足表1的要求。

表1　最大允许误差的规定

测量范围/（μmol/mol）	分析仪	报警器
$0 \leqslant c \leqslant 50$	±10%	±10%
$50 < c \leqslant 1000$	±6%	±10%

3.2 重复性

　　分析仪、报警器重复性相对标准偏差分别不大于2%和3%。

3.3 响应时间

　　对吸入式采样方式的仪器响应时间不大于120s；对扩散式采样方式的仪器响应时间不大于180s。

3.4 稳定性

3.4.1 零点漂移

　　分析仪、报警器的零点漂移分别不超过±1%FS、±2%FS。

3.4.2 量程漂移

　　分析仪、报警器的量程漂移分别不超过±2%FS、±3%FS。

理解要点：

（1）计量性能要求是该规程的核心指标，示值误差的指标按仪器的测量范围及种类不同而有所差别，在低浓度 $0\mu mol/mol \leqslant c \leqslant 50\mu mol/mol$ 范围，分析仪和报警器的示值误差均为±10%，在高浓度 $50\mu mol/mol < c \leqslant 1000\mu mol/mol$ 范围，分析仪的示值误差为±6%，报警器的示值误差为±10%。示值误差为相对误差。

（2）扩散式和吸入式响应时间要求不同，从氨气的特性和目前在用氨气测量仪器的性能特点看，绝大部分的仪器响应时间与其他有毒气检测仪（一氧化碳、硫化氢等）不同，相对较长。扩散式仪器的响应时间大部分为（2~5）min，吸入式仪器的响应时间大部分为（1~2）min。

（3）漂移是指由于测量仪器计量特性的变化引起的示值在一段时间内的连续或增量变化。

（4）为方便大家掌握，将计量特性归纳汇总，见表4-9。

表4-9 计量特性

测量范围/(μmol/mol)	分析仪	报警器
0≤c≤50	±10%	±10%
50<c≤1000	±6%	±10%
重复性(相对标准偏差)	≤2%	≤3%
响应时间(扩散式)	≤180s	
响应时间(泵吸式)	≤120s	
零点漂移	±1%FS	±2%FS
量程漂移	±2%FS	±3%FS

四、通用技术要求

规程原文：

4.1 外观及结构

4.1.1 仪器不应有影响其正常工作的外观损伤。新制造的仪器的表面应光洁平整，漆色镀层均匀，无剥落锈蚀现象。

4.1.2 仪器连接可靠，各旋钮或按键应能正常操作和控制。

4.2 标志和标识

仪器名称、型号、制造厂名称、出厂时间、编号、防爆标志及编号等应齐全、清楚。

4.3 通电检查

仪器通电后，仪器应能正常工作，显示部分应清晰、完整。

理解要点：

（1）对于外观及结构，查看外观是否有影响正常工作的损伤；查看仪器的按键或旋钮是否能正常工作。对于数显仪器，查看数字显示是否齐全。外部过脏或油污造成表头信息无法查看、按键或旋钮不能正常工作等均可判定为外观检查不合格。

（2）标志和标识，要检查仪器的名称、型号、制造厂、编号等必要信息是否齐全。对于石化行业，要重点检查现场的报警器是否有防爆标志。例如防爆等级 ExdⅡCT4，其中 Ex 表示防爆声明；d 表示防爆方式中的隔爆型；ⅡC 表示气体类别，Ⅱ类表示爆炸性气体和蒸气，T4 表示温度组别。

（3）国产仪器，主要查看制造计量器具许可证标志（MC），它是中国制造计量器具许可证标志。取得该标志的企业具备生产计量器具的能力，所生产的计量器具准确度和可靠性等指标符合法制要求。进口仪器查看计量器具型式批准标志 CPA，它是计量器具型式批准证书的专用标志。

（4）仪器通电后没有显示或显示不完整判定为外观不合格。

五、绝缘电阻及报警功能

规程原文：

> 4.4 绝缘电阻
>
> 对使用交流电源的仪器，电源的相、中联线对地的绝缘电阻应不小于20MΩ。
>
> 4.5 绝缘强度
>
> 对使用交流电源的仪器，电源的相、中联线对地的绝缘强度，应能承受交流电流1.5kV、50Hz、历时1min的试验。
>
> 4.6 报警功能
>
> 4.6.1 具有报警功能的仪器开机后应有声或光报警显示。
>
> 4.6.2 具有报警功能的仪器在其测量范围内应具有报警设定点，当氨气浓度达到报警设定点时，应能自动报警。

理解要点：

（1）绝缘电阻和绝缘强度均为首检项目。这两项检定是针对使用交流电源的仪器进行的检定，绝缘电阻是用绝缘电阻表进行测量，测得的绝缘电阻值应不小于20MΩ。绝缘强度是测量电源的相、中连线对地的绝缘强度，承受1.5kV、50Hz交流电流，试验持续1min。

（2）报警功能

本规程适用于氨气分析仪和检测报警器，大部分分析仪不具有报警功能，所以，报警功能的检测仅针对检测报警器。通入大于报警点的气体标准物质，达到设定的报警点后，仪器应能正常报警并显示报警值，否则判定为该项不合格。

六、检定环境条件

规程原文：

> 5　计量器具控制
>
> 　　计量器具控制包括首次检定、后续检定以及使用中检查。
>
> 5.1 检定环境条件
>
> 5.1.1 环境温度：（0~40）℃，温度波动不超过±5℃；
>
> 5.1.2 相对湿度：≤85%；
>
> 5.1.3 通风：通风良好，检定环境中应无影响检测准确度的干扰气体。

理解要点：

检定应严格执行规程要求的环境条件。一般实验室环境能满足规程要求；现场检定环境要注意冬天温度低于0℃或夏天温度高于40℃的情况下不适合检定。

七、检定用标准设备

规程原文:

> 5.2 检定用标准物质及设备
>
> 5.2.1 氨气体标准物质
>
> 　　氨气体有证标准物质的扩展不确定度不大于2%($k=2$)。
>
> 5.2.2 标准气体稀释装置
>
> 　　用于稀释高浓度气体标准物质的稀释装置,最大稀释误差不超过±1.5%。只有当仪器最大允许误差为±10%时,才能使用该稀释装置开展检定。
>
> 5.2.3 零点气体
>
> 　　环境空气、合成空气或高纯氮均可,通入仪器前应经纯化处理。

理解要点:

(1)气体标准物质应采用计量行政部门批准颁布、并具有相应标准物质《制作计量器具许可证》的单位提供的气体标准物质。气体标准物质一般分为两级,带有气体标准物质证书的一级或二级气体标准物质均可用于计量检定。

(2)采用稀释装置配置的气体标准物质不能用于检定浓度范围 $50\mu mol/mol < c \leqslant 1000\mu mol/mol$ 的氨气分析仪。

(3)检定测量范围 $50\mu mol/mol < c \leqslant 1000\mu mol/mol$ 氨气分析仪,最好选用高纯氮作为零点气体,如果选用环境空气或合成空气,在通入仪器前需经过纯化处理。

八、检定用流量控制器

规程原文:

> 5.2.4 流量控制器
>
> 　　流量控制器有检定用流量计和旁通流量计组成,流量范围应不小于500mL/min,流量计的准确度级别不低于4级。

理解要点:

(1)根据被检仪器的采样方式,使用流量控制器控制流量。检定吸入式仪器时,须保证流量控制器的旁通流量计有气体放空,如图4-6所示,使气体标准物质的进气流量大于仪器自身吸气的流量,以防止在吸入零点气体或气体标准物质的同时也吸入了周围的空气或干扰气体,导致检定结果产生偏差。

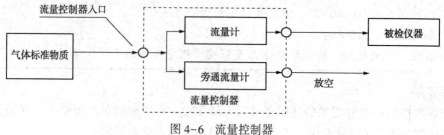

图4-6　流量控制器

（2）检定扩散式仪器，标定罩一般侧面会有开口，其作用一是排掉传感器表面空气；二是避免压力增大影响仪器准确度。

（3）通气流量应控制在说明书建议的范围内。如无明确要求，流量一般控制在（200～500）mL/min 范围内。

九、检定用配套设备

规程原文：

> 5.2.5 秒表
>
> 　　分度值不大于0.1s。
>
> 5.2.6 绝缘电阻表
>
> 　　10 级，500V。
>
> 5.2.7 绝缘强度测试仪
>
> 　　≥1.5kV，5 级。
>
> 5.2.8 气体减压阀
>
> 　　防腐、防吸附，如不锈钢材质。
>
> 5.2.9 气路
>
> 　　防腐、防吸附，如聚四氟材料。

理解要点：

（1）氨气遇水会生成弱碱性的氨水，氨水会与铁和铜等金属反应，具有腐蚀性，减压阀和气体管路的材质选择以不与标准气体发生反应为准。减压阀可以选择不锈钢材质，管路可以选择聚四氟乙烯。

（2）流量计、秒表、绝缘电阻表等配套设备应有检定或校准证书，且均在有效期内。

十、检定项目

规程原文：

> 5.3 检定项目
>
> 表 2　检定项目一览表
>
> | 检定项目 | 首次检定 | 后续检定 | 使用中检查 |
> |---|---|---|---|
> | 外观及结构 | + | + | + |
> | 标志和标识 | + | + | + |
> | 通电检查 | + | + | + |
> | 绝缘电阻 | + | － | － |
> | 绝缘强度 | + | － | － |
> | 报警功能 | + | + | + |

续表

检定项目	首次检定	后续检定	使用在检查
示值误差	+	+	+
重复性	+	+	−
响应时间	+	+	+
零点漂移	+	−	−
量程漂移	+	−	−

注：1. "+"为需要检定项目；"−"为可不检项目。

2. 有报警功能的仪器，应检定报警功能项目。

3. 更换了主要部件修理后的仪器，按首次检定项目进行。

理解要点：

首次检定、后续检定及使用中检查按照规程中表 2 要求的检定项目依次进行检定。漂移检定由于时间过长，只作为首检项目。常规检定按后续检定执行。

十一、检定方法

规程原文：

5.4 检定方法

5.4.1 外观与结构、标志和标识及通电检查

按 4.1，4.2 和 4.3 要求通过手动和目视进行。

5.4.2 绝缘电阻

对使用交流电的仪器，在不接电源的状态下，打开仪器电源开关。将绝缘电阻表的一个接线端子，接到仪器电源插头的相、中连线上，另一个接线端子接到仪器的保护接地端子(或机壳)上，施加 500V 的直流电压，持续 5s，测量绝缘电阻值。采用直流电源供电的仪器，不做此项试验。

5.4.3 绝缘强度

仪器在不接电源的状态下，打开仪器电源开关。将绝缘强度测试仪的一个接线端子，接到仪器电源插头的相、中连线上，另一个接线端子接到仪器的保护接地端子上，试验时电压平稳上升到 1500V，试验电流 10mA，保持 1min，不应出现击穿或飞弧现象。采用直流电源供电的仪器，不作此项试验。

5.4.4 报警功能及报警动作值的检查

通入大于报警设定点浓度的气体标准物质，使仪器出现报警动作，观察仪器声光报警是否正常，并记录仪器报警时的示值。重复操作 3 次，3 次的算术平均值作为仪器的报警值。

理解要点：

(1) 通入大于(1.1 倍以上)报警点浓度的气体标准物质，观察仪器的显示值，当达到报警设

定点浓度时，仪器应该发出声或光报警，如果仪器的声或光报警正常，则该仪器此项功能正常。

（2）绝缘电阻和绝缘强度为首次检定项目，日常检定按照后续检定的要求进行操作。

十二、示值误差的检定

规程原文：

5.4.5 示值误差

仪器通电预热稳定后，按图连接气路。通入零点气体校准仪器的零点，通入满量程80%的氨气体标准物质校准仪器示值。然后分别通入浓度约为满量程20%，50%，80%的氨气体标准物质，记录仪器稳定示值。每点测3次，3次的平均值为仪器示值。按式（1）计算示值误差 ΔC_i，取绝对值最大的 ΔC 为仪器示值误差。

$$\Delta C_i = \frac{\overline{C} - C_0}{C_0} \times 100\% \tag{1}$$

式中：

$\overline{C}$——仪器示值的平均值；

C_0——通入仪器的气体标准物质浓度值。

理解要点：

（1）首先判断仪器是否为零，若不为零，需要进行调整。一般调整方式分为电位器调整、光电或磁棒调整、软件程序调整三种。具体调整方式参照厂家说明书。

（2）新安装（或更换传感器）的仪器需要开机预热，预热时间依据说明书或仪表本身提示进行控制。并注意应在无干扰气体的环境完成开机。固定式仪器由于长期运行不需要预热。

（3）当零点调整工作完成以后，通入浓度约为满量程80%的气体标准物质进行量程调整，使其达到稳定示值。若示值误差大于规程要求，则需要对量程进行调整。具体量程调整方式参照厂家说明书。

（4）送气管路尽量短，一般不长于1m。

（5）固定式仪器读数

① 气体检测报警器现场、二次表和DCS均可读数，建议读取二次表数值，现场和DCS显示可作参考。

② 气体检测报警器现场和DCS均可读数，建议读取现场数值，DCS可作参考。

③ 气体检测报警器现场无显示功能，无二次表，只能通过DCS读取示值。

如果现场读数与二次表或DCS差别较大（超过1/3最大允许误差），建议应联系相关人员查找原因。如果现场或控制室配有报警设施，需要现场与控制室联动测试系统的报警功能。

十三、重复性的检定

规程原文：

5.4.6 重复性

通入浓度约为量程50%的氨气体标准物质，待示值稳定后读值，重复测量6次。按式（2）计算仪器的重复性：

$$s_r = \frac{1}{\overline{C}} \sqrt{\frac{\sum\limits_{i=1}^{6} (C_i - \overline{C})^2}{5}} \times 100\% \qquad (2)$$

式中：

s_r——仪器的重复性；

C_i——仪器的示值；

$\overline{C}$——6 次测量值的算术平均值。

理解要点：

重复性与示值误差的检定可同时进行，使用浓度约为 50% FS 的气体标准物质，进行 6 次重复测量，对检定结果进行相对标准偏差的计算，其中分析仪的重复性≤2%，报警器的重复性≤3%，则该项检定合格。

十四、响应时间的检定

规程原文：

5.4.7 响应时间

通入零点气体调整仪器零点后，再通入浓度约为满量程 50% 的氢气体标准物质，记录稳定示值，通入零点气体使仪器回零。再通入上述气体标准物质，同时启动秒表，待示值升至稳定值的 90% 时，停止计时，记录秒表读书。按上述操作方法重复 3 次，3 次秒表读数的算术平均值为仪器的响应时间。

理解要点：

（1）响应时间与示值误差的检定可同时进行。

（2）特别注意这里是达到第一次通气后的稳定示值的 90%，而不是 50%FS 标准气的标称值或标准值的 90%。

（3）对于扩散式仪器，通气管路应尽量短，检定的是仪器本身响应速度，不应含标准气体置换气路中空气的时间。对于配有专用导管的吸入式仪器，建议当导管不大于 1m 时，可以一起检定；否则，去掉导管进行检定。

十五、稳定性的检定

规程原文：

5.4.8 稳定性

通入零点气至仪器示值稳定后（对指针式的仪器应将示值调到满量程的 5% 处），记录仪器显示值 Z_0，然后通入浓度约为满量程的 50% 的气体标准物质，待读数稳定后，记录仪器示值 S_0，撤去标准气体。重复上述过程。便携式仪器连续运行 1h，每间隔 10min。

重复上述步骤一次，分析仪和固定式仪器连续运行4h，每隔1h重复上述步骤一次，同时记录仪器显示值 Z_i 及 S_i，（$i=1$，2，3，4），按式（3）计算零点漂移。

$$\Delta Z_i = \frac{Z_i - Z_0}{R} \times 100\% \tag{3}$$

式中：

ΔZ_i——零点漂移；

Z_0——初始的零点值；

Z_i——第 i 次的零点值；

R——仪器满量程。

取绝对值最大的 ΔZ_i，作为仪器的零点漂移。

按式（4）计算量程漂移：

$$\Delta S_i = \frac{(S_i - Z_i) - (S_0 - Z_0)}{R} \times 100\% \tag{4}$$

式中：

ΔS_i——量程漂移；

S_0——初始的仪器示值；

S_i——第 i 次的仪器示值。

取绝对值最大的 ΔS_i 为仪器的量程漂移。

理解要点：

（1）漂移为首次检定项目，日常检定按后续检定执行。

（2）分析仪和固定式仪器连续运行4h，每隔1h读取一次 Z_i 和 S_i；便携式仪器连续运行1小时，每隔10min读取一次 Z_i 和 S_i。开始和结束时均要读取数值。

十六、检定结果及检定周期

规程原文：

5.5 检定结果的处理

按本规程要求检定合格的仪器，发给检定证书；不合格的仪器发给检定结果通知书，并注明不合格项目。

5.6 检定周期

仪器的检定周期一般不超过1年。如果对仪器的测量结果有怀疑时或仪器更换了主要部件及修理后应及时送检，按首次检定进行检定。

理解要点：

（1）检定结论分合格和不合格。所有检定项目均合格，检定结论为合格，应出具检定证书；反之其中有任何一项检定不合格，检定结论为不合格，应出具检定结果通知书，并标明不合格项目。

（2）报警器的检定周期为1年，在周期内如果仪器更换了主要部件应及时进行检定，主要部件包括传感器、主板、泵等会对仪器的性能产生影响的部件。

十七、数据处理

一台满量程为 100μmol/mol、报警设定值为 25μmol/mol 的氨气体检测报警器，用浓度为 20.1μmol/mol、49.3μmol/mol、81.0μmol/mol 的标准气体，检定数据见表 4-10，示值误差、重复性、响应时间、报警动作值如何计算。

表 4-10　氨气检测仪检定数据

标气浓度/	仪器示值/（μmol/mol）						响应时间/s			设低报警点为
（μmol/mol）	1	2	3	4	5	6	1	2	3	25μmol/mol
20.1	20	19	19							
49.3	49	48	47	48	48	48	76	77	76	25　25　25
81.0	80	80	79							

（1）示值误差的计算

根据公式 $\overline{C} = \dfrac{\sum C_i}{n}$ 计算出三个点的平均值：

$$\overline{C}_1 = \frac{20 + 19 + 19}{3} = 19.3$$

$$\overline{C}_2 = \frac{49 + 48 + 47}{3} = 48.0$$

$$\overline{C}_3 = \frac{79 + 80 + 80}{3} = 79.7$$

计算每一点的示值误差：

$$\Delta C_i = \frac{\overline{C} - C_0}{C_0} \times 100\%$$

$$\Delta C_1 = \frac{19.3 - 20.1}{20.1} \times 100\% = -4.0\%$$

$$\Delta C_2 = \frac{48.0 - 49.3}{49.3} \times 100\% = -2.6\%$$

$$\Delta C_3 = \frac{79.7 - 81.0}{81.0} \times 100\% = -1.6\%$$

取 3 点中最大的作为示值误差，该表的示值误差为 -4.0%。

（2）重复性的计算

$$s_r = \frac{1}{\overline{C}} \sqrt{\frac{\sum_{i=1}^{6} (C_i - \overline{C})^2}{5}} \times 100\%$$

$$s_r = \frac{1}{48} \sqrt{\frac{(49-48)^2 + (48-48)^2 + (47-48)^2 + (48-48)^2 + (48-48)^2 + (48-48)^2}{5}} \times 100\%$$

$$= 1.3\%$$

（3）响应时间的计算

$$t = \frac{76+77+76}{3} = 76.3$$

（4）报警动作值的计算

$$\frac{25+25+25}{3} = 25$$

第八节 氯气检测报警仪

一、范围

规范原文：

> 本规范适用于测量范围(0~10) μmol/mol 至(0~1000) μmol/mol 氯气检测报警仪（以下简称仪器）的校准，其他用于氯气检测的仪器可参照本规范进行校准。

理解要点：

（1）本规范为首次发布，此前无氯气检测报警仪相关的校准规范或检定规程。

（2）本规范适用于氯气检测报警仪的校准，校准的定义及校准与检定的区别详见第一章第一节。

（3）本规范适用于测量范围(0~10) μmol/mol 至(0~1000) μmol/mol 氯气检测报警仪的校准，测量范围不在此区间的仪器不适用，但可参照本规范进行校准，如(0~5) μmol/mol、(0~100)%等。

二、引用文件

规范原文：

> GB 12358—2006 作业场所环境气体检测报警仪通用技术要求
> GB 50493—2009 石油化工可燃气体和有毒气体检测报警设计规范
> HG/T 23006—1992 有毒气体检测报警仪技术条件及检测方法
> 凡是注日期的引用文件，仅注日期的版本适用于本规范；凡是不注日期的引用文件，其最新版本(包括所有的修改单)适用于本规范。

三、概述

规范原文：

> 仪器检测器主要有隔膜电极型、定电位电解型或/和半导体型。采样方式有扩散式和吸入式。主要结构由检测元件、放大电路、报警系统、显示器等组成。

理解要点：

（1）扩散式仪器的特点是结构简单、寿命长、省电，但易受风向和风速的影响，适用于室内和不易受风向影响的场所。

（2）吸入式仪器的特点是增加了气体捕获罩、气体分离器、吸气泵、气路等，结构复杂，但不易受风向和风速的影响，采集率高，应用范围广。

四、计量特性

规范原文：

4.1 示值误差

　　最大允许误差：±10%。

4.2 重复性

　　重复性不大于3%。

4.3 响应时间

　　扩散式不大于60s，吸入式不大于30s。

4.4 报警功能

　　具有报警功能的仪器，报警功能应正常。

4.5 漂移

4.5.1 零点漂移：±3%FS。

4.5.2 量程漂移：±5%FS。

　　注：以上指标不适用于合格性判别，仅作参考。

理解要点：

（1）扩散式和吸入式响应时间要求不同，扩散式时间长，吸入式时间短。

（2）漂移是指由于测量仪器计量特性的变化引起的示值在一段时间内的连续或增量变化。零点漂移的指标为±3%FS，量程漂移的指标为±5%FS。

五、校准环境条件

规范原文：

5.1 环境条件

5.1.1 环境温度：（15~35）℃。

5.1.2 相对湿度：≤85%。

5.1.3 工作环境应无影响仪器正常工作的电磁场及干扰气体，校准现场应保持通风和采取安全措施。

理解要点：

校准应严格执行规范要求的环境条件。一般实验室环境能满足规范要求；现场校准环境要注意温度低于15℃或温度高于35℃的情况下不适合校准。

六、校准用计量器具

规范原文：

5.2 校准用计量器具及配套设备

5.2.1 气体标准物质

　　氯气气体标准物质，相对扩展不确定度不大于2%（$k=2$）。

5.2.2 标准气体稀释装置：稀释误差不超过±1%。

理解要点：

气体标准物质应采用计量行政部门批准颁布、并具有相应标准物质《制作计量器具许可证》的单位提供的气体标准物质。气体标准物质应在有效期内。建议采用平衡气为氮气的氯气气体标准物质。

七、校准用配套设备

规范原文：

5.2.3 秒表：分度值不大于0.1s。

5.2.4 流量控制器：流量范围（500~1200）mL/min 或按照仪器说明书要求，准确度级别不低于4级。

5.2.5 零点气体：净化处理过的压缩空气或高纯氮气（99.99%）。

5.2.6 减压阀：配套的减压阀应使用不与氯气发生反应或吸附的材质。

5.2.7 气体管路：采用不影响氯气浓度的气体管路。

理解要点：

（1）根据被校仪器的采样方式，使用流量控制器控制流量，如图4-7所示。校准吸入式仪器时，须保证流量控制器的旁通流量计有气体放空，使气体标准物质的进气流量大于仪器自身吸气的流量，以防止在吸入零点气体或气体标准物质的同时也吸入了周围的空气或干扰气体，导致校准结果产生偏差。

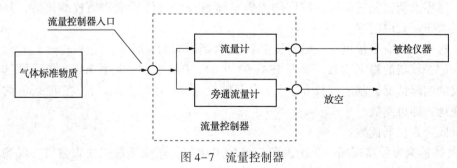

图4-7　流量控制器

（2）校准扩散式仪器，标定罩一般侧面会有开口，其作用一是排掉传感器表面空气；二是避免压力增大影响仪器准确度。

（3）通气流量应控制在说明书建议的范围内。如无明确要求，流量一般控制在（500~1200）mL/min 范围内。

（4）标准气体稀释装置、流量计、秒表应有检定或校准证书，且在有效期内。

（5）由于氯气具有较强的腐蚀性，且极易被吸附，造成标准气体的浓度降低，因此，选择的减压阀和气体管路应尽量不影响氯气标准气体的浓度。建议选用不锈钢材质的减压阀，不锈钢或聚四氟乙烯等材料的气体管路，在校准仪器时，应保证气体管路尽可能短一些。

八、示值误差的校准

规范原文：

> 6.1 示值误差
>
> 在正常工作条件下，仪器通电预热稳定后，先通入零点气体校准仪器的零点，再通入浓度约为满量程80%的气体标准物质校准仪器，然后分别通入浓度约为满量程20%、40%、60%、80%的气体标准物质，待示值稳定后，读取示值，每种浓度重复测量3次，取算术平均值作为仪器示值，按式（1）计算各浓度点的示值误差 ΔC：
>
> $$\Delta C = \frac{\overline{C} - C_s}{C_s} \times 100\% \qquad (1)$$
>
> 式中：
>
> C——每种浓度3次示值的算术平均值，$\mu mol/mol$；
>
> C_s——气体标准物质浓度值，$\mu mol/mol$。

理解要点：

（1）首先判断仪器是否为零，若不为零，需要进行调整。一般调整方式分为电位器调整、光电或磁棒调整、软件程序调整三种。具体调整方式参照厂家说明书。

（2）对于便携式仪器需要提前预热，通常电化学传感器预热时间较长，在极端温度环境中或温度变化较大时，可能需要更长时间，并注意应在无干扰气体的环境完成开机。固定式仪器由于长期运行不需要预热。

（3）当零点调整完成以后，浓度约为满量程80%的气体标准物质校准仪器，具体量程调整方式参照厂家说明书。

（4）送气管路应尽量短，一般不长于1m，否则影响响应时间。

（5）记录仪器的稳定读数。参照 ISA-92.0.01，Part I—1998 第 7.4.8 条，可基于本单位检测仪的实际情况，制定读数方法。如某品牌检测仪，给气2min后，在第3min内读数没有显著变化，即可读数。

（6）固定式仪器读数：

① 气体检测报警器现场、二次表和 DCS 均可读数，建议读取二次表数值，现场和 DCS 显示可作参考。

② 气体检测报警器现场和 DCS 均可读数，建议读取现场数值，DCS 可作参考。

③ 气体检测报警器现场无显示功能，无二次表，只能通过 DCS 读取示值。

如果现场读数与二次表或 DCS 差别较大(超过 1/3 示值误差),建议应联系相关人员查找原因。如果现场或控制室配有报警设施,需要现场与控制室联动测试系统的报警功能。

九、重复性的校准

规范原文:

6.2 重复性

通入浓度约为满量程 60% 左右的气体标准物质,待示值稳定后,记录仪器示值 C_i。重复测量 6 次,重复性以单次测量的相对标准偏差表示。按式(2)计算仪器的重复性 s_r。

$$s_r = \frac{1}{\bar{C}} \times \sqrt{\frac{\sum_{i=1}^{6}(C_i - \bar{C})^2}{6-1}} \times 100\% \qquad (2)$$

式中:

C_i——仪器第 i 次测量的示值,$\mu mol/mol$;

$\bar{C}$——仪器示值的算术平均值,$\mu mol/mol$。

理解要点:

(1) 重复性与示值误差的校准可同时进行,使用浓度约为满量程 60% 左右的气体标准物质,进行 6 次重复测量,对结果进行相对标准偏差的计算,得出仪器的重复性。

(2) 对重复性计算公式的理解,首先计算出 6 次测量的平均值,然后计算根号内的分子,分子是一个平方和,即用第一次的测量值减去平均值的差的平方加上第二次测量值减去平均值的平方,一直加到第六次测量值减去平均值的平方,求得的结果除以 5 然后再开方,开方后除以平均值得出的结果就是重复性。

十、响应时间的校准

规范原文:

6.3 响应时间

先通入零点气体使仪器示值回到零点后,再通入浓度约为满量程 60% 的气体标准物质,待示值稳定后,读取仪器示值,撤去气体标准物质,待仪器回零后,再通入上述浓度的气体标准物质,同时启动秒表,待仪器显示值到达稳定示值的 90% 时停止计时,记录秒表读数,重复测量 3 次,取 3 次测量结果的算术平均值作为仪器的响应时间。

理解要点:

(1) 响应时间与示值误差的校准可同时进行。

(2) 稳定值是指第一次通入浓度约为满量程 60% 的气体标准物质,仪器稳定后显示的值,而不是气体标准物质的标称值或标准值。

十一、报警功能的校准

规范原文：

> **6.4 报警功能**
>
> 通入报警设定值 1.5 倍的气体标准物质，使仪器出现报警动作，观察仪器声光报警功能是否正常，记录仪器显示的报警浓度值，重复测量 3 次，3 次测量结果的算术平均值为仪器的报警动作值。

理解要点：

通入浓度约为 1.5 倍报警设定值的气体标准物质，使仪器出现报警动作，观察仪器声光报警功能是否正常，记录仪器显示的报警浓度值。如果用于报警误差校准的气体标准物质的浓度过低，仪器本身的示值误差有可能达不到触发报警，如果浓度过高，仪器示值在超过报警点时变化太快，难以准确读数，所以规程中要求采用报警设定点 1.5 倍左右的气体标准物质。

十二、漂移的校准

规范原文：

> **6.5 漂移**
>
> 仪器的漂移包括零点漂移和量程漂移。
>
> 在正常工作条件下，仪器通电预热稳定后，通入气体校准仪器零点后，将仪器调到零点(对指针式的仪器将示值调到 5% 处)，记为 C_{z0}。再通入浓度约为满量程 60% 的气体标准物质，读取稳定示值为 C_{s0}，而后通入零点气体。对固定式仪器连续运行 6h，每隔 1h 记录仪器的零点值为 C_{zi}；通入上述同一气体标准物质记录仪器稳定示值为 C_{si}；对便携式仪器连续运行 1h，按上述同样的方法，每间隔 10min 试验并记录读数一次。按式(3)计算零点漂移：
>
> $$\Delta Z_i = \frac{C_{zi} - C_{z0}}{R} \times 100 (\%\text{FS}) \tag{3}$$
>
> 取绝对值最大的 ΔZ_i，作为仪器的零点漂移值。
>
> 按式(4)计算量程漂移：
>
> $$\Delta S_i = \frac{(C_{si} - C_{zi}) - (C_{s0} - C_{z0})}{R} \times 100 (\%\text{FS}) \tag{4}$$
>
> 取绝对值最大的 ΔS_i 作为仪器的量程漂移值。
>
> 式中：
>
> R——仪器满量程。

十三、校准结果表达

规范原文：

校准结果应反映在校准证书或校准报告上，校准证书或报告至少包括以下信息：

a) 标题，如"校准证书"或"校准报告"；

b) 实验室名称和地址；

c) 进行校准的地点(如果不在实验室内进行校准)；

d) 证书或报告的唯一性标识(如编号)，每页及总页数的标识；

e) 送校单位的名称和地址；

f) 被校对象的描述和明确标识；

g) 进行校准的日期，如果与校准结果的有效性和应用有关时，应说明被校对象的接受日期；

h) 如果与校准结果的有效性和应用有关时，应对抽样程序进行说明，校准环境的描述；

i) 对校准所依据的技术规范的标识，包括名称及代码；

j) 本次校准所用测量标准的溯源性及有效性说明；

k) 校准环境的描述；

l) 校准结果及其测量不确定度的说明；

m) 校准证书或校准报告签发人的签名、职务或等效标识以及签发日期；

n) 校准结果仅对被校对象有效的声明；

o) 未经实验室书面批准，不得部分复制证书或报告的声明。

理解要点：

校准证书或报告中不要求给出合格或不合格的判定，不要求给出有效期限，但必须包含校准结果测量不确定度的说明。

十四、复校时间间隔

规范原文：

由于复校时间间隔的长短是由仪器的使用情况、使用者、仪器本身质量等因素所决定，因此送校单位可根据实际使用情况自主决定复校时间间隔，建议不超过1年。如果对仪器的检测数据有怀疑或仪器更换主要部件及修理后，应对仪器重新校准。

理解要点：

(1) 复校时间间隔就是校准周期，可根据使用计量器具的需要自行确定，可以进行定期校准，也可以不定期校准，或在使用前校准。校准周期的确定原则应是在尽可能减少测量设备在使用中的风险的同时，维持最小的校准费用，可以根据计量器具使用的频次或风险程度确定校准的周期。

（2）主要部件一般包括传感器、主板、泵等会对仪器的性能产生影响的部件。

十五、数据处理

对于满量程为 100μmol/mol 的氯气检测报警仪，用浓度为 19μmol/mol，40μmol/mol，60μmol/mol，79μmol/mol 的标准气体，测得相关数据见表 4-11（单位：μmol/mol），分别计算其示值误差，重复性，响应时间，漂移。

表 4-11　氯气报警器校准数据

示值误差

测试浓度 （单位：μmol/mol）	仪器指示值（单位：μmol/mol）		
	1	2	3
19	18	19	19
40	39	38	38
60	58	59	57
79	77	75	76

重复性

标准气体浓度 （单位：μmol/mol）	指示值（单位：μmol/mol）					
	1	2	3	4	5	6
60	58	59	57	57	57	58

响应时间

标准气体浓度 （单位：μmol/mol）	响应时间（单位：s）		
	1	2	3
60	20	22	21

（1）示值误差的计算

用公式 $\Delta C = \dfrac{\bar{C} - C_s}{C_s} \times 100\%$ 计算，取绝对值最大的 ΔC 作为仪器的示值误差。

当标气浓度为 19 时，三次测量值分别为：18，19，19

$$\Delta C = \frac{\bar{C} - C_s}{C_s} \times 100\% = \frac{\frac{18 + 19 + 19}{3} - 19}{19} \times 100\% = -1.8\%$$

当标气浓度为 40 三次测量值分别为：39，38，38

$$\Delta C = \frac{\bar{C} - C_s}{C_s} \times 100\% = \frac{\frac{39 + 38 + 38}{3} - 40}{40} \times 100\% = -4.2\%$$

当标气浓度为 60 三次测量值分别为：58，59，57

$$\Delta C = \frac{\overline{C} - C_s}{C_s} \times 100\% = \frac{\frac{58 + 59 + 57}{3} - 60}{60} \times 100\% = -3.3\%$$

当标气浓度为 79 三次测量值分别为：77，75，76

$$\Delta C = \frac{\overline{C} - C_s}{C_s} \times 100\% = \frac{\frac{77 + 75 + 76}{3} - 79}{79} \times 100\% = -3.8\%$$

取绝对值最大的为示值误差结果，该仪器的示值误差为-4.2%。

（2）重复性的计算：

用公式 $s_r = \frac{1}{\overline{C}} \times \sqrt{\frac{\sum_{i=1}^{n}(C_i - \overline{C})^2}{5}} \times 100\%$ 来计算仪器的相对标准偏差，即重复性。

$$\overline{C} = \frac{58 + 59 + 57 + 57 + 57 + 58}{6} = 57.7$$

$$s_r = \frac{1}{57.7}\sqrt{\frac{(58-58)^2+(59-58)^2+(57-58)^2+(57-58)^2+(57-58)^2+(58-58)^2}{5}}$$
$$= 1.4\%$$

（3）响应时间的计算：

$$t = \frac{20 + 22 + 21}{3} = 21$$

（4）漂移的计算：

如果 C_{z0} 为-1，C_{zi} 记录了六个值：分别为 1，-1，0，-1，-1，-1，则根据公式 $\Delta Z_i = \frac{C_{zi} - C_{z0}}{R} \times 100(\%FS)$ 取绝对值最大的 ΔZ_i 作为仪器的零点漂移值；

计算零点漂移

$$\Delta Z_i = \frac{C_{zi} - C_{z0}}{R} \times 100(\%FS) = \frac{1 - (-1)}{100} \times 100(\%FS) = 2(\%FS)$$

假如通入 60% 的标准气体，C_{s0} 为 59，C_{si} 记录的六次示值分别为 59，59，59，59，61，61，则根据公式 $\Delta S_i = \frac{(C_{si}-C_{zi})-(C_{s0}-C_{z0})}{R} \times 100(\%FS)$ 取绝对值最大的 ΔS_i 作为仪器的量程漂移值。

计算量程漂移
$$\Delta S_i = \frac{(C_{si}-C_{zi})-(C_{s0}-C_{Z0})}{R} \times 100(\%FS) = \frac{[61-(-1)]-(59-1)}{100} \times 100(\%FS) = 4(\%FS)$$

习题及参考答案

一、习题

（一）填空题

1. 可燃气体检测报警器的量程范围有：100% LEL（可燃气体的爆炸下限浓度）、

_____和高浓度(100%体积分数)。

2. 可燃气体检测报警器的检测原理主要有催化燃烧型、_____、红外线吸收型等。

3. 流量控制器有检定流量计和_____组成。

4. 检定吸入式仪器时，要保证_____有流量放出。

5. 硫化氢气体检测仪连续性仪器连续运行6h，零点漂移应不超过_____。

6. 硫化氢气体检测仪检定报警功能时，使用_____倍的硫化氢标准气体。

7. 一氧化碳检测报警器选用的标准气体分别是浓度约为 1.5 倍仪器报警(下限)设定值、_____和_____。

8. 氨气检测仪包括测量空气或氮气中氨含量的_____和_____。

9. 异丁烷在空气中的爆炸下限是_____。

10. CO 工作场所容许浓度：TWA 为_____mg/m^3。

（二）判断题

1. 可燃气体检测报警器零点和量程的校准，分别通入零点气体和浓度约为满量程60%的气体标准物质，调整仪器的零点和示值。(   )

2. 可燃气体检测报警器检定的零点气体是清洁空气或氮气(氮气浓度不低于99%)。(   )

3. 扩散式仪器检定应用专用标定罩。(   )

4. 氨气检测仪规程中提到标准气体稀释装置，最大稀释误差不超过±1.5%。(   )

5. 二氧化硫检定规程规定检定环境的相对湿度应小于85%。(   )

6. 二氧化硫检定规程规定流量计准确度级别不低于3级。(   )

（三）选择题(单选)

1. 可燃气体检测报警器的示值误差应不大于满量程的(   )。

A. ±2%　　　　　　　　B. ±3%　　　　　　　　C. ±5%

2. 检定可燃检测报警器时要求环境温度为(   )。

A. (−20~40)℃　　　　　B. (0~40)℃　　　　　　C. (0~50)℃

3. 用于检定 CO 检测报警器的标准气体应为空气中 CO 气体标准物质，其扩展不确定度不大于(   )(k=2)。

A. 3%　　　　　　　　　B. 2%　　　　　　　　　C. 1%

4. 某台 1000×10^{-6} mol/mol CO 检测报警器，用于检定响应时间的标准气体浓度应为(   )左右。

A. 300×10^{-6} mol/mol　　B. 80×10^{-6} mol/mol　　C. 700×10^{-6} mol/mol

5. 硫化氢工作场所容许浓度：MAC 为(   )mg/m^3。

A. 30　　　　　　　　　B. 50　　　　　　　　　C. 10

6. 一台量程为 200×10^{-6} mol/mol 的 H$_2$S 检测仪，规程规定仪器的示值误差不应大于(   )。

A. $\pm 5 \times 10^{-6}$ mol/mol　　　　B. $\pm 10\%$　　　　　　　　C. $\pm 5\%$FS

7. 一台量程为 20×10^{-6} mol/mol 的 SO_2 检测仪，规程规定仪器的示值误差不应大于（　　）。

A. $\pm 1 \times 10^{-6}$ mol/mol　　　　B. $\pm 2 \times 10^{-6}$ mol/mol　　　　C. $\pm 5 \times 10^{-6}$ mol/mol

8. 一台量程为 50×10^{-6} mol/mol SO_2 检测仪，其重复性检定的 SO_2 标准气体浓度应选（　　）。

A. 39×10^{-6} mol/mol　　　　B. 19×10^{-6} mol/mol　　　　C. 9×10^{-6} mol/mol

二、参考答案

（一）填空题

1. 低浓度（μmol/mol）

2. 热导型

3. 旁通流量计

4. 旁通流量计

5. 示值误差限

6. 1.5

7. 30%测量范围上限值、70%测量范围上限值

8. 气体分析仪、检测报警器

9. 1.8%V/V

10. 20

（二）判断题

11. √　2. ×　3. √　4. √　5. ×　6. √

（三）选择题（单选）

1. C　2. B　3. B　4. C　5. C　6. C　7. A　8. A

第五章　气体检测报警器的选型、安装、使用及维护

第一节　气体检测报警器的选型

在区域监测、泄漏检测、检修检测、受限空间检测、巡回检测、人员安全或其他用途中，根据工艺装置和物料的危险特性、危险区域划分、可燃和有害气体可能的泄漏和释放源或易聚集区域的危险性，确定使用的气体检测报警器类型。

（1）所选择的气体检测报警器应符合 GB 12358《作业环境气体检测报警仪通用技术要求》、GB 16808《可燃气体报警控制器技术要求和试验方法》等标准的要求，并经相关国家授权的计量、防爆和消防部门认证或认可的合格产品，严禁选用未经工业鉴定的试制仪表。

（2）在同一工程项目中，应根据待测气体的种类、测量范围和防爆等性能要求，本着先进性与适用性相结合的原则进行气体检测报警器的系统设计选型，且气体检测报警器的品种规格宜与工厂现有报警器的品种规格相统一。

（3）当选定区域需要长期连续检测可燃气体或有毒气体，应选择固定式气体检测报警器；当需要进行泄漏检测、确认和监视可燃气体或有毒气体环境、安全检查作业及用于个人安全防护等类似用途时，应选择便携式气体检测报警器；当需要监测的区域或位置不具备设置固定式气体检测报警器的条件，或当需要监测临时性作业区域，并且此区域内在临时作业时有可能出现可燃、有毒气体或蒸气时，宜选择相应的便携式或移动式气体检测报警器。

（4）作业场所有干扰气体存在时，应选择抗干扰传感器或者交叉敏感度较小的传感器，作业场所存在对传感器造成中毒或抑制的气体或其他物质时，应选择具有抗中毒性能的传感器。

（5）安装条件和环境条件受限制，或者需要检测轻微泄漏、毒性极大、易对人员造成伤害时宜选择吸入式气体检测报警器，其他场合一般选择扩散式气体检测报警器。

（6）指示报警设备应安装在操作人员常驻的控制室、现场操作室内部。可燃气体和有毒气体检测系统的报警信号应区别于工艺控制报警系统。有毒气体和可燃气体同时报警时，有毒气体报警级别应优先。应在装置区域内布置音响器或旋光报警灯现场报警器。指示、报警及控制器的选用应按照 GB 50493《石油化工可燃气体和有毒气体检测报警设计规范》内容进行，并应注意按照最新版本的职业卫生标准（GBZ 2.1—2007 等）所列有毒气体的种类及毒性数据确定有毒气体的测量范围及报警点设置范围。

（7）其他需注意的问题：

① 待选型气体检测报警器给定的环境适用条件应满足报警器实际使用环境的温度、气压、湿度的变化范围。

② 气体检测报警器外壳的防护等级应符合报警器实际使用环境状况(室内、室外、腐蚀性、雨水、沙尘及污物等)。一般为 IP65,但对于腐蚀性环境,报警器还应具备耐腐蚀性能。对于经常性处于风速大于 8m/s(5 级风)的环境宜采取防风措施。

③ 选择气体检测报警器时应预先考虑安装、运行、维护以及维修人员和其他在场人员的职业健康和安全需要。

④ 选型时应考虑气体检测报警器调校的便利。宜选择现场带显示并可用红外遥控器或磁性工具调校的气体检测报警器。

⑤ 气体检测报警器的测量原理、测量范围和分辨率应适用于所需检测气体种类和浓度范围。

⑥ 当需要储存电化学传感器备件时,应确认传感器的储存寿命。

⑦ 确认待检测作业场所区域的爆炸性气体环境危险场所分类,根据有关爆炸和火灾危险场所电气装置设计规范的规定确定报警器的防爆类型。

第二节 气体检测报警器的设置及安装

一、气体检测报警器位置的设置

1. 一般情况

气体检测报警器位置的设置首先应按照 GB 50493 中第 4 章"检(探)测点的确定"各项要求进行设置,并考虑以下情况:

(1) 释放源的扩散效应;

(2) 现场的环境条件;

(3) 职业健康与安全;

(4) 维护、校准、校验应在安全状态下进行操作等。

2. 现场因素

(1) 仅对给定区域的气体泄漏进行监测时,气体检测报警器应按在该区域围绕一周间隔布置和泄漏源重点监测结合的方式进行布置。

(2) 为了避免误报警,监测点不宜紧邻在正常运行时偶然会发生微小泄漏的装置,但气体检测报警器应尽量靠近可能会发生泄漏的主要气体源。

(3) 气体检测报警器设置应考虑可能会发生危险气体积聚的区域。

(4) 监测密度小于空气的可燃气体或有毒气体的报警器,其安装高度应高出释放源(0.5~2)m 并且不得妨碍设备正常运行的上方或斜上方近屋顶处;监测密度大于空气的可燃气体检测报警器应安装在距地面(或楼层地面)0.3~0.5m 高度;监测密度大于空气的有毒气体检测报警器应安放在距地面(或楼层地面)0.4~0.6m 高度并靠近泄漏点。

(5) 当靠近泄漏源设置气体检测报警器时,应考虑泄漏源温度对泄漏气体密度的影响及通风情况(最小频率上风侧)。

(6)监测从外部进入建筑物或封闭空间的危险气体或蒸气时,气体检测报警器应安装在紧靠通风开口处,当同时需要在建筑物或封闭空间内部监测危险气体或蒸气的释放时,还应另外增加气体检测报警器。

(7)当房顶或地面被设备或其他障碍物分隔时,应在每个隔间安装气体检测报警器。

(8)当在老装置旁增加新装置后,不仅要保证新装置中气体检测报警器符合设计规范,新老装置结合处气体检测报警器的设置及安装也应符合设计规范的要求。

(9)对于原来炼制普通原油而现在改为炼制高含硫含酸原油的装置,应按相应的设计规范对其中的气体检测报警器进行更改或增加。

3. 环境因素

(1)气候条件:当将气体检测报警器设置在室外和开放建筑物等露天场所时,应针对恶劣气候条件,如水蒸气、暴雨、雪、冰和灰尘等可能对报警器产生的不利影响,给气体检测报警器提供足够的防护措施。

(2)高温环境:所有气体检测报警器应确保按照报警器说明书给定的运行温度要求进行设置。应尽量避免直接安装在热源上方,宜选择离开热源一定距离的相同高度位置安装。在炎热地区使用时,露天气体检测报警器应加防护罩避免受太阳直射,在危险区域气体检测报警器所处最高温度不应过高。

(3)振动:对于安装在机器设备上的气体检测报警器,当振动超出振动频率10~150Hz、加速度4.9m/s^{2}时,应加装振动隔离装置。

(4)腐蚀性:当气体检测报警器暴露在腐蚀性气氛中时(例如氨、酸雾、硫化氢等),应采取相应的防护措施。

(5)机械防护:当气体检测报警器安装在可能受到机械损害的位置时,应按照制造商的建议给予充分的保护。

(6)电磁抗扰:对电磁干扰应采取充分的防护措施,避开强电磁场干扰的场合,必要时应采取屏蔽措施,以确保气体检测报警器不受电磁干扰。

(7)喷水冲淋:严禁对气体检测报警器喷水冲淋以保证气体检测报警器的传感器和电路安全,如果不能避免,应加以防护。

(8)空气中污染物及其他污染物:气体检测报警器的传感器不应与空气中污染物接触,例如在安装催化式传感器的位置应避开会出现或使用含有有机硅(如硅油)物质的场合。

(9)蒸汽和水雾:在有蒸汽和水雾的环境,不宜选用红外原理的报警器。

(10)报警器防护:当进行现场施工或设备检修时,应对施工范围内的气体检测报警器进行必要的防护。

二、气体检测报警器的安装

(1)气体检测报警器的安装应严格遵守安装手册的操作要求。

(2)气体检测报警器的每一个传感器都应根据其用途安装在合适的位置,并应同时详细考虑便于气体检测报警器进行检查,维护和定期校准。

（3）应在系统中加入足够的排水装置，避免和减少在气体检测报警器、系统电缆连接保护管内进水和存水。

（4）润滑所有丝扣接头但应确认润滑剂不含任何会对气体检测报警器有损害的物质（如硅油）。

（5）气体检测报警器应按照制造商的规定（最大回路电阻、最小线径、绝缘等）使用电缆或导线，或者其他要求，用满足危险区域等级以及具有合适的机械保护装置的系统与各自的控制单元连接。

（6）气体检测报警器的安装时间应在所有安装施工（即新设备的建筑，改造或检修）之后，在危险气体或蒸气存在之前，以避免焊接或者刷漆等行为对气体检测报警器造成损害。

（7）对已经安装的气体检测报警器，在建筑施工期间应用不透气密封材料对气体检测报警器进行保护，避免施工污染，并应清楚标明"禁止操作"等警示标识。

三、安装过程中注意的问题

（1）气体检测报警器安装时在不违反规范要求的前提下，要尽量选择最优的位置，不仅要最好地达到检测的目的，还要便于检定及日常维护。

（2）当将气体检测报警器设置在室外和开放建筑物等露天场所时，应针对恶劣气候条件，如蒸汽、暴雨、雪、冰和灰尘等可能对传感器产生的不利影响，应给报警器提供足够的防护措施。

（3）气体检测报警器一般情况下应垂直安装，使传感器向下，安装位置应处于无冲击、无振动、无水和其他液体滴落或喷溅、无水蒸气喷射、无强电磁干扰的场所。

（4）气体检测报警器按设计完成安装，进行组态时，应确保指示报警器设置（二次表）的量程与现场报警器的量程一致。

（5）在安装气体检测报警器时应考虑一般可燃性气体（包括氢气）和易燃液体及蒸气泄漏的位置及周围环境的流动因素。当被测气体的密度大于空气时，报警器应安装在低处（参考位置：距地面0.3~0.6m）；反之，则应安装在高处（参考位置：高于泄漏点0.5~2m）。

（6）气体检测报警器可以室内安装，也可以室外安装。无论室内室外，气体检测报警器必须安装防雨罩。气体检测报警器在室外安装时，可利用"U"形卡（一般随机附带）固定在相应的管架上，也可以利用安装板（选购件）直接安装在墙壁或设备上。

（7）气体检测报警器与二次仪表之间可采用三芯或四芯屏蔽电缆连接，传输电缆应尽量加装保护钢管。

（8）按气体检测报警器说明书要求和方法将电缆与气体检测报警器可靠连接，不得松动或留有缝隙，否则将无法达到防爆和防水的要求。气体检测报警器外壳必须可靠接地。

（9）每根芯线的电阻值不得超过气体检测报警器的最高要求，一般为几十欧姆左右，并且电缆屏蔽层要与控制单元或地板上的地线可靠连接。

（10）按说明书要求接线和供电，而且要符合防爆要求，对于直流供电的气体检测报警器使用前要检查其电源电压和功率。

（11）气体检测报警器与其相关的控制和报警设备应按照安装电气设备的相关标准进行

连接。

（12）试运行前应对仪器设备包括所有的辅助设备进行完整的安装检查，确保安装工作合格完成，而且所用的方法、材料、组件均应符合 GB 3836.01 的各项要求。

（13）当每一个气体检测报警器安装到位后，都应根据现场可能存在的气体情况并按照校准规范进行校准，校准人员应是具备计量检定员资质并经相应仪器使用培训考核合格的人员。校准完成以后，应使气体检测报警器回复至正常监测状态。

（14）报警设定值应根据需要，按 GB 50493 规定设定，行业规定有特殊要求的应执行行业规定。

第三节　气体检测报警器的使用及维护

一、便携式和移动式气体检测报警器的使用及维护

（一）基本使用要求

1. 电气安全

便携式和移动式仪器应具有相应使用区域的防爆措施，此外仪器组件和温度等级应适用于使用场合可能出现的所有危险气体和蒸气。

2. 个人安全

操作人员需要进入危险区域工作时，应注意该区域内的潜在危险。

3. 缺氧和富氧环境的影响

在密闭空间使用便携式报警器检测可燃气体和有毒气体时，应首先检测密闭空间的氧含量。在含氧量较低的环境中，不得使用催化燃烧原理的报警器对可燃气体进行直接检测，避免检测错误引起事故。应注意缺氧和富氧环境对可燃和有毒气体检测报警器读数的干扰。

4. 校正系数校正

用一台可燃气体检测仪器检测多种可燃气体或蒸气时，必须参照生产厂提供的与检测可燃性气体或蒸气相对应的校正曲线，才能真实地反应被测气体或蒸气的浓度 LEL 值。

5. 高浓度可燃气体检测要求

催化燃烧原理仪器不得在可燃性气体浓度高于爆炸下限的条件下使用，以避免烧坏检测元件，应采用其他原理的仪器进行检测。

6. 长时间暴露于待测气体情况要求

电化学式气体传感器不适用于长时间暴露于待测气体环境，如必须在此环境进行检测，可采用两台气体检测报警器轮换工作。

7. 吸入式问题

使用吸入式气体检测报警器前，首先应按说明书检查管路是否泄漏或堵塞，最好使用简易流量计测试。高温气体或低温气体应缓冲到传感器工作温度范围内再进行检测。不可将管路内过滤器随意省掉，如果吸入流量明显下降，应及时更换过滤器（或膜）。探杆一旦有液

体进入，应适用干燥箱或大流量气泵吹干，用干净的抹布清除掉油污，在污水井等有液体的区域采样最好采用浮漂（照片），使采样口始终位于液面之上。

8. 饱和水蒸气影响

应避免饱和水蒸气堵塞传感器的阻火罩而导致仪器无法工作。

9. 传感器中毒影响

对于复合式的便携仪器，在对有毒气体，特别是硫化氢和氯气传感器进行校准时，可能会对有些可燃气体检测元件产生抑制作用，因此只能使用制造商规定的校准气体和校准程序。正常使用时，任意一种气体导致仪器报警，在进一步使用可燃气体检测仪器之前都应进行检查。催化燃烧式、电化学或半导体式仪器的传感器可能处在"有毒"环境中（例如硅油、含铅汽油、酸等）使用时，都应缩短检查核验的间隔周期。

10. 电池管理

对于充电电池的气体检测报警器不可将过度消耗电池电量。对于使用普通电池供电的气体检测报警器，如果长期不用，应将电池取出，以防电池漏液，损坏气体检测报警器。

11. 电磁干扰

曾经有一家国外企业在使用一台复合式气体检测报警器时，在没有任何先兆的情况下，突然失效。在检查报警器时，发现传感器正常。经过分析，该台报警器曾放在一台手持式无线发射器附近，经计算该发射器在检测仪处的场强为 10V/m，没有超出电磁兼容通用要求，但该气体检测报警器的制造商没有考虑需要抗这样水平电磁辐射。因此在安装使用气体检测报警器时，应考虑报警器的抗电磁辐射性能指标是否符合现场要求。

12. 意外损坏

便携式或移动式仪器发生跌落或其他损坏，可能会影响其防爆性能或检测性能，应立即由维修服务单位进行检查、维修和校准。

（二）维护

1. 外观检查

检查气体检测报警器是否有不正常的情况，例如故障、报警、非零读数等。确认气体检测报警器的传感器部件无堵塞或包覆现象，避免待测气体或蒸气到达气体检测报警器传感器时受阻碍，确保通过延长取样装置能正确取样。检查延长取样装置的管线和装配，是否发生破裂、凹陷、弯曲或有其他损坏的部件，如有都应按照气体检测报警器生产厂家的推荐进行更换。

2. 响应（灵敏度）检查

响应检查是为了确保仪器处于良好状态。应由实际操作仪器的人员进行此项检查，并在使用前进行。检查的简单顺序如下所示：

检查电池电压或电池情况→开机充分预热仪器→检查延长取样管及过滤装置正确连接并无泄漏或堵塞→在洁净空气中运行，检查零点读数的显示→检查响应。

后两项内容可按如下程序执行：

（1）将传感器探头或延长取样管置于清洁空气中，吸取足量空气吹扫延长管，如果观察到明显的零点偏移（氧气检测仪约为 20.9%），应对仪器进行重新校准，带有自动零点校准功能的设备，可直接调整。

（2）检查响应应采用仪器制造商推荐的现场校准工具以及已知的标准气或已知混和标准气来进行，该气体可使传感器产生响应，操作人员应知道或被告知应该得到什么响应数据，如果检验结果不在预计结果范围内，应对仪器重新进行校准。

对于仅有报警功能的仪器而言，标准气浓度应大于仪器最高报警设定值的 1.1 倍，在检查中，所有报警都应动作。

在使用中如果发生下列任何一种情况，应重新检查气体检测报警器：

（1）长期暴露在或使用于极端环境，如高温、高湿、低温、干燥或高浓度粉尘等严酷环境；

（2）曾暴露于高浓度（超最大浓度）待测气体；

（3）长期暴露于或短期高浓度接触溶剂蒸气或强腐蚀性气体；

（4）严酷的储存和使用条件，如跌落或浸入液体；

（5）使用或管理人变更；

（6）可能引起传感器性能劣化的使用环境变更；

（7）任何其他可能影响报警器性能的条件。

3. 定期核查与校准

便携式和移动式仪器应在合适的测试室内，由具备计量检定员资质并经相应仪器使用培训考核合格的人员进行核查和校准。典型的核查工作包括以下内容：

（1）重新设定模拟仪表的机械零点；

（2）检查电气连接件的牢固程度（外接探头、电源等）；

（3）充分预热仪器；

（4）检查气路是否泄漏或堵塞；

（5）检查阻火罩的阻塞情况；

（6）检查电池电压和/或电池情况，并作必要的调整和电池更换；

（7）进行故障测试；

（8）检验报警功能；

（9）在清洁空气中调整零值读数以及在已知校准气体浓度下调整仪器直到显示正确数值。

每年对气体检测报警器至少进行一次检定/测试校准，国家规定强制检测的气体检测报警器，按国家检定规范由具有国家检定资格证书的检测单位进行检定，国家未制定强制检定规范的气体检测报警器，按测试校准规范由国家认可的测试实验室进行测试校准。所有检定/测试校准都应由检定/测试校准单位出具报告并存档。经检定/测试校准发现不合格的气体检测报警器必须及时进行修理、更换。

二、固定式气体检测报警器的使用及维护

1. 定期外观检查

应对气体检测报警器的外壳破损、传感器损坏、连接松动等内容及报警联动控制单元进

行定期检查，每次检查包括所有问题都应记录并归档，对发现的问题应迅速处理。

2. 定期功能检查

应每周通过自检功能对控制和报警单元进行检查，以确保其灯光、报警和电路正常运行，当发现问题时，应迅速处理。应每月检查一次气体检测报警器零点。

3. 定期测试和系统运行检验

每三个月对气体检测报警器用标准气进行一次测试，校对气体检测报警器的误差、报警点及响应时间，并对气体检测报警器和控制器部分全回路做故障测试。新安装或长期使用并已出现老化现象的气体检测报警器以及在恶劣环境使用的报警器，应根据制造厂商和检定/校准单位建议适当缩短测试周期。所有测试应做详细记录。

4. 定期检定/测试校准

每年对气体检测报警器至少进行一次检定/测试校准，国家规定强制检测的气体检测报警器，按国家检定规范由具有国家检定资格证书的检测单位进行检定，国家未制定强制检定规范的气体检测报警器，按测试校准规范由国家认可的测试实验室进行测试校准。所有检定/测试校准都应由检定/测试校准单位出具报告并存档。经检定/测试校准发现不合格的气体检测报警器必须及时进行修理、更换。

5. 报警器的除尘

有的企业条件比较恶劣，粉尘灰尘较多，一定要提醒使用人员保持气体检测报警器清洁，特别是探头的清洁，防止堵塞。在做清洁工作中注意不能让仪器淋水，可以使用压缩空气经减压后吹扫。

三、气体检测报警器的维修

（1）固定式气体检测报警器应按现场有关规程进行修理或维护操作，故障报警器或部件应停电撤离危险区域后在安全场所内进行维修，现场如果没有可供立即替换的气体检测报警器或部件，则应使用可移动式气体检测报警器进行临时监测。

（2）对固定式气体检测报警器进行更换时，新气体检测报警器的量程应与被更换气体检测报警器的量程一致。若不一致，应及时调整二次仪表或指示报警设备的量程设置，无法调整时，需重新选择与二次仪表或指示报警设备量程相对应的气体检测报警器，或更换与新气体检测报警器量程相对应的二次仪表，以确保二次仪表或指示报警设备的量程与现场气体检测报警器的量程一致。

（3）对固定式气体检测报警器进行更换时，应根据厂家提供的安装手册规定进行更换和安装，特别应注意按有关安全警告要求进行操作。更换完成后，应及时供电，确认气体检测报警器正常工作。

（4）便携式和移动式仪器，应整体移动到安全场所进行修理和测试。

（5）气体检测报警器在使用单位的维修部门内进行例行维修，应按程序进行全面维护。因特殊气体检测报警器故障需返回制造商维修的，应记录故障现象。维修后的气体检测报警器在投入使用之前应进行重新检定。

四、气体检测报警器的校准与测试

1. 校准工具与测试设备

（1）根据国家计量检定规程规定的相应检定/校准标准气浓度，应配备带压钢瓶校准气，校准气应采用经国家计量部门考核认可的单位提供的标准气。校准气的不确定度应参照相关国家计量检定规程的要求。当校准气需要同时校准可燃气体传感器和有毒气体时，气瓶应经过特殊的内部处理。

（2）不能使用置于压缩气瓶或低压容器中的校准气对报警器进行校准时，报警器制造商应提供相对响应数据，以便用其他稳定的已有标准气体进行校准。

（3）应使用合适的调节装置（如减压调节阀）来降低压缩气瓶压力，调节装置应有一个预设的或可调的低压输出值，应与待校准的气体检测报警器相适应。多数情况下，校准气不应对传感器产生压力，因此需要调节装置或其他设备对气体流速进行调节，以满足制造商给定的要求值。

（4）对于泵吸式报警器，传统方法是使用装有校准气体的气袋在常压下送气以模拟正常的取样过程。另一种方法是采用压缩气瓶的校准气体经过调节装置提供比送气采样时高的流量，然后再加一根旁路管线到大气中以降低流量。

（5）泵吸式报警器之间的连接都需要连通管路，而扩散型装置需要特殊的校准适配器（校准罩），这些应由气体检测报警器生产商来设计以确保标准气能够环绕在传感器周围并排出环境空气，按其设计和指定控制下的流量，标准气体在正常扩散模式下使用时，对于相同气体会给出相同的响应。

（6）上述校准系统应不会吸附标准气体，并且不被校准气腐蚀（如硫化氢或氯气）。

（7）有些智能型便携式气体检测报警器内部装有微处理器和数据连接线，具有气体校准和数据传输功能，可以直接在所连接的电脑上生成检验报告。也可以基于相对响应数据生成特定的读数，比如用甲烷–空气混合气校准的报警器，可以准确地以如戊烷的形式读出数据。

（8）当校准复杂的气体检测报警器时，应遵循该报警器的制造商的建议。

2. 校准测试

（1）所有实验方式都要保证使校准混合气能够安全排空。

（2）在工作温度范围，报警器应能够稳定运行，且应可根据说明手册对报警器进行调节控制。

（3）通常用干净的环境空气或厂家推荐的钢瓶气体做零点检查和调整。

（4）校准系统应与报警器相连接并记录末次量程读数，如果需要，应调整示值范围使输出读数与标准气浓度或预先设定的读数相符合。当校准混合气移走时，示值应返回零值。如果报警器的零点和量程调节相互影响，应反复进行调整直到零点和量程都达到要求。

（5）当达到设定值时，应确定全部报警都能发出。

（6）应将每次校准测试数据记录在报警器的维护记录中。

五、气体检测报警器常见问题及对策(表5-1)

表5-1 气体检测报警器常见问题及对策

序　号	常见问题	对　策
1		
2		

1. 探头无显示、DCS或二次表显示故障

检查供电电源是否正常；安全栅是否正常；检查探头与控制柜的连接电缆，用万用表检查探头的信号是否正常。如果上述均正常，探头的显示屏或相关电路可能存在问题。

2. 通气无响应

确认标准气体类别正确(可用随身的袖珍表检验)，检查通气管路密封性，检查气路是否畅通，查阅说明书确认通气流量，检查传感器防护罩是否存在油污、灰尘或异物封堵。

3. 零点上下漂移，校零后，没有效果

检查周边是否存在待测气体或干扰气体，周围是否有高温气体不定期外排，报警器外壳接地是否可靠。可拆下到实验室稳定环境测试。

4. 气体检测报警器显示校准无效

气体检测报警器是否已完成预热，零点气和标准气种类及浓度是否正确。如果气体检测报警器受过高浓度待测气体(或干扰气体)、高温蒸汽或有机溶剂等不利因素侵蚀，或者传感器使用时间已超过制造商给出的典型寿命预期，应考虑更换传感器。

5. 检定合格的气体检测报警器，在短期内抽查示值超差

检查标准气体是否在有效期内，通气流量、气路连接是否与检定时相同，检定与抽查时的环境条件(温度、湿度)差别是否较大，气体检测报警器受过高浓度待测气体(或干扰气体)、高温蒸汽或有机溶剂等不利因素侵蚀。如果重新校准，依旧超差，则应考虑更换传感器。

6. 无法开机

检查电池电压，更换电池或充电。

7. 通气气体检测报警器显示较低

检查通气管路(包括气体检测报警器内部)是否泄漏，或是否由于过滤器堵塞造成进气流量过低。

8. 便携式气体检测报警器分批检定

由于生产区域值班人员值班需要佩带仪表，所以无法一批将所有仪表收齐，这就要求管理人员将气体检测报警器台账做清楚，然后根据台账分批检定，务必全部检定，不能遗漏。

典型可燃气体检测报警器维护记录表见表5-2。

表 5-2　典型可燃气体检测报警器维护记录表

制造商		型号	
购买日期		使用日期	
出厂编号		位置编号	
校准气体		安装位置	

定期校准外的维护记录

日期	维护性质		送检人	维护人	维护和更换零部件性质
	预定维护	故障			
1					
备注：					
2					
备注：					
3					
备注：					
4					
备注：					
5					
备注：					

校准记录

	日期	备注：
1		
2		
3		

习题及参考答案

一、习题

(一) 填空题

1. 当选定区域需要长期连续检测可燃气体或有毒气体，应选择_____式气体检测报警器；当需要进行泄漏检测、确认和监视可燃气体或有毒气体环境、安全检查作业及用于个人安全防护等类似用途时，应选择_____式气体检测报警器；当需要监测的区域或位置不具备设置固定式气体检测报警器的条件，或当需要监测临时性作业区域，并且此区域内在临时作业时有可能出现可燃、有毒气体或蒸气时，宜选择相应的_____式或_____式气体检测报警器。

2. 安装条件和环境条件受限制，或者需要检测轻微泄漏、毒性极大、易对人员造成伤害时宜选择_____式气体检测报警器，其他场合一般选择_____式气体检测报警器。

3. 监测密度小于空气的可燃气体或有毒气体的报警器，其安装高度应高出释放源_____m并且不得妨碍设备正常运行的上方或斜上方近屋顶处；监测密度大于空气的可燃气体检测报警器应安装在距地面(或楼层地面)_____m高度；监测密度大于空气的有毒气体检测报警器应安放在距地面(或楼层地面)_____m高度并靠近泄漏点。

4. 在有蒸汽和水雾的环境，不宜选用_____原理的报警器。

5. 气体检测报警器一般情况下应_____安装，使传感器向下，安装位置应无冲击、无振动、无水和其他液体滴落或喷溅、无水蒸气喷射、无强电磁干扰的场所。

6. _____原理仪器不得在可燃性气体浓度高于爆炸下限的条件下使用，以避免烧坏检测元件，应采用其他原理的仪器进行检测。

7. 对于固定式气体检测报警器，应每_____对气体检测报警器用标准气进行一次测试，校对气体检测报警器的误差、报警点及响应时间，并对气体检测报警器和控制器部分全回路做故障测试。

(二) 判断题

1. 待选型气体检测报警器给定的环境适用条件应满足报警器实际使用环境的温度、气压、湿度的变化范围。(　　)

2. 当靠近泄漏源设置气体检测报警器时，应考虑泄漏源温度对泄漏气体密度的影响及通风情况(最小频率下风侧)。(　　)

3. 对于原来炼制普通原油而现在改为炼制高含硫含酸原油的装置，不必对其中的气体检测报警器进行更改或增加。(　　)

4. 应在系统中加入足够的排水装置，避免和减少在气体检测报警器、系统电缆连接保护管内进水和存水。(　　)

5. 电化学式气体传感器不适用于长时间暴露于待测气体环境，如必须在此环境进行检测，可采用两台气体检测报警器轮换工作。(　　)

6. 对固定式气体检测报警器进行更换时，新气体检测报警器的量程应与被更换气体检测报警器的量程一致。若不一致，应及时调整二次仪表或指示报警设备的量程设置，无法调整时，需重新选择与二次仪表或指示报警设备量程相对应的气体检测报警器，或更换与新气体检测报警器量程相对应的二次仪表，以确保二次仪表或指示报警设备的量程与现场气体检测报警器的量程一致。（　　　）

二、参考答案

（一）填空题

1. 固定；便携；便携；移动　2. 吸入；扩散　3. 0.5~2；0.3~0.5；0.4~0.6　4. 红外　5. 垂直　6. 催化燃烧　7. 三个月

（二）判断题

1. √　2. ×　3. ×　4. √　5. √　6. √

第六章 案例分析

第一节 标准物质的选择与使用

报警器检定使用的主要标准器为气体标准物质，其量值准确与否直接决定检定结果的准确性。在实际的检定工作中，气体标准物质的计量特性常常被忽略，存在的主要问题：无制造计量器具许可证、准确度等级不符合要求、冒用资质、超授权范围生产、销售等。这就要求有关人员掌握相应知识，知道如何选购、确认、使用合法合规的气体标准物质，从而保证报警器检定的量值准确可靠。

【案例1】 某检定员购买了一瓶附有气体标准物质证书的空气中异丁烷气体标准物质，证书上显示为 GBW(E)，浓度为 $1.03\%(V/V)$，扩展不确定度为 $U=2\%(k=2)$。问该瓶气体标准物质可否用于检定可燃气体检测报警器？

【案例分析】 该瓶气体标准物质不能用于报警器的检定，该瓶气体附带的气体标准物质证书上给出的信息无国标号即无法溯源。

报警器的检定需要选择有证气体标准物质，所谓有证是指附有有效标准物质证书的气体标准物质。

(1) 要确认气体标准物质生产厂家的生产资质，是否具备制造计量器具许可证？可与气体生产厂家联系，索要资质，确定后再选择购买。

(2) 要确认气体标准物质的标准物质证书号，即国标号是否真实有效？依据厂家提供的国标号，可以登录中国标准物质信息网，输入该气体标准物质的国标号，查询该国标号是否真实存在。

(3) 要确认气体标准物质证书上给出的气体的浓度范围及不确定度是否符合计量检定规程的要求。

【案例2】 检定员携带一瓶浓度为 60%LEL\[气体标准物质证书上给出的是 1.01% (V/V)\]的空气中异丁烷气体标准物质去现场检定一台范围为 $(0\sim100)\%$LEL 的可燃气体检测报警器，发现仪器显示值为 64%LEL，按照规程要求示值误差 $\leqslant5\%$FS，于是判断该台报警器为合格，请问该检定员的做法是否正确？

【案例分析】 该检定人员的做法是错误的。错误的原因可能有以下几个方面：

(1) 气体标准物质的标称值不同于标准值，浓度约为 60%LEL 的气体标准物质，其中 60%LEL 为标称值，标准值是标准物质证书上给出的浓度值，需要进行换算。该检定员误将标称值当做实际值使用，即 $64-60=4\%$LEL，$4(\%$LEL$)<5\%$LEL。

(2) 检定员不清楚气体标准物质不同浓度之间的换算关系，案例中给出的是体积比浓度，需要将体积比浓度换算成($\%$LEL)，体积比浓度除以该气体在空气中的爆炸下限即为该气体的标准值。异丁烷的爆炸下限为 1.8%LEL，则标准值为 1.01/1.8＝56(%LEL)，示值误差为 64－56＝8(%LEL)，8%LEL>5%LEL，该台仪器不合格。

【案例3】 某单位购进一瓶国标号为 GBW(E)05216，浓度为 0.41%(V/V)的空气中氢气气体标准物质和一瓶国标号为 GBW(E)05216，浓度为 1.09%(V/V)的空气中异丁烷气体标准物质，附带的标准物质证书齐全，检定员发现附件齐全，于是用于可燃气体检测报警器的检定，请问该检定员的做法是否正确？

【案例分析】 该检定人员的做法是错误的。新购的气体标准物质应该进行查询确认，案例中提到不同的两种气体标准物质国标号相同，可能存在生产产家冒用资质的问题。经过上网查询发现 GBW(E)05216 为某厂家申请的测量范围为(0.5~1.1)%(V/V)的空气中异丁烷气体标准物质，显然氢气气体标准物质不能使用该国标号，属于厂家冒用资质扩大生产范围，所以该瓶氢气气体标准物质不能用于可燃气体检测报警器的检定。

【案例4】 某检定员接到检定任务，需赴现场对某企业的硫化氢气体检测仪进行检定，该检定员携带浓度为 10.0μmol/mol、19.9μmol/mol、40.3μmol/mol 的硫化氢标准气体，发现现场的硫化氢气体检测仪量程分为 50μmol/mol、100μmol/mol 两种，请问该检定员能否顺利完成本次检定任务？

【案例分析】 不能。根据检定规程要求，在开展硫化氢气体检测仪检定时，所使用的标准气体的浓度是根据仪器量程所确定的，检定不同量程的仪器使用的标准气体浓度是不一样的。本次检定该检定员所携带的标准气体仅满足量程为 50μmol/mol 硫化氢气体检测仪的检定，不能完成对量程为 100μmol/mol 硫化氢检测仪的检定。

对于需要到现场开展检定的项目，检定人员接到任务后首先要跟委托方联系，搜集与本次检定相关的资料，主要包括现场仪器的类型、数量、型号、量程、报警点的设置和使用说明书等，以便准备此次检定所需要的标准气体以及其他辅助仪器设备。

第二节　　仪表的检定/校准

在仪表的检定/校准过程中，经常遇到由于现场显示与 DCS 不一致、探测器数值显示和上位机数值不一致、标准气体使用不规范和通气管路选用不当等情况，造成仪表的检定/校准无法正常开展或检定/校准结果不准确的问题。

【案例1】 DS-100 系列仪表运行过程中现场显示与 DCS 不一致。

【案例分析】 DCS 控制系统(或控制器)显示数值与现场仪表显示不一致的原因为探测器输出电流值过高或过低(忽略线路传输过程中的电流损耗)。

排除过程为：首先将探测器输出回路与 DCS 控制系统断开，通过万用表测量探测器的供电是否在正常工况范围(通常工作电压为 DC 24V±5V)。如果不满足需检查供电单元。确保探测器供电正常后，测量探测器输出端 OUT 端子对电源端的输出电流值是否为 4mA，如果不是可同时按住遥控器的零点↑和零点↓约 3 秒后，显示单元会出现 C4 字样时松开，详见图 6-1，此时通过零点↑和零点↓按钮可调节零点输出电流，当确定线路存在损耗时可与 DCS 控制系统联调。调整完毕后待面板自动恢复至 0000 状态，详见图 6-2，此时同时按住遥控器的量程↑和量程↓约3秒后，显示单元会出现C20字样，详见图6-3，此时通过量程↑和量程↓按钮可调节满量程时的输出电流。待其自动恢复至初始界面后，校准完成。

图6-1　　　　　　　　　　　　图6-2　　　　　　　　　　　　图6-3

【案例2】　检定通气后现场探测器数值显示和上位机数值不一致。

【案例分析】　检定时通标气后现场探测器数值显示和上位机数值不一致的原因为探测器(4~20)mA电流输出不正常或现场报警器的量程和上位机的量程设置不一致。

排除过程为：查看探测器(4~20)mA电流输出是否正常，并重新设置现场报警器量程和上位机量程，确保一致。

【案例3】　某单位于2015年购买一批PID900型(PID)苯气体探测器，使用2年后，现场人员对仪表进行校准时，发现探测器显示偏差大，无法调零。

案例分析：为保证检测准确度，光电离(PID)检测原理的气体探测器在传感器中需使用离子膜屏蔽多余的紫外线。离子膜在长期的紫外线照射下，会逐渐被侵蚀从而失去屏蔽功能，导致仪表零点值过高，从而无法进行校准。

排除过程：现场人员更换新离子膜，对仪表进行校准后正常。

【案例4】　氯气探测器使用标准气体校准时无反应。

【案例分析】　氯气探测器使用标准气体校准时无反应的原因为氯气气体吸附性极强，而且气体极不稳定。配置的标准样气有效期只有3个月左右，环境潮湿情况下，也溶于水。

排除过程为：首先确保标准样气在有效期内。校准氯气探测器时，校准设备减压阀采用钢制减压阀，导管使用聚四氟乙烯管，而且管路长度尽量短，校准的时候，应加大流量长时间通入样气，使校准设备尽快吸附氯气分子后，使得氯气最终进入传感器内，进行校准。

第三节　运行维护及故障处理

气体检测报警器主要由探测器、控制器(DCS)和传输系统组成，在日常的运行维护过程中由于不同组成部分出现的故障均会造成现场目标气体的浓度检测不准确问题。对于各型气体检测报警器要严格落实日常巡检和运行维护要求，对于出现的各类故障应及时消除，以确保设备的安稳运行。

一、探测器故障

探测器故障主要由传感器、电路组件及信号感应模块等故障引起的，会造成探测器反应慢、无反应、无显示、零点漂移和乱报警等故障现象。

【案例1】 反应慢或无反应

1. 故障现象

SNE4100B 型有毒气体检测探测器通气时无反应或反应慢。

2. 原因分析

排查传感器组件透气孔是否堵塞，若未发生堵塞，分析故障原因为探测器内部传感器老化或失效。

3. 排除过程

清理堵塞传感器组件透气孔后进行通气，若故障现象未消除，联系厂家更换探测器内部传感器。

【案例2】 电路组件故障

1. 故障现象

现场接线供电后 50 台探测器显示正常、DCS 系统显示正常，1 台探测器显示正常、但 DCS 显示开路状态(以下简称 A 机)，1 台探测器无显示(以下简称 B 机)。

2. 原因分析

使用万用表检测发现 A 机、B 机 24V 电压输入正常；将 DCS 三条线两两相接，测量电阻，发现线路正常；经检测发现(4~20)mA 电流输出不正常。分析故障原因为探测器电路板组件故障。

3. 排除过程

将 A 机、B 机更换新电路板组件后，探测器及 DCS 显示正常。将故障电路组件返厂检测后发现 A 机电源板供电模块故障，B 机电源板信号输出模块故障。

【案例3】 零点漂移过大

1. 故障现象

可燃气体检测探测器长时间使用后出现零点漂移过大现象。

2. 原因分析

排查探测器零点电压是否偏高，若零点电压正常，分析故障原因为探测器内部传感器老化。

3. 排除过程

调整探测器零点电压，并对探测器重新清零，消除传感器老化造成的影响。

【案例4】 乱报警

1. 故障现象

可燃气体检测探测器出现乱报警现象。

2. 原因分析

现场有较大的电磁干扰源(安装在两个大功率电机之间)或者安装在振动源上造成显示跳变；传感器信号输出不稳定。

3. 排除过程

排查现场是否有较大的电磁干扰源或震动，如有采取消除措施；检查现场传感器部分是否工作正常，如需要使用标气进行标定。

【案例5】　通电不开机

1. 故障现象

SNE4100B 型可燃气体检测探测器通电后无法开机。

2. 原因分析

使用万用表检测 24V 电压输入正常，分析故障原因为探测器自恢复保险过流断开。

3. 排除过程

更换故障自恢复保险。

【案例6】　显示乱码或缺画

1. 故障现象

SNE4100B 型可燃气体检测探测器通电后显示乱码或缺画。

2. 原因分析

关闭探测器电源后重新开机，排除死机造成显示乱码或缺画现象，若故障现象无法排除，分析故障原因为探测器显示液晶片或主芯片故障。

3. 排除过程

更换探测器显示液晶片或主芯片。

【案例7】　背光闪烁不停

1. 故障现象

SNE4100B 型可燃气体检测探测器通电后显示背光闪烁不停。

2. 原因分析

人工遮挡探测器工作环境光线，排除光线处于背光开启临界状态造成显示背光闪烁不停现象，若故障现象无法排除，分析故障原因为探测器内部光亮度检测元件故障。

3. 排除过程

更换探测器内部光亮度检测元件。

【案例8】　磁棒或遥控器操作无反应

1. 故障现象

SNE4100B 型可燃气体检测探测器调整时磁棒或遥控器操作无反应。

2. 原因分析

排除磁棒或遥控器使用不当原因，并检查遥控器电池是否供电正常，若故障现象无法排除，分析故障原因为探测器内部感应或信号接收元件故障。

3. 排除过程

更换探测器内部感应或信号接收元件。

【案例9】　TRB 灯忽亮忽灭

1. 故障现象

SD-703GP 型探测器 TRB 灯出现忽亮忽灭现象。

2. 原因分析

探测器供电不正常；探测器传感器接线端子 3、4、5、6 接线不正常；TR3-TR4 间 DC 电压小于或大于 100mV。

3. 排除过程

供电不正常时，检查并排除供电模块或线缆故障；传感器接线端子 3、4、5、6 接线不正常时，检查并排除接线松动或线缆故障；TR3-TR4 间 DC 电压小于 100mV 时，更换故障传感器，大于 100mV 时，更换故障电路底板。

【案例 10】 零点无法调整故障

1. 故障现象

探测器出现零点无法调整现象。

2. 原因分析

传感器接线端子接线不正常；检查传感器零点电压是否符合说明书要求。

3. 排除过程

传感器接线端子接线不正常时，检查并排除接线松动或线缆故障；如果传感器零点电压不符合说明书要求，更换传感器或电路板。

【案例 11】 开路报警故障

1. 故障现象

KS-3 系列可燃气体探测器出现开路报警现象。

2. 原因分析

DCS 控制系统(或控制器)产生开路报警信息的主要原因是没有接收到电流信号所致。首先检查探测器输出电流是否正常。如果输出正常需检查线路。当现场仪表显示为-1 或 1 时，可能产生的故障原因如下：

① 探测器零点负漂。

② 传感器故障(或虚接)，导致惠斯通电桥失衡，致使检测器±∞ 报警，即显示-1 或 1。

③ 探测器 PCB 板故障。

3. 排除过程

① 通过遥控器调整零点↑或零点↓，如果可以调整将探测器显示单元调整至 000 状态，随后进行标定即可。

② 当遥控器无法调整，且测得探测器的输出电流为 2.9mA 时，检查传感器接线端子。分别检查前后腔体传感器接线端子有无虚接或端子氧化情况，并重新接线或更换接线端子排。

③ 当接线端子无虚接或氧化时，将传感器接线与端子断开，测量传感器检测原件和补偿原件的电阻值是否相同，判断是否由于惠斯通电桥失衡导致的故障。即测量传感器棕色与黄色和黑色与黄色间线束的电阻值是否为 1.8Ω±0.1Ω。如果两端阻值不同，则该传感器故障，通常当出现±∞ 报警时，其中一项阻值为零。

④ 当测量该故障探测器传感器两端阻值均为 1.8Ω 时，排除传感器故障，判断该探测器为 PCB 板故障。由于 PCB 电路较为复杂，无法通过现场简单的测量判断故障点，建议进行整套更换。同时不建议用户对电路板进行组装，否则该探测器的可靠性难以保证。

【案例12】 某点示值误差较大

1. 故障现象

日常例行检测时出现示值误差较大现象。年度检定时，探测器个别点不符合检定要求（如硫化氢 $0 \sim 100 \mu mol/mol$，需要检 $20 \mu mol/mol$、$50 \mu mol/mol$、$80 \mu mol/mol$ 三个点可能正常标定后其中某个点误差较大，其余两个点正常）。

2. 原因分析

探测器的传感器在使用一段时间后（通常为半年到一年以后）或者探测器工作在高温高湿环境中会出现传感器线性衰减导致。

3. 排除过程

此类故障的处理需按厂家说明书要求进行常规校准，如不成功则需要更换传感器。

【案例13】 催化燃烧传感器显示值不稳定

1. 故障现象

探测器为催化燃烧传感器的显示数值不稳定。

2. 原因分析

传感器为消耗元件，与变送器电路采用可拆卸连接，连接的牢固性非常关键。为电缆连接时，如果没有拧紧，或者因为时间久远电缆氧化，造成连接虚接，会产生显示数值跳变。

3. 排除过程

拧紧连接电缆，检查传感器电缆连接情况，并查看电缆是否有氧化情况，必要时更换传感器。

【案例14】 示值误差较大

1. 故障现象

探测器显示正常，但通入标准气体后示值误差较大。

2. 原因分析

传感器使用时间越久、使用环境中被测气体出现越频繁，容易导致传感器老化或变送器放大电路发生故障。

3. 排除过程

通入标准气体，如果通过校准调节，显示值无法到达气体浓度时，则传感器失效，需要更换新传感器，并再次校准；如果故障依旧，则不是传感器失效，应判断为变送器放大电路故障。

【案例15】 潮湿环境中硫化氢电化学传感器无反应。

1. 故障现象

在潮湿环境中，硫化氢电化学传感器通入标准气体时无反应。

2. 原因分析

在潮湿环境中，由于水在表面张力作用下，在隔爆片或防护网上形成水膜，阻塞气路。

3. 排除过程

可摘下传感器进行烘干处理。

【案例16】 电化学传感器开机后长时间浓度超量程。

1. 故障现象

电化学传感器开机后长时间浓度超量程。

2. 原因分析

① 传感器极化时间不够；

② 周围环境存在被测气体或干扰气体；

③ 传感器或电路板故障。

3. 排除过程

① 按仪器说明书要求对传感器进行极化；

② 如果超过极化时间，则判断周围环境是否存在被测气体或干扰气体；

③ 如果周围不存在被测气体或干扰气体，则判断传感器或电路板故障，建议进行维修或更换。

【案例 17】 光电离（PID）传感器无反应。

1. 故障现象

光电离（PID）传感器新安装使用后不久，通入标准气体时无反应。

2. 原因分析

① 灰尘、油污等堵塞气路；

② 灰尘、油污等污染紫外灯窗口，影响光路；

③ 传感器故障。

3. 排除过程

① 检查判断气路是否堵塞，如有堵塞进行清洁；

② 按说明书要求清洁紫外灯窗口；

③ 如上述操作仍无法解决，则更换传感器。

【案例 18】 雨后光电离（PID）传感器频繁误报警。

1. 故障现象

下雨后，光电离（PID）传感器频繁误报警。

2. 原因分析

水汽进入传感器凝结成液态水，导致传感器栅极短路。

3. 排除过程

取出传感器，用太阳晒或白炽灯烤（注意不要过热）等措施进行烘干处理，并建议在气路增加隔水透气膜或干燥设备等防潮措施。

【案例 19】 现场无测量气体时光电离（PID）传感器频繁误报警

1. 故障现象

现场无测量气体时，光电离（PID）传感器频繁误报。

2. 原因分析

光电离传感器和催化燃烧传感器一样，都不是单一检测型传感器，属于广谱型检测原理。只要电离能量在 10.6eV（电子伏特）之下的气体，均可以被光电离传感器检测到。不同的气体电离能量不同，因此检测浓度大小也不同。

3. 排除过程

用便携式光电离（PID）检测仪到现场确认，如果现象一致，则为干扰气体干扰导致。

【案例20】 变送器故障

1. 故障现象

探测器显示为0，但是报警控制器显示故障或者浓度报警。

2. 原因分析

显示为0的时候，电流输出不是4mA，探测器长时间工作后，电路部分产生偏差，导致电流输出不正常。

3. 排除过程

根据使用说明书，重新校准变送器电路参数，调节电流输出。

【案例21】 更换传感器不能正常工作

1. 故障现象

更换新传感器后，探测器不能正常工作。

2. 原因分析

变送器损坏造成工作电压过低或过高，传感器可能不工作或烧毁。

3. 排除过程

探测器更换传感器前，应先测量传感器端子工作电压，防止电压过高，造成新传感器烧毁。

【案例22】 用环境气体校准零点后，探测器响应时间变慢或显示值偏低。

1. 故障现象

用环境气体校准零点后，探测器响应时间变慢或显示值偏低。

2. 原因分析

工作环境中有少量气体泄漏，多次使用环境气体校准，导致零点不断增加，造成探测器响应时间变慢或显示值偏低。

3. 排除过程

使用零点气体进行校准，校准后示值正常，问题解决。

【案例23】 一氧化碳气体探测器浓度显示不稳定

1. 故障现象

一氧化碳气体探测器经常有浓度不为零的情况。

2. 原因分析

对一氧化碳气体探测器通入洁净的空气，发现探测器浓度回零，而便携式一氧化碳探测器还是显示不稳定的浓度值，经分析判断现场可能确实存在一氧化碳目标气体。

3. 排除过程

利用一氧化碳便携式气体探测器对附近的法兰连接进行检查，到达某法兰连接附近时，浓度明显增加。经分析，认为是法兰密封圈损坏造成一氧化碳泄漏，致使探测器经常浓度不为零。后在该化工厂更换密封圈后，探测器恢复正常。

【案例24】 声光报警器无响应

1. 故障现象

探测器显示值达到报警点，但声光报警器无响应。

2. 原因分析

造成此现象原因可能由电路板损坏、声光报警器损坏，声光报警器连接线松脱等原因引起。

3. 排除过程

首先查看发现声光报警器接线无松脱现象；给探测器通气，使探测器达到报警值，用万用表测量声光报警器接线端子有 24V 电压输出，声光报警器供电正常；可以判定是由声光报警器损坏所致，更换后正常。

二、控制器故障

控制器主要作用是给现场工作的探测器供电、对探测器回传的信号进行处理和显示。探测器输入信号后，控制器如果显示错误代码，查看说明书，判断故障原因；将正常工作的探测器信号接入故障通道，控制器未显示相应数值，说明控制器电路出现问题。

【案例 1】 标校时控制器显示值与探测器显示值不一致

1. 故障现象

标校时控制器显示值与探测器显示值不一致。

2. 原因分析

如探测器输入电流正常，应查看控制器量程是否与探测器一致；量程一致，可判定控制器电路部分损坏。

3. 排除过程

更换相同量程的探测器，或者修改控制器量程；维修更换控制器电路板。

【案例 2】 DCS 系统出现误报警

1. 故障现象

探测器通过 DCS 系统供电，通电检查后，DCS 系统出现误报警。

2. 原因分析

报警探测器工作正常，分析后判断由 DCS 电源问题造成，通过测量发现虽然电源供电是 24VDC，但是用交流挡测试发现，在 24VDC 电源之上，还有 100V 左右交流电源。

3. 排除过程

更换电源后，再测量没有交流电现象，但 DCS 系统依旧报警。经检查，DCS 系统信号采集卡损坏，再更换 DCS 系统信号采集卡后，DCS 系统工作显示正常。

【案例 3】 DCS 系统出现负值

1. 故障现象

正常检测状态，探测器正常，DCS 系统出现负值。

2. 原因分析

首先确定探测器输出电流正常，DCS 信号取样部分偏差或组态问题。

3. 排除过程

控制器具有屏蔽负值的功能，DCS 系统一般没有此功能，可以通过修改组态方式或调整信号取样电路，屏蔽显示负值。

【案例4】　与上位机通信不正常

1. 故障现象

控制器与上位机通信不正常，造成无法正常监控。

2. 原因分析

排除通讯线路连接和电磁(EMC)干扰因素后，分析原因为控制器通信板不正常。

3. 排除过程

通过使用第三方软件(ModbusPoll软件)，设置好参数后，与其通信的方法进行确认，确认后更换控制器通信板进行排除。

【案例5】　显示备用电源异常

1. 故障现象

控制器显示备用电源异常故障。

2. 原因分析

通过测量备用电源电压的方法确认是否为备用电源故障；若备用电源正常，分析为控制器备用电源检测板故障。

3. 排除过程

维护人员更换控制器备用电源或备用电源检测板予以排除。

【案例6】　控制器记录卡显示FF故障

1. 故障现象

现场T200型控制器记录卡显示FF故障，无法恢复正常。

2. 原因分析

查T200说明书故障代码FF为控制卡与记录卡通讯失败。经现场了解，用户增加新的控制卡后，未按说明书要求设置控制卡地址，造成控制卡与记录卡通讯失败。

3. 排除过程

按厂家说明书要求调整记录卡地址与控制卡地址一致。

【案例7】　控制器零点漂移故障

1. 故障现象

现场探测器显示值为"0"，控制器一直有10ppm的数值显示。

2. 原因分析

分析为控制器零点漂移原因引起。

3. 排除过程

测量现场探测器输出电流为4mA，可以判定控制显示值应该为"0"，此为控制器零点漂移原因所致，通过控制器的调零功能，将控制器数值调为"0"。

【案例8】　控制器LED指示灯微亮、蜂鸣器长鸣故障

1. 故障现象

可燃气体控制器LCD无显示或显示不正常、LED指示灯微亮、蜂鸣器长鸣。

2. 原因分析

造成此现象原因可能由主、备电连接不正常，控制器主板损坏引起。

3. 排除过程

检查控制器主、备电连接均正常，可以初步判定为控制器主板损坏所致，更换新主板后功能正常。

三、传输故障

传输故障主要由供电电压、电流及信号传输线缆等故障引起的，会造成探测器或控制器无显示、控制器或 DCS 显示故障等现象。

【案例 1】 探测器无显示

1. 故障现象

现场接线供电后 59 台探测器显示正常、DCS 系统显示正常、9 台探测器无显示。

2. 原因分析

排除探测器故障后，针对探测器无显示故障现象，对探测器供电电压进行测量，发现24V 电压传输不正常。

3. 排除过程

将万用表打至直流电压挡，万用表红线放置报警器电路板+24V 端子处，万用表黑线放置报警器电路板 GND 端子处，查看是否有 24V 电压输入，经检测发现无 24V 电压输入。进行现场校线，将 DCS 三条线路两两相接，测量电阻，检查是否有断路、短路等现象，检测发现 9 台故障探测器有正负电源线接反、断路、短路现象，校正后 9 台探测器显示正常。

【案例 2】 DCS 无显示

1. 故障现象

现场接线供电后 31 台探测器显示正常、DCS 系统显示正常，4 台探测器显示正常但DCS 显示开路状态。

2. 原因分析

排除探测器故障后，针对 DCS 显示故障现象，对探测器输出电流进行测量，发现(4~20)mA 电流传输不正常。

3. 排除过程

将万用表红线换至电流插孔，打至电流挡，万用表红线放置报警器电路板(4~20)mA 端子处，万用表黑线放置报警器电路板 GND 端子处，查看是否有(4~20)mA 电流输出，经检测发现回路无电流输出。将 DCS 三条线两两相接，测量电阻，检查是否有断路、短路现象，经检测发现 4 台故障探测器有电源负线与电流线接反、断路、短路现象，校正后 4 台探测器显示正常。

【案例 3】 通道保险熔断

1. 故障现象

报警控制器通电后，通道保险马上熔断。

2. 原因分析

报警控制器为连接的探测器提供直流 24V 的工作电流，一般为 300~500mA，如果探测器耗电太大，或者电缆出现短路、漏水等现象，则会出现通电即熔断电源保险。

3. 排除过程

排除电缆短路或漏水问题，如果依然熔断，则更换新探测器。

【案例 4】　报警控制器显示数值乱跳

1. 故障现象

探测器显示正常，报警控制器显示数值乱跳。

2. 原因分析

出现此类现象，首先检查信号线传输电流是否正常，如果信号线正常，可以判定为一般电缆线故障所致；电缆线路如果没有问题，则检查工作环境是否有强烈干扰。

3. 排除过程

先判断电缆是否有虚接问题，若没有虚接考虑是否存在干扰源，如存在干扰源，可选用带屏蔽层电缆连接探测器和控制器。

【案例 6】　最远端控制器或 DCS 通信不稳定

1. 故障现象

最远端控制器或 DCS 通信不稳定。

2. 原因分析

可能是最远端的控制器通信或 DCS 通信处没有加装终端电阻。

3. 排除过程

先找到最远端的控制器通信或 DCS 通信板，再接上 110Ω 电阻的方法确认，确认故障现象消除后，加装 110Ω 电阻予以排除。

附　　录

附录1　作业场所环境气体检测报警仪通用技术要求

本标准的技术要求、试验方法、标志、检验规则、使用说明书为强制性。其中5.3.9全量程指示偏差、5.3.10高速气流、6.10全量程指示偏差试验、6.11高速气流试验注明为推荐性。

1　范围

本标准规定了作业场所气体检测报警仪(以下简称"检测报警仪")的术语、分类、技术要求、试验方法、检测规则与标识等。

本标准适用于中华人民共和国境内作业场所可燃性气体、有毒气体和氧气检测报警仪的生产和使用。其他特种场所中使用的检测报警仪,除由有关标准另行规定外,亦应执行本标准。

2　规范性引用文件

下列文件中的条款通讨本标准的引用而成为本标准的条款。凡是注日期的引用文件,其随后所有的修改(不包括勘误的内容)或修订版均不适用于本标准,然而,鼓励根据本标准达成协议的各方研究是否可使用这些文件的最新版本。凡是不注日期的引用文件,其最新版本适用于本标准。

GB/T 2421 电工电子产品环境试验　第1部分:总则

GB/ 3836.1 爆炸性气体环境用电气设备　第1部分:通用要求

GB/ 3836.2 爆炸性气体环境用电气设备　第2部分:隔爆型"d"

GB/ 3836.4 爆炸性气体环境用电气设备　第4部分:本质安全型"i"

GB/T 4798.10 电工电子产品应用环境条件　导言

GB/T 4857.5 包装　运输包装件　跌落试验方法

GB 15322—2003(所有部分)　可燃气体探测器

GBZ 2—2002 工作场所有害因素职业接触限值

3　术语和定义

下列术语和定义适用于本标准。

3.1　传感器　sensor

将样品气体的浓度转换为测量信号的部件。

3.2　检测器　detection parts

由采样装置、传感器和前置放大电路组成的部件。

3.3　指示器　indicator parts

指示气体浓度测量结果的部件。

3.4 报警器 alarm parts

气体浓度达到或超过报警设定值时发出报警信号的部件，常用有蜂鸣器、指示灯。

3.5 气体报警仪 gas alarm instrument

气体报警仪应由检测器和报警器两部分组成。

3.6 气体检测仪 gas detection instrument

气体报警仪应由检测器和指示器两部分组成。

3.7 气体检测报警仪 gas detection and alarm instrument

气体报警仪应由检测器、指示器和报警器三部分组成。

3.8 检测范围 detection range

报警仪在试验条件下能够测出被测气体的浓度范围。

3.9 检测误差 detection error

在试验条件下，报警仪用标准气体校正后，指示值与标准值之间允许出现的最大相对偏差。

3.10 报警误差 alarm error

在试验条件下，报警仪用标准气体校正后，报警指示值与报警设定值之间允许出现的最大相对偏差。

3.11 报警设定值 alarm setting value

根据有关规定，报警仪预先设定的报警浓度值。

3.12 重复性 repeatability

同一报警仪在相同条件下，对同一检测对象在短时间内重复测定，各显示值间的重复程度，采用平均相对偏差。

3.13 稳定性 stability

在同一试验条件下，报警仪保持一定时间的工作状态后性能变化的程度。

3.14 响应时间 response time

在试验条件下，从检测器接触被测气体至达到稳定指示值的时间。规定为读取达到稳定指示值90%的时间作为响应时间。

3.15 监视状态 monitoring state

报警仪发出报警前的工作状态。

3.16 报警状态 alarming state

报警仪发出报警时的工作状态。

3.17 故障状态 fault state

报警仪发生故障不能工作的状态。

3.18 零气体 zero gas

不含被测气体或其他干扰气体的清洁的空气或氮气。

3.19 标准气体 standard gas

成份、浓度和精度均为已知的气体。

3.20 时间加权平均容许浓度 permissible concentration-time weighted average，PC-TWA

以时间为权数规定的8h工作日的平均容许接触水平。是毒气检测报警仪应该具有的测试功能。

3.21　最高容许浓度　maximum allowable concentration，MAC

在工作地点、一个工作日、任何时间均不应超过的有毒化学物质的浓度。是毒气检测报警设定的基础。

3.22　短时间接触容许浓度　permissible concentration-short term exposure limit，PC-STEL

一个工作日内，任何一次接触不得超过 15min 时间加权平均的容许接触水平。是毒气检测报警仪应该具有的测试功能。

3.23　作业场所　workplace

劳动者进行职业活动的全部地点。

4　分类

4.1　按检测对象分类

4.1.1　可燃气体检测报警仪；

4.1.2　有毒气体检测报警仪；

4.1.3　氧气检测报警仪。

4.2　按检测原理分类

4.2.1　可燃气体检测仪

a）催化燃烧型；

b）半导体型；

c）热导型；

d）红外线吸收型。

4.2.2　有毒气体检测报警仪

a）电化学型；

b）半导体型；

c）光电离子(PID)。

4.2.3　氧气检测报警仪：有电化学型等。

4.3　按使用方式分类

4.3.1　便携式；

4.3.2　固定式。

4.4　按使用场所分类

4.4.1　非防爆型；

4.4.2　防爆型。

4.5　按功能分类

4.5.1　气体检测仪；

4.5.2　气体报警仪；

4.5.3　气体检测报警仪。

4.6　按采样方式分类

4.6.1　扩散式；

4.6.2　泵吸式。

4.7　按供电方式分类

4.7.1　干电池；

4.7.2　充电电池；

4.7.3　电网供电。

4.8　按工作方式分类

4.8.1　连续工作式；

4.8.2　单次工作式。

5　技术要求

5.1　总则

气体报警仪和气体检测报警仪的技术要求及试验方法应执行本标准。并首先满足本章技术要求，然后按第6章规定进行试验，并满足试验要求。

5.2　结构与外观要求

5.2.1　气体报警仪(以下简称"报警仪"或"检测报警仪")应由检测器和报警器两部分组成；气体检测报警仪应由检测器、指示器和报警器三部分组成。

5.2.2　便携式报警仪应体积小、质量轻、便于携带或移动。

5.2.3　固定式报警仪的检测器应具有防风雨、防沙、防虫结构，安装方便；报警器便于安装、操作和监视。

5.2.4　应使用耐腐蚀材料制造仪器或在仪器表面进行防腐蚀处理，其涂装与着色不易脱落。

5.2.5　报警仪处于工作状态时应易于识别。

5.2.6　报警仪应易于校正。

5.2.7　报警仪用于存在易燃、易爆气体的场所时，应具有防爆性能，符合 GB3836.1、GB3836.2 和 GB3836.4，并取得防爆检验合格证。

5.2.8　报警仪和检测报警仪应具有有效的报警装置。

5.3　性能要求

5.3.1　检测报警仪应满足以下功能：

5.3.1.1　检测报警仪应对声、光警报装置设置手动自检功能。

5.3.1.2　对于有输出控制功能的检测报警仪，当检测报警仪发出报警信号时，应能启动输出控制功能。

5.3.2　使用电池供电的检测报警仪，当电池电量低时，应能发出与报警信号有明显区别的声、光指示信号，其电池性能应符合以下要求：

a) 便携式检测报警仪在指示电池电量低的情况下，连续工作方式再工作15min，单次工作方式再操作 10 次，其误差应满足表 1 和表 2 的要求。连续工作的便携式检测报警仪的电池连续工作时间应不少于 8h，或单次工作的便携式检测报警仪的电池持续工作时间应能保证其完整工作 200 次。

b) 对于使用电池供电的固定式检测报警仪，固定式检测报警仪的电池连续时间应不少于 30d，在指示电池电量低的情况下再工作24h 后，其误差应满足表 1 和表 2 的要求。

5.3.3 检测误差

检测误差应符合表1的要求。

表1 检测误差

检 测 对 象	检 测 范 围	检 测 误 差
可燃气体	仪器满量程正常测试范围内	±10%(显示值)±5%(满量程)以内,取大
有毒气体	仪器满量程正常测试范围内	±10%(显示值)±5%(满量程)以内,取大
氧气(报警仪)	仪器满量程正常测试范围内	±0.7%(体积比)以内
氧气(检漏报警仪)	仪器满量程正常测试范围内	±5%(体积比)以内

5.3.4 报警误差

报警误差应符合表2的要求。

表2 报警误差

检 测 对 象	报 警 设 定 值	报 警 误 差
可燃气体	仪器满量程正常测试范围内	±15%(报警设定值)以内
有毒气体	仪器满量程正常测试范围内	±15%(报警设定值)以内
氧气(报警仪)	仪器满量程正常测试范围内	±1.0%(体积比)以内
氧气(检漏报警仪)	仪器满量程正常测试范围内	±5%(设定值)以内

5.3.5 重复性

在正常环境条件下,对同一台检测报警仪同一浓度测6次,其检测误差应满足表3的要求。

表3 重 复 性

检 测 对 象	误 差*	检 测 对 象	误 差
可燃气体	±5%以内	氧气	±3%以内
有毒气体	±5%以内		

注:表中的误差计算采用相对标准偏差。

5.3.6 方位试验(吸入式检测器除外)

分别在 X、Y、Z 三个互相垂直的轴线上每旋转45°测其检测误差和报警误差,其检测误差和报警误差应满足表1和表2的要求。

5.3.7 电压波动

检测报警仪的供电电压为额定供电电压的±15%,其检测误差和报警误差应满足表1和表2的要求。

5.3.8 响应时间

可燃气体检测仪响应时间在30s以内;有毒气体氨气、氢氰酸、氯化氢、环氧乙烷、臭氧气体160s以内,其他有毒气体检测报警仪检测与报警响应时间在60s以内,氧检测报警仪检测响应时间在20s以内,报警响应时间(按6.9.3.5测试方法)在5s以内;氧气检漏报警仪检测与报警响应时间在20s以内。

5.3.9 全量程指示偏差

检测仪在全量程范围内其检测误差应满足 5.3.3 的要求。

5.3.10 高速气流

在气流速度为 6m/s 的条件下，检测报警仪的检测误差和报警误差应分别满足表 4 和表 5 的要求。

表 4 检测误差

检测对象	检测范围	检测误差
可燃气体	仪器满量程正常测试范围内	±20%(显示值)±10%(满量程)以内，取大
有毒气体	仪器满量程正常测试范围内	±20%(显示值)±10%(满量程)以内，取大
氧气(报警仪)	仪器满量程正常测试范围内	±1.4%(体积比)以内
氧气(检漏报警仪)	仪器满量程正常测试范围内	±10%(体积比)以内

表 5 报警误差

检测对象	报警设定值	报警误差
可燃气体	仪器满量程正常测试范围内	±25%(报警设定值)以内
有毒气体	仪器满量程正常测试范围内	±25%(报警设定值)以内
氧气(报警仪)	仪器满量程正常测试范围内	±1.4%(体积比)以内
氧气(检漏报警仪)	仪器满量程正常测试范围内	±10%(设定值)以内

5.3.11 长期稳定性能

固定安装的检测报警仪应能在正常环境条件下连续运行 28d。试验期间，检测报警仪应能正常工作。试验后，检测报警仪的检测误差和报警误差应满足表 1 和表 2 的要求。

5.3.12 绝缘耐压性能

检测报警仪有绝缘要求的外部带电端子、电源插头分别与外壳间的绝缘电阻在正常环境条件下应不小于 100MΩ，在湿热环境下应不小于 1MΩ。上述部位还应根据额定电压耐受频率为 50Hz，有效值电压为 1500V(额定电压超过 50V 时)或有效值电压为 500V(额定电压不超过 50V 时)的交流电压历时 1min 的耐压试验，试验期间检测报警仪不应发生放电或击穿现象，试验后检测报警仪功能应正常。

5.3.13 辐射电磁场试验

检测报警仪应能耐受表 6 所规定的电磁辐射干扰试验，试验期间及试验后应满足下述要求：

a) 试验期间，检测报警仪应能正常工作；

b) 试验后，见擦报警仪的检测误差和报警误差应满足表 1 和表 2 的要求。

5.3.14 静电放电试验

检测报警仪应能耐受表 6 所规定的静电放电干扰试验，试验期间及试验后应满足下述要求：

a) 试验期间，检测报警仪应能正常工作；

b) 试验后，检查报警仪的检测误差和报警误差应满足表 1 和表 2 的要求。

表6 辐射电磁场、静电、电瞬变脉冲试验

试 验 名 称	试 验 参 数	试 验 条 件	工 作 状 态
辐射电磁场试验	场强(V/m)	10	正常监视状态
	频率范围/MHz	1~1000	
静电放电试验	放电电压/kV	8000	正常监视状态
	放电次数	10	
电瞬变脉冲试验	瞬变脉冲电压/kV	AC电源线 2	正常监视状态
		其他连接线 1	
	极性	正、负	
	时间	每次1min	

5.3.15 电瞬变脉冲试验

检测报警仪应能耐受表6所规定的电瞬变脉冲干扰试验，试验期间及试验后应满足下述要求：

a) 试验期间，检测报警仪应能正常工作；

b) 试验后，检查报警仪的检测误差和报警误差应满足表1和表2的要求。

5.3.16 高低温试验

检测报警仪应能耐受表7所规定的气候环境条件下的各项试验，试验期间及试验后应满足下述要求：

a) 试验期间，检测报警仪应能正常工作；

b) 试验后，检测报警仪应无破坏涂覆和腐蚀现象，其检测误差和报警误差应满足表4和表5的要求。

5.3.17 恒定湿热试验

检测报警仪应能耐受表7所规定的气候环境条件下的各项试验，试验期间及试验后应满足下述要求：

a) 试验期间，检测报警仪应能正常工作；

b) 试验后，检测报警仪应无破坏涂覆和腐蚀现象，其检测误差和报警误差应满足表4和表5的要求。

表7 高温、低温、恒定湿热试验

试 验 名 称	试 验 参 数	试 验 条 件	工 作 状 态
高温试验	温度/℃	55	正常监视状态
	持续时间/h	2	
低温试验	温度/℃	−10	正常监视状态
	持续时间/h	2	
恒定湿热试验	温度/℃	40	正常监视状态
	相对湿度/%	93	
	持续时间/h	2	

5.3.18 振动跌落试验

检测报警仪应能耐受表 8 所规定的各项试验，试验期间及试验后应满足下述要求：

a) 试验期间，检测报警仪应能正常工作；

b) 试验后，检测报警仪不应有机械损伤和紧固部位松动现象，检测报警仪的监测误差和报警误差应满足表 1 和表 2 的要求。

表 8 振动跌落试验

试 验 名 称	试 验 参 数	试 验 条 件	工 作 状 态
振动试验	频率范围/Hz	10～150	正常监视状态
	加速度	0.5g	
	扫频速率/(oct/min)	1	
	轴线数	3	
	每个轴线扫频次数	10	
跌落试验	跌落高度/mm	250(质量小于 1kg)	不通电状态
		100(质量在 1kg～10kg 之间)	
		50(质量大于 10kg)	
	跌落次数	1	

5.3.19 气体检测报警仪干扰气体的影响说明

气体检测报警仪应说明干扰气体的影响，尤其是广谱性敏感传感器报警器(如 PID、半导体传感器)，在使用时一定要说明其干扰和应用环境。当检测气体具有毒性与爆炸性时，应优先考虑使用有毒气体检测报警仪进行检测(如 CO)。

6 试验方法

6.1 试验纲要及试验条件

6.1.1 试验项目见表 9。

表 9 试 验 项 目

序号	章条	试验项目	报警器编号											
			1	2	3	4	5	6	7	8	9	10	11	12
1	6.2	功能	√	√	√	√	√	√	√	√	√	√	√	√
2	6.3	电池性能	√	√	√	√	√	√	√	√	√	√	√	√
3	6.4	检测误差	√	√	√	√	√	√	√	√	√	√	√	√
4	6.5	报警误差	√	√	√	√	√	√	√	√	√	√	√	√
5	6.6	重复性	√											
6	6.7	方位		√										
7	6.8	电压波动			√									
8	6.9	响应时间				√								
9	6.10	全量程指示偏差					√							
10	6.11	高速气流试验						√						

序号	章条	试验项目	报警器编号											
			1	2	3	4	5	6	7	8	9	10	11	12
11	6.12	长期稳定性试验	√	√										
12	6.13	绝缘电阻							√					
13	6.14	耐压								√				
14	6.15	辐射电磁场									√			
15	6.16	静电放电									√			
16	6.17	电瞬变脉冲									√			
17	6.18	高温										√		
18	6.19	低温											√	
19	6.20	恒定湿热										√		
20	6.21	振动												√
21	6.22	跌落					√							

6.1.2 试验样品为12只，并在试验前予以编号。

6.1.3 如在有关条文中没有说明，则各项试验均在下述条件下进行：

a）温度：15℃～35℃；

b）相对湿度（RH）：30%～80%之间的某一恒定值±10%；

c）大气压：86kPa～106kPa。

6.1.4 如在有关条文中没有说明时，各项试验数据的容差均为±5%。

6.1.5 检测报警仪（以下简称"试样"）在试验前均按5.2进行外观和结构检查，符合要求时方可进行试验。

6.1.6 当试样进入工作状态，并经过规定的稳定时间后即可开始试验。校正仪器时，使用零气体和标准气体。标准气体应该用国家认可的标气生产厂家生产的标气，不同浓度的标气可采用计量认证通过的气体稀释装置配制，但其气体浓度必须满足不确定度≤2.0%。

6.2 功能试验

6.2.1 目的

检验试样的功能。

6.2.2 要求

试样的功能应符合5.3.1要求。

6.2.3 方法

操作试样的自检机构，观察并记录试样的声、光报警情况。

6.3 电池性能试验

6.3.1 目的

检验试样的电池性能。

6.3.2 要求

试样的电池性能应满足5.3.2要求。

6.3.3　方法

6.3.3.1　检查试样电池低电量指示功能的设置情况。

6.3.3.2　对于便携式检测报警仪，使试样连续工作至电池低电量指示时，再工作15min。然后，按6.4.3和6.5.3方法检测试样的检测误差和报警误差。再将连续工作的试样装入电量充足的电池，使其处于正常监视状态，8h后，检查试样的工作情况。

6.3.3.3　对于使用电池供电的固定式检测报警仪，使试样连续工作至电池低电量指示时，再工作24h。然后，按6.4.3和6.5.3方法检测试样的检测误差和报警误差。再将试样装入电量充足的电池，使其处于正常监视状态，30d后，检查试样的工作情况。

6.4　检测误差试验

6.4.1　目的

检验试样的检测误差。

6.4.2　要求

试样的检测误差应满足5.3.3要求。

6.4.3　方法

按厂家规定对仪器或装置进行校正，然后，将含量分别为20%、40%、60%满刻度值的试验气体通入检测器，记录指示值，并计算出指示值与试验气体含量的检测误差。

6.5　报警误差试验

6.5.1　目的

检验试样报警误差。

6.5.2　要求

试样的报警误差应满足5.3.4要求。

6.5.3　方法

6.5.3.1　检验可燃气报警仪时，按厂家规定对仪器或装置进行校正，应将低于设定报警含量的被测气体通入检测器，然后将试验气体的浓度逐渐升高，直至发生报警，计算此时试验气体的含量与报警设定值的误差。

6.5.3.2　检验氧气报警仪时，按厂家规定对仪器或装置进行校正，应将高于设定报警浓度的氧气通入检测器，然后逐渐降低氧气的浓度，直至发出报警，计算此时试验氧气的含量与设定氧气报警含量的误差。

6.5.3.3　检验毒气报警仪时，按厂家规定对仪器或装置进行校正，应将低于设定报警含量的被测气体通入检测器，然后将试验气体的含量逐渐升高，直至发生报警，计算此时试验气体的含量与报警设定值的误差。

6.6　重复性试验

6.6.1　目的

检验单只检测报警仪多次报警时的一致性。

6.6.2　要求

试样的重复性应满足5.3.5规定。

6.6.3　方法

按厂家规定对仪器或装置进行矫正。在试样正常工作位置的任意一个方位和含量上连续进行 6 次测试，至少采用一种含量，计算其误差。

6.7 方位试验

6.7.1 目的

检验检测报警仪在不同方位上的进气性能。

6.7.2 要求

试样方位性能应满足 5.3.6 规定。

6.7.3 方法

使试样处于正常监视状态 20min，以一定的速率增加试验气体含量，检测试样在 Z 轴线上方位 0° 的指示值；以后每旋转 45° 方位进行一次试验，测量 Z 轴线上每个方位的指示值。分别测量 Y、X 轴线上各个方位的指示值，如果在 Y、X 轴线上探测器的外部结构和内部部件结构对气流速度无影响时，可不进行 Y、X 轴的试验。

6.8 电压波动试验

6.8.1 目的

检验试样对供电电压波动的适应能力。

6.8.2 要求

试样对供电电压的适应能力应满足 5.3.7 要求。

6.8.3 方法

将试样供电电压调至 85% 额定工作电压，并稳定 20min，按 6.4.3 和 6.5.3 方法检测试样的检测误差和报警误差，然后将试验箱内的气体排除，使试样恢复到正常监视状态。将试样供电电压调至 115% 额定工作电压，并稳定 20min，再按 6.4.3 和 6.5.3 方法检测试样的检测误差和报警误差。

6.9 响应时间试验

6.9.1 目的

检验试样的响应时间。

6.9.2 要求

试样的响应时间应满足 5.3.8 要求。

6.9.3 方法

6.9.3.1 将试样接通电源，使其处于正常监视状态 20min。

6.9.3.2 对于可燃气检测仪和毒气检测仪，将检测器暴露在含量为全量程 60% 的试验气体中，同时计时，测出达到仪器指示出试验气体含量的 90% 的响应时间。

6.9.3.3 对于毒气报警仪，将检测器暴露在含量为试样报警动作值的 1.6 倍的试验气体中，同时启动计时装置，测出达到仪器指示出试验气体含量的 90% 的响应时间。

6.9.3.4 对于氧气检测仪，通入标准气体或空气导入口吸入标准气，测出达到 90% 的响应时间。

6.9.3.5 对氧气报警仪，通入纯氮气(零气体)或在空气导入口吸入氮气，同时启动计时装置，待试样发出报警信号时，记录试样的响应时间。

6.10 全量程指示试验

6.10.1 目的

检验试样全量程指示偏差。

6.10.2 要求

试样的全量程指示偏差应满足5.3.9要求。

6.10.3 方法

6.10.3.1 将试样接通电源，使其处于正常监视状态20min。

6.10.3.2 分别调节进入气体稀释器的可燃气体和洁净空气的流量，配置出流量为500mL/min，并分别达到试样满度10%、25%、50%、75%、90%含量的试验气体。然后经校验罩分别将配置好的试验气体输送到试样的传感元件上至少1min，记录试样在每一种情况下的指示情况。

6.11 高速气流试验

6.11.1 目的

检验试样对高速气流的适应性。

6.11.2 要求

试样的高速气流性能应满足5.3.10要求。

6.11.3 方法

6.11.3.1 将试样按正常工作状态要求安装于试验箱中，接通电源，使其处于正常监视状态20min。

6.11.3.2 启动通风机，使试验箱内气流速度稳定在6m/s±0.5m/s，按6.4.3和6.5.3方法检测试样的检测误差和报警误差。

6.12 长期稳定性试验(仅适用于固定安装的检测报警仪)

6.12.1 目的

检验试样在正常大气条件下长期运行的稳定性。

6.12.2 要求

试样长期运行的稳定性应满足5.3.11要求。

6.12.3 方法

6.12.3.1 接通电源，使试样处于正常监视状态20min，调准零点。

6.12.3.2 在正常环境条件下，使试样连续运行28d。

6.12.3.3 试验结束后，按6.4.3和6.5.3方法检测试样的检测误差和报警误差。

6.13 绝缘电阻试验

6.13.1 目的

检验试样的绝缘性能。

6.13.2 要求

试样的绝缘性能应满足5.3.12要求。

6.13.3 方法

6.13.3.1 在正常环境条件下，用绝缘电阻测试装置，分别对试样检测部位施加500V±50V直流电压，持续60s±5s，检测其绝缘电阻，需检测的部位包括：

a) 有绝缘要求的外部带电端子与外壳间；

b) 电源插头与外壳间(电源开关置于开位置，不接通电源)。

6.13.3.2 将试样放置到温度为40℃±5℃的干燥箱中干燥6h，再放置到温度为40℃±

2℃、相对湿度为 90%～95% 的湿热试验箱中，保持 96h，然后在正常环境条件下放置 60min，按上述方法检测其绝缘电阻。

6.14　耐压试验

6.14.1　目的

检验试样的耐压性能。

6.14.2　要求

试样的耐压性能应满足 5.3.12 要求。

6.14.3　方法

6.14.3.1　用耐压试验装置，以 100V/s～500V/s 的升压速率，分别对试样检测部位施加 50Hz、1500(1+10%)V(额定电压超过 50V)，或 50(1+1%)Hz、500(1+10%)V(额定电压不超过 50V)的交流电压，持续 60s±5s，观察并记录试验中所发生的现象，需检测的部位包括：

　　a) 有绝缘要求的外部带电端子与外壳间；

　　b) 电源插头与外壳间(电源开关置于开位置，不接通电源)。

6.14.3.2　试验后，对试样进行通电检查。

6.15　辐射电磁场试验

6.15.1　目的

检验试样在辐射电磁场环境工作的适应性。

6.15.2　要求

试样的抗辐射电磁场性能应满足 5.3.13 要求。

6.15.3　方法

6.15.3.1　将试样安放在绝缘台上，接通电源，使试样处于正常监视状态 20min。

6.15.3.2　按图 1 布置试验设备，将发射天线置于中间，试样与电磁干扰报警仪分别置于发射天线两边各 1m 处。

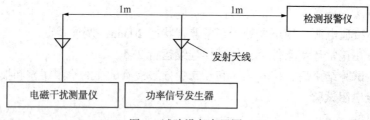

图 1　试验设备布置图

6.15.3.3　调节 1MHz～1000MHz 的功率信号发生器的输出使电磁干扰报警仪的读数为 10V/m，在试验过程中频率应在 1MHz～1000MHz 的频率范围内以不大于 0.005 倍频程每秒的速率缓慢变化，同时应转动试样，观察并记录试样工作情况。如使用的发射天线具有方向性，则应先使发射天线反转，对准试样进行试验，在 1MHz～1000MHz 的频率范围内，应分别用天线的水平极化和垂直极化进行试验。

6.15.3.4　试验期间，观察并记录试样的工作状态。

6.15.3.5　试验应在屏蔽室内进行，为避免产生较大的检测误差，天线的位置应符合图 2 的要求。

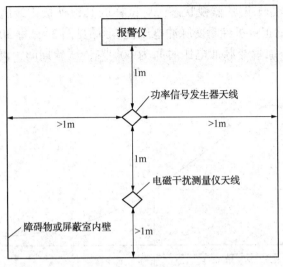

图 2　天线位置图

6.15.3.6　试验结束后，按 6.4.3 和 6.5.3 方法检测试样的检测误差和报警误差。

6.16　静电放电试验

6.16.1　目的

检验试样对静电人员、物体造成的静电放电的适应性。

6.16.2　要求

试样抗静电放电性能应满足 5.3.14 要求。

6.16.3　方法

6.16.3.1　将试样放在绝缘支架上，且距接地板四周距离不少于 100mm。接通电源，使试样处于正常监视状态 20min。

6.16.3.2　调整静电发生器输出电压为 8000V，用球型放电头充电后尽快触及试样表面，切实接触(但不能损伤试样)。每次放电后，应将静电发生器移开并充电。对试样表面共放电 8 次，对试样周围 100mm 处接地板放电 2 次，每次放电的时间间隔至少为 1s，试验期间，观察并记录试样的工作状态。

6.16.3.3　试验后，按 6.4.3 和 6.5.3 方法检测试样的检测误差和报警误差。

6.17　电瞬变脉冲试验(限交流供电的报警仪)

6.17.1　目的

检验试样抗电瞬变脉冲干扰的能力。

6.17.2　要求

试样抗电瞬变脉冲干扰的能力应满足 5.3.15 要求。

6.17.3　方法

6.17.3.1　使试样处于正常监视状态，对交流供电试样的 AC 电源线施加 $2000 \times (1 \pm 10\%)$ V、频率 $2.5 \times (1 \pm 20\%)$ kHz 的正负极性瞬变脉冲电压(波形图见图 3)，每 30ms 施加瞬变脉冲电压 15ms(见图 4)，每次施加瞬变脉冲电压时间为 60_0^{+10} s，试验期间，监视试样是否发出报警信号或不可恢复的故障信号。

6.17.3.2 使试样处于正常监视状态，对试样的其他外接连线施加 $1000 \times (1 \pm 10\%)$ V、频率 $5 \times (1 \pm 20\%)$ kHz 的正负极性瞬变脉冲电压(波形图见图3)，每30ms 施加瞬变脉冲电压 15ms(见图4)，每次施加瞬变脉冲电压时间为 60_0^{+10} s，试验期间，观察并记录试样的工作状态。

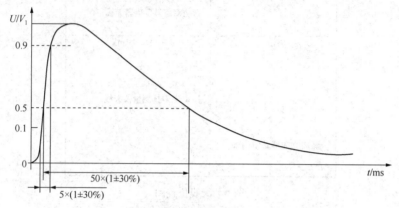

图3　50Ω负载时单脉冲波形

6.17.3.3　试验后，按6.4.3和6.5.3方法检测试样的检测误差和报警误差。

图4　一组脉冲波形图

6.18　高温试验

6.18.1　目的
检验试样在高温环境条件下工作时性能的稳定性。

6.18.2　要求
试样在高温环境条件下的性能应满足5.3.16要求。

6.18.3　方法

6.18.3.1　将试样按正常工作状态安装于试验箱内，接通电源，使试样处于正常监视状态20min。

6.18.3.2　启动通风机，使试验箱内气流速度稳定在 0.8m/s±0.2m/s，以不大于1℃/min的升温速率使试验箱内温度升至55℃±2℃稳定2h。观察并记录试样的状态。

6.18.3.3　按6.4.3和6.5.3方法检测试样的检测误差和报警误差。

6.19　低温试验

6.19.1　目的
检验试样在低温环境条件下工作时性能的稳定性。

6.19.2 要求

试样在低温环境条件下的性能应满足 5.3.16 要求。

6.19.3 方法

6.19.3.1 将试样按正常工作状态安装于试验箱内，接通电源，使试样处于正常监视状态 20min。

6.19.3.2 启动通风机，使试验箱内气流速度稳定在 0.8m/s±0.2m/s，以不大于 1℃/min 的降温速率使试验箱内温度降至-10℃±2℃并保持 2h。观察并记录试样的状态。

6.19.3.3 按 6.4.3 和 6.5.3 方法检测试样的检测误差和报警误差。

6.20 恒定湿热试验

6.20.1 目的

检验试样在恒定湿热条件下工作时性能的稳定性。

6.20.2 要求

试样在恒定湿热条件下工作时性能应满足 5.3.17 要求。

6.20.3 方法

6.20.3.1 将试样按正常工作状态安装于试验箱内，接通电源，使试样处于正常监视状态 20min。

6.20.3.2 启动通风机，使试验箱内气流速度稳定在 0.8m/s±0.2m/s，以不大于 1℃/min 的升温速率，使试验箱内温度升至 40℃±2℃，然后以不大于 5%/min 的速率将试验箱内的相对湿度增至 90%~95%，并稳定 2h。观察并记录试样的状态。

6.20.3.3 按 6.4.3 和 6.5.3 方法检测试样的检测误差和报警误差。

6.21 振动试验

6.21.1 目的

检验试样经受振动的适应性及结构的完好性。

6.21.2 要求

试样的抗振性能满足 5.3.18 要求。

6.21.3 方法

6.21.3.1 将试样按其正常安装方式固定在振动台上，接通电源，使试样处于正常监视状态。

6.21.3.2 启动振动试验台，使其在 10Hz~150Hz 频率范围内，以 0.5g 加速度，1 倍频程每分钟的速率，分别在 X、Y、Z 三个轴线上各扫频 10 次。

6.21.3.3 试验期间，监视试样状态，试验后，检查外观和紧固部位情况。

6.21.3.4 试验后，按 6.4.3 和 6.5.3 方法检测试样的检测误差和报警误差。

6.22 跌落试验

6.22.1 目的

检验试样经受跌落的适应性。

6.22.2 要求

试样经受跌落的性能满足 5.3.18 要求。

6.22.3 方法

6.22.3.1 将非包装状态的试样自由跌落在平滑、坚硬的混凝土面上。跌落高度符合下列要求：

a）质量小于1kg的试样为250mm；

b）质量在1kg~10kg之间试样为100mm；

c）质量在10kg以上试样为50mm。

6.22.3.2 试验后检查试样外观和紧固部位情况。

6.22.3.3 试验后，按6.4.3和6.5.3方法检测试样的检测误差和报警误差。

7 标志

7.1 产品标志

每只检测报警仪均应有清晰、耐久的产品标志，产品标志应包含以下内容：

a）制造厂名称；

b）产品名称；

c）产品型号；

d）产品主要技术参数(适合气体种类、检测范围、报警设定值等)；

e）防爆合格证标志；

f）计量合格证标志；

g）制造日期及产品编号。

7.2 质量检验标志

每只检测报警仪均应有清晰的质量检验标志，质量检验标志应包含下列内容：

a）检验员；

b）合格标志。

8 检验规则

8.1 产品出厂检验

企业在产品出厂前应对检测报警仪进行下述试验项目的检验：

a）检测误差检验；

b）报警误差检验；

c）重复性检验；

d）响应时间检验；

e）功能及外观检验。

检测报警仪在出厂前均应进行上面a)~e)五项试验。

8.2 型式检验

8.2.1 型式检验项目为本标准第6章中的6.2~6.22。在出厂检验合格的产品中抽取检验样品。

8.2.2 有下列情况之一时，应进行型式检验：

a）新产品或老产品转厂生产时的试制定型鉴定；

b）正式生产后，产品的结构、主要部件或元器件、生产工艺等有较大的改变可能影响产品性能或正式投产满4年；

c）产品停产一年以上，恢复生产；

d）出厂检验结果与上次型式检验结果差异较大；

e）发生重大质量事故；

f）质量监督机构提出要求。

8.2.3 在型式检验中允许有两项补做，单项补做次数不超过两次。

9 包装、运输及储存

9.1 包装

9.1.1 产品包装应符合 GB 4587.5 的规定，必须保证仪器在运输、存放过程中不受机械损伤，并防潮、防尘。

9.1.2 包装箱内应有下列技术文件：

a）产品合格证；

b）产品使用说明书；

c）产品备件和附件一览表。

9.2 运输

产品在运输中应防雨、防潮、避免强烈的振动与撞击。

9.3 储存

产品应放在通风、干燥、不含腐蚀性气体的室内。储存温度为 0~40℃，相对湿度低于 85%。

10 使用说明书

每只检测报警仪都应有相应的说明书。

说明书应有完整、清除、准确的安全使用说明，安装和服务说明，应包含下列内容：

a）执行的标准说明；

b）计量说明；

c）安装和调试说明；

d）操作说明；

e）日常检查和校准说明；

f）使用条件限制说明：

1）适合的气体（包括检测范围和报警设定值）；

2）干扰气体说明；

3）环境温度限制；

4）湿度范围；

5）电压范围；

6）控制器到检测报警仪之间的电线相关特性和说明；

7）需要屏蔽线；

8）最高最低储存温度限制；

9）压力限制。

g）说明查找可能出现故障源的方法和改正过程；

h）说明输出控制接点的类型；

i）电池的安装和维护说明；

j）推荐的可更换元件一览表；

k）储存和使用寿命；

l）允许使用场所。

附录2　石油化工可燃气体和有毒气体检测报警设计标准

1　总则

1.0.1　为保障石油化工企业的人身安全和生产安全，监测生产过程及储运设施中泄漏的可燃气体或有毒气体，并及时报警，预防人身伤害以及火灾与爆炸事故的发生，制定本标准。

1.0.2　本标准适用于石油化工新建、扩建工程中可燃气体和有毒气体检测报警系统的设计。

1.0.3　石油化工可燃气体和有毒气体检测报警系统的设计，除应符合本标准要求外，尚应符合国家现行有关标准的规定。

2　术语

2.0.1　可燃气体　flammable gas

又称易燃气体，甲类气体或甲、乙$_A$类可燃液体气化后形成的可燃气体或可燃蒸气。

2.0.2　有毒气体　toxic gas

劳动者在职业活动过程中，通过皮肤接触或呼吸可导致死亡或永久性健康伤害的毒性气体或毒性蒸气。

2.0.3　释放源　source of release

可释放并能形成爆炸性气体环境、有毒气体环境的位置或地点。

2.0.4　探测器　detector

又称检测器，将可燃气体、有毒气体或氧气的浓度转换为电信号的电子设备。

2.0.5　线型气体探测器　open-path gas detector

一种开放式、用于检测直线路径中可燃气体或有毒气体云团的气体探测器。常用的线性气体探测器有：红外气体探测器、激光气体探测器等。

2.0.6　现场警报器　field alarming unit/audible and visual alarm unit

安装在现场，通过声、光或旋光向现场或接近现场人员发出警示的电子设备。常见的有：探测器自带的一体化的声、光警报器，按区域设置的现场区域警报器。

2.0.7　报警控制单元　alarm control unit

接收探测器的输出信号、显示和记录被检测气体的浓度、发出声光报警信号，并能向消防控制室图形显示装置等设备发送气体浓度报警信号和报警控制单元故障信息的电子设备。可燃气体报警信号参与消防联动时，报警控制单元通常采用按专用可燃气体报警控制器产品标准制造并取得检测报告的专用可燃气体报警控制器。

2.0.8　检测范围　sensible range

又称测量范围，探测器能够检测出被测气体的浓度范围。

2.0.9　报警设定值　alarm set point

预先设定的报警浓度值。报警设定值分为一级报警设定值和二级报警设定值。

2.0.10　响应时间　response time

在试验条件下，从探测器接触被测气体至达到稳定指示值的时间。通常达到稳定指示值90%的时间为响应时间，恢复到稳定指示值10%的时间为恢复时间。

2.0.11　安装高度　vertical height

探测器传感器吸入口到指定参照物的垂直距离。

2.0.12　爆炸下限　lower explosion limit(LEL)

可燃气体发生爆炸时的下限浓度(V%)值。

2.0.13　爆炸上限　upper explosion limit(UEL)

可燃气体发生爆炸时的上限浓度(V%)值。

2.0.14　职业接触限值　occupational exposure limit(OEL)

劳动者在职业活动中长期反复接触，不会对绝大多数接触者的健康引起有害作用的容许接触水平。化学因素的职业接触限值分为最高容许浓度、短时间接触容许浓度和时间加权平均容许浓度三种。

2.0.15　最高容许浓度　maximum allowable concentration(MAC)

工作地点在一个工作日内、任何时间有毒化学物质均不应超过的浓度。

2.0.16　时间加权平均容许浓度　permissible concentration-time weighted average(PC-TWA)

以时间为权数规定的 8h 工作日、40h 工作周的平均容许接触浓度。

2.0.17　短时间接触容许浓度　permissible concentration-short term exposure limit(PC-STEL)

在遵守时间加权平均容许浓度(PC-TWA)前提下容许短时间(15min)接触的浓度。

2.0.18　直接致害浓度　immediately dangerous to life or health concentration(IDLH)

在工作地点，环境中空气污染物浓度达到某种危险水平，如可致命或永久损害健康，或使人立即丧失逃生能力。

3　基本规定

3.0.1　在生产或使用可燃气体及有毒气体的生产设施及储运设施的区域内，泄漏气体中可燃气体浓度可能达到报警设定值时，应设置可燃气体探测器；泄漏气体中有毒气体浓度可能达到报警设定值时，应设置有毒气体探测器；既属于可燃气体又属于有毒气体的单组分气体介质，应设有毒气体探测器；可燃气体与有毒气体同时存在的多组分混合气体，泄漏时可燃气体浓度和有毒气体浓度有可能同时达到报警设定值，应分别设置可燃气体探测器和有毒气体探测器。

3.0.2　可燃气体和有毒气体的检测报警应采用两级报警。同级别的有毒气体和可燃气体同时报警时，有毒气体的报警级别应优先。

3.0.3　可燃气体和有毒气体检测报警信号应送至有人值守的现场控制室、中心控制室等进行显示报警；可燃气体二级报警信号、可燃气体和有毒气体检测报警系统报警控制单元的故障信号应送至消防控制室。

3.0.4　控制室操作区应设置可燃气体和有毒气体声、光报警；现场区域警报器宜根据装置占地的面积、设备及建构筑物的布置、释放源的理化性质和现场空气流动特点进行设置，现场区域警报器应有声、光报警功能。

3.0.5 可燃气体探测器必须取得国家指定机构或其授权检验单位的计量器具型式批准证书、防爆合格证和消防产品型式检验报　告；参与消防联动的报警控制单元应采用按专用可燃气体报警控制器产品标准制造并取得检测报告的专用可燃气体报警控制器；国家法规有要求的有毒气体探测器必须取得国家指定机构或其授权检验单位的计量器具型式批准证书。安装在爆炸危险场所的有毒气体探测器还应取得国家指定机构或其授权检验单位的防爆合格证。

3.0.6 需要设置可燃气体、有毒气体探测器的场所，宜采用固定式探测器；需要临时检测可燃气体、有毒气体的场所，宜配备移动式气体探测器。

3.0.7 进入爆炸性气体环境或有毒气体环境的现场工作人员，应配备便携式可燃气体和(或)有毒气体探测器。进入的环境同时存在爆炸性气体和有毒气体时，便携式可燃气体和有毒气体探测器可采用多传感器类型。

3.0.8 可燃气体和有毒气体检测报警系统应独立于其他系统单独设置。

3.0.9 可燃气体和有毒气体检测报警系统的气体探测器、报警控制单元、现场警报器等的供电负荷，应按一级用电负荷中特别重要的负荷考虑，宜采用 UPS 电源装置供电。

3.0.10 确定有毒气体的职业接触限值时，应按最高容许浓度、时间加权平均容许浓度、短时间接触容许浓度的优先次序选用。

3.0.11 常见易燃气体、蒸气特性应按本标准附录 A 采用；常见有毒气体、蒸气特性应按本标准附录 B 采用。

4 检测点确定

4.1 一般规定

4.1.1 可燃气体和有毒气体探测器的检测点，应根据气体的理化性质、释放源的特性、生产场地布置、地理条件、环境气候、探测器的特点、检测报警可靠性要求、操作巡检线等因素进行综合分析，选择可燃气体及有毒气体容易积聚、便于采样检测和仪表维护之处布置。

4.1.2 判别泄漏气体介质是否比空气重，应以泄漏气体介质的分子量与环境空气的分子量的比值为基准，并应按下列原则判别：

(1) 当比值大于或等于 1.2 时，则泄漏的气体重于空气；

(2) 当比值大于或等于 1.0、小于 1.2 时，则泄漏的气体为略重于空气；

(3) 当比值为 0.8~1.0 时，则泄漏的气体为略轻于空气；

(4) 当比值小于或等于 0.8 时，则泄漏的气体为轻于空气。

4.1.3 下列可燃气体和(或)有毒气体释放源周围应布置检测点：

(1) 气体压缩机和液体泵的动密封；

(2) 液体采样口和气体采样口；

(3) 液体(气体)排液(水)口和放空口；

(4) 经常拆卸的法兰和经常操作的阀门组。

4.1.4 检测可燃气体和有毒气体时，探测器探头应靠近释放源，且在气体、蒸气易于聚集的地点。

4.1.5　当生产设施及储运设施区域内泄漏的可燃气体和有毒气体可能对周边环境安全有影响需要监测时，应沿生产设施及储运设施区域周边按适宜的间隔布置可燃气体探测器或有毒气体探测器，或沿生产设施及储运设施区域周边设置线型气体探测器。

4.1.6　在生产过程中可能导致环境氧气浓度变化，出现欠氧、过氧的有人员进入活动的场所，应设置氧气探测器。当相关气体释放源为可燃气体或有毒气体释放源时，氧气探测器可与相关的可燃气体探测器、有毒气体探测器布置在一起。

4.2　生产设施

4.2.1　释放源处于露天或敞开式厂房布置的设备区域内，可燃气体探测器距其所覆盖范围内的任一释放源的水平距离不宜大于10m，有毒气体探测器距其所覆盖范围内的任一释放源的水平距离不宜大于4m。

4.2.2　释放源处于封闭式厂房或局部通风不良的半敞开厂房内，可燃气体探测器距其所覆盖范围内的任一释放源的水平距离不宜大于5m；有毒气体探测器距其所覆盖范围内的任一释放源的水平距离不宜大于2m。

4.2.3　比空气轻的可燃气体或有毒气体释放源处于封闭或局部通风不良的半敞开厂房内，除应在释放源上方设置探测器外，还应在厂房内最高点气体易于积聚处设置可燃气体或有毒气体探测器。

4.3　储运设施

4.3.1　液化烃、甲$_B$、乙$_A$类液体等产生可燃气体的液体储罐的防火堤内，应设探测器。可燃气体探测器距其所覆盖范围内的任一释放源的水平距离不宜大于10m，有毒气体探测器距其所覆盖范围内的任一释放源的水平距离不宜大于4m。

4.3.2　液化烃、甲$_B$、乙$_A$类液体的装卸设施，探测器的设置应符合下列规定：

（1）铁路装卸栈台，在地面上每一个车位宜设一台探测器，且探测器与装卸车口的水平距离不应大于10m；

（2）汽车装卸站的装卸车鹤位与探测器的水平距离不应大于10m。

4.3.3　装卸设施的泵或压缩机区的探测器设置，应符合本标准第4.2节的规定。

4.3.4　液化烃灌装站的探测器设置，应符合下列规定：

（1）封闭或半敞开的灌瓶间，灌装口与探测器的水平距离宜为5m~7.5m；

（2）封闭或半敞开式储瓶库，应符合本标准第4.2.2条规定；敞开式储瓶库房沿四周每隔15m~20m应设一台探测器，当四周边长总和小于15m时，应设一台探测器；

（3）缓冲罐排水口或阀组与探测器的水平距离宜为5m~7.5m。

4.3.5　封闭或半敞开氢气灌瓶间，应在灌装口上方的室内最高点易于滞留气体处设探测器。

4.3.6　可能散发可燃气体的装卸码头，距输油臂水平平面10m范围内，应设一台探测器。

4.3.7　其他储存、运输可燃气体、有毒气体的储运设施，可燃气体探测器和（或）有毒气体探测器应按本标准第4.2节的规定设置。

4.4 其他有可燃气体、有毒气体的扩散与积聚场所

4.4.1 明火加热炉与可燃气体释放源之间应设可燃气体探测器，探测器距加热炉炉边的水平距离宜为 5m～10m。当明火加热炉与可燃气体释放源之间设有不燃烧材料实体墙时，实体墙靠近释放源的一侧应设探测器。

4.4.2 设在爆炸危险区域 2 区范围内的在线分析仪表间，应设可燃气体和（或）有毒气体探测器，并同时设置氧气探测器。

4.4.3 控制室、机柜间的空调新风引风口等可燃气体和有毒气体有可能进入建筑物的地方，应设置可燃气体和（或）有毒气体探测器。

4.4.4 有人进入巡检操作且可能积聚比空气重的可燃气体或有毒气体的工艺阀井、管沟等场所，应设可燃气体和（或）有毒气体探测器。

5 可燃气体和有毒气体检测报警系统设计

5.1 一般规定

5.1.1 可燃气体和有毒气体检测报警系统应由可燃气体或有毒气体探测器、现场警报器、报警控制单元等组成。

5.1.2 可燃气体的第二级报警信号和报警控制单元的故障信号，应送至消防控制室进行图形显示和报警。可燃气体探测器不能直接接入火灾报警控制器的输入回路。

5.1.3 可燃气体或有毒气体检测信号作为安全仪表系统的输入时，探测器宜独立设置，探测器输出信号应送至相应的安全仪表系统，探测器的硬件配置应符合现行国家标准《石油化工安全仪表系统设计规范》GB/T 50770 有关规定。

5.1.4 可燃气体和有毒气体检测报警系统配置图见本标准附录 C。

5.2 探测器选用

5.2.1 探测器的输出可选用 4mA～20mA 的 DC 信号、数字信号、触点信号。

5.2.2 可燃气体及有毒气体探测器的选用，应根据探测器的技术性能、被测气体的理化性质、被测介质的组分种类和检测精度要求、探测器材质与现场环境的相容性、生产环境特点等确定。

5.2.3 常用可燃气体及有毒气体探测器的选用应符合下列规定：

（1）轻质烃类可燃气体宜选用催化燃烧型或红外气体探测器；当使用场所的空气中含有能使催化燃烧型检测元件中毒的硫、磷、硅、铅、卤素化合物等介质时，应选用抗毒性催化燃烧型探测器、红外气体探测器或激光气体探测器；在缺氧或高腐蚀性等场所，宜选用红外气体探测器或激光气体探测器；重质烃类蒸气可选用光致电离型探测器；

（2）氢气检测宜选用催化燃烧型、电化学型、热传导型探测器；

（3）有机有毒气体宜选用半导体型、光致电离型探测器；

（4）无机有毒气体检测宜选用电化学型探测器；

（5）氧气宜选用电化学型探测器；

（6）在气候环境或生产环境特殊，需监测的区域开阔的场所，宜选择线型可燃气体探测器；

（7）在工艺介质泄漏后形成的气体或蒸气能显著改变释放源周围环境温度的场所，可选用红外图像型探测器；

（8）在高压工艺介质泄漏时产生的噪声能显著改变释放源周围环境声压级的场所，可选用噪声型探测器；

（9）在生产和检修过程中需要临时检测可燃气体、有毒气体的场所，应配备移动式气体探测器。

5.2.4　常用探测器的采样方式应根据使用场所按下列规定确定：

（1）可燃气体和有毒气体的检测宜采用扩散式探测器；

（2）受安装条件和介质扩散特性的限制，不便使用扩散式探测器的场所，可采用吸入式探测器；

（3）当探测器配备采样系统时，采样系统的滞后时间不宜大于30s。

5.2.5　常见气体探测器的技术性能应符合本标准附录 D 的要求；常见气体探测器应按照本标准附录 E 选用。

5.3　现场警报器选用

5.3.1　可燃气体和有毒气体检测报警系统应按照生产设施及储运设施的装置或单元进行报警分区，各报警分区应分别设置现场区域警报器。区域警报器的启动信号应采用第二级报警设定值信号。区域警报器的数量宜使在该区域内任何地点的现场人员都能感知到报警。

5.3.2　区域警报器的报警信号声级应高于110dBA，且距警报器1m处总声压值不得高于120dBA。

5.3.3　有毒气体探测器宜带一体化的声、光警报器，可燃气体探测器可带一体化的声、光警报器，一体化声、光警报器的启动信号应采用第一级报警设定值信号。

5.4　报警控制单元选用

5.4.1　报警控制单元应采用独立设置的以微处理器为基础的电子产品，并应具备下列基本功能：

（1）能为可燃气体探测器、有毒气体探测器及其附件供电。

（2）能接收气体探测器的输出信号，显示气体浓度并发出声、光报警。

（3）能手动消除声、光报警信号，再次有报警信号输入时仍能发出报警。

（4）具有相对独立、互不影响的报警功能，能区分和识别报警场所位号。

（5）在下列情况下，报警控制单元应能发出与可燃气体和有毒气体浓度报警信号有明显区别的声、光故障报警信号：

① 报警控制单元与探测器之间连线断路或短路。

② 报警控制单元主电源欠压。

③ 报警控制单元与电源之间的连线断路或短路。

（6）具有以下记录、存储、显示功能：

① 能记录可燃气体和有毒气体的报警时间，且日计时误差不应超过30s；

② 能显示当前报警部位的总数；

③ 能区分最先报警部位，后续报警点按报警时间顺序连续显示；

④ 具有历史事件记录功能。

5.4.2　控制室内可燃气体和有毒气体声、光警报器的声压等级应满足设备前方1m处不小于75dBA，声、光警报器的启动信号应采用第二级报警设定值信号。

5.4.3 可燃气体探测器参与消防联动时，探测器信号应先送至按专用可燃气体报警控制器产品标准制造并取得检测报告的专用可燃气体报警控制器，报警信号应由专用可燃气体报警控制器输出至消防控制室的火灾报警控制器。可燃气体报警信号与火灾报警信号在火灾报警控制系统中应有明显区别。

5.5 测量范围及报警值设定

5.5.1 测量范围应符合下列规定：

（1）可燃气体的测量范围应为 0~100%LEL；

（2）有毒气体的测量范围应为 0~300%OEL；当现有探测器的测量范围不能满足上述要求时，有毒气体的测量范围可为 0~30%IDLH；环境氧气的测量范围可为 0~25%VOL；

（3）线型可燃气体测量范围为 0~5LEL·m。

5.5.2 报警值设定应符合下列规定：

（1）可燃气体的一级报警设定值应小于或等于 25%LEL。

（2）可燃气体的二级报警设定值应小于或等于 50%LEL。

（3）有毒气体的一级报警设定值应小于或等于 100%OEL，有毒气体的二级报警设定值应小于或等于 200%OEL。当现有探测器的测量范围不能满足测量要求时，有毒气体的一级报警设定值不得超过 5%IDLH，有毒气体的二级报警设定值不得超过 10%IDLH.

（4）环境氧气的过氧报警设定值宜为 23.5%VOL，环境欠氧报警设定值宜为 19.5%VOL。

（5）线型可燃气体测量一级报警设定值应为 1LEL·m；二级报警设定值应为 2LEL·m。

6 可燃气体和有毒气体检测报警系统安装设计

6.1 探测器安装

6.1.1 探测器应安装在无冲击、无振动、无强电磁场干扰、易于检修的场所，探测器安装地点与周边工艺管道或设备之间的净空不应小于 0.5m.

6.1.2 检测比空气重的可燃气体或有毒气体时，探测器的安装高度宜距地坪(或楼地板)0.3m~0.6m；检测比空气轻的可燃气体或有毒气体时，探测器的安装高度宜在释放源上方 2.0m 内。检测比空气略重的可燃气体或有毒气体时，探测器的安装高度宜在释放源下方 0.5m~1.0m；检测比空气略轻的可燃气体或有毒气体时，探测器的安装高度宜高出释放源 0.5m~1.0m。

6.1.3 环境氧气探测器的安装高度宜距地坪或楼地板 1.5m~2.0m。

6.1.4 线型可燃气体探测器宜安装于大空间开放环境，其检测区域长度不宜大于 100m。

6.2 报警控制单元及现场区域警报器安装

6.2.1 可燃气体和有毒气体检测报警系统人机界面应安装在操作人员常驻的控制室等建筑物内。

6.2.2 现场区域警报器应就近安装在探测器所在的报警区域。

6.2.3 现场区域警报器的安装高度应高于现场区域地面或楼地板 2.2m，且位于工作人员易察觉的地点。

6.2.4 现场区域警报器应安装在无振动、无强电磁场干扰、易于检修的场所。

附表 A 常见易燃气体、蒸气特性表

序号	物质名称	沸点/℃	闪点/℃	爆炸浓度（V%）		火灾危险性分类	蒸气密度/（kg/m³N）	备注
				下限	上限			
1	甲烷	-161.5	气体	5.0	15.0	甲	0.77	液化后为甲A
2	乙烷	-88.9	气体	3.0	12.5	甲	1.34	液化后为甲A
3	丙烷	-42.1	气体	2.0	11.1	甲	2.07	液化后为甲A
4	丁烷	-0.5	气体	1.9	8.5	甲	2.59	液化后为甲A
5	戊烷	36.07	<-40.0	1.4	7.8	甲B	3.22	—
6	己烷	68.9	-22.8	1.1	7.5	甲B	3.88	—
7	庚烷	98.3	-3.9	1.1	6.7	甲B	4.53	—
8	辛烷	125.67	13.3	1.0	6.5	甲B	5.09	—
9	壬烷	150.77	31.0	0.7	2.9	乙A	5.73	—
10	环丙烷	-33.g	气体	2.4	10.4	甲	1.94	液化后为甲A
11	环戊烷	469.4	<-6.7	1.4	—	甲B	3.10	—
12	异丁烷	-11.7	气体	1.8	8.4	甲	2.59	液化后为甲A
13	环己烷	81.7	-20.0	1.3	8.0	甲 B	3.75	—
14	异戊烷	27.8	<-51.1	1.4	7.6	甲 B	3.21	—
15	异辛烷	99.24	-12.0	1.0	6.0	甲 B	5.09	—
16	乙基环丁烷	71.1	<-15.6	1.2	7.7	甲B	3.75	—
17	乙基环戊烷	103.3	<21	1.1	6.7	甲B	4.40	—
18	乙基环己烷	131.7	35	0.9	6.6	乙A	5.04	—
19	甲基环己烷	101.1	-3.9	1.2	6.7	甲B	4.40	—
20	乙烯	-103.7	气体	2.7	36	甲	1.29	液化后为甲A
21	丙烯	-47.2	气体	2.0	11.1	甲	1.94	液化后为甲A
22	1-丁烯	-6.1	气体	1.6	10.0	甲	2.46	液化后为甲A
23	2-丁烯(顺)	3.7	气体	1.7	9.0	甲	2.46	液化后为甲A
24	2-丁烯(反)	1.1	气体	1.8	9.7	甲	2.46	液化后为甲A
25	丁二烯	-4.44	气体	2.0	12	甲	2.42	液化后为甲A
26	异丁烯	-6.7	气体	1.8	9.6	甲	2.46	液化后为甲A
27	乙炔	-84	气体	2.5	80	甲	1.16	液化后为甲
28	丙炔	—2.3	气体	1.7		甲	1.81	液化后为甲A
29	苯	80.1	-11.1	1.2	7.8	甲B	3.62	—

序号	物质名称	沸点/℃	闪点/℃	爆炸浓度(V%)		火灾危险性分类	蒸气密度/(kg/m³N)	备注
				下限	上限			
30	甲苯	110.6	4.4	1.2	7.1	甲B	4.01	—
31	乙苯	136.2	21	0.8	6.7	甲B	4.73	—
32	邻-二甲苯	144.4	17	1.0	6.0	甲B	4.78	—
33	间-二甲苯	138.9	25	1.1	7.0	甲B	4.78	—
34	对-二甲苯	138.3	25	1.1	7.0	甲B	4.78	—
35	苯乙烯	146.1	32	0.9	6.8	乙A	4.64	—
36	环氧乙烷	10.56	<-17.8	3.0	80	甲A	1.94	爆炸极限数据按《化工过程安全理论与应用》(第二版)
37	环氧丙烷	33.9	-37.2	2.8	37	甲B	2.59	—
38	甲基醚	-23.9	气体	3.4	27	甲	2.07	液化后为甲A
39	乙醚	35	-45	1.9	36	甲B	3.36	—
40	乙基甲基醚	10.6	-37.2	2.0	10.1	甲A	2.72	—
41	二甲醚	-23.7	气体	3.4	27	甲	2.06	液化后为甲A
42	二丁醚	141.1	25	1.5	7.6	甲B	5.82	—
43	甲醇	63.9	11	6.0	36	甲B	1.42	—
44	乙醇	78.3	12.8	3.3	19	甲B	2.06	—
45	丙醇	97.2	25	2.1	13.5	甲B	2.72	—
46	丁醇	117.0	28.9	1.4	11.2	乙A	3.36	—
47	戊醇	138.0	32.7	1.2	10.5	乙A	3.88	—
48	异丙醇	82.8	11.7	2.0	12	甲B	2.72	—
49	异丁醇	108.0	31.6	1.7	19.0	乙A	3.30	—
50	甲醛	-19.4	气体	7.0	73	甲	1.38	液化后为甲A
51	乙醛	21.1	-37.8	4.0	60	甲B	1.94	—
52	丙醛	48.9	-9.4~7.2	2.9	17	甲B	2.59	—
53	丙烯醛	51.7	-26.1	2.8	31	甲B	2.46	—
54	丙酮	56.7	-17.8	2.6	12.8	甲B	2.59	—
55	丁醛	76	-6.7	2.5	12.5	甲B	3.23	—
56	甲乙酮	79.6	-6.1	1.8	10	甲B	3.23	—
57	环己酮	156.1	43.9	1.1	8.1	乙A	4.40	—
58	乙酸	118.3	42.8	5.4	17	乙A	2.72	—
59	甲酸甲酯	32.2	-18.9	4.5	23	甲B	2.72	—

序号	物质名称	沸点/℃	闪点/℃	爆炸浓度（V%）		火灾危险性分类	蒸气密度/（kg/m³N）	备注
				下限	上限			
60	甲酸乙酯	54.4	−20	2.8	16	甲B	3.37	—
61	醋酸甲酯	60	−10	3.1	16	甲B	3.62	—
62	醋酸乙酯	77.2	−4.4	2.0	11.5	甲B	3.88	—
63	醋酸丙酯	101.7	14.4	1.7	8.0	甲B	4.53	—
64	醋酸丁酯	127	22	1.7	9.8	甲B	5.17	—
65	醋酸丁烯酯	717.7	7.0	2.6		甲B	3.88	—
66	丙烯酸甲酯	79.7	−2.9	2.8	25	甲B	3.88	—
67	呋喃	31.1	<0	2.3	14.3	甲B	2.97	—
68	四氢呋喃	66.1	−14.4	2.0	11.8	甲B	3.23	—
69	氯代甲烷	−23.9	气体	8.1	17.4	甲	2.33	液化后为甲A
70	氯乙烷	12.2	−50	3.8	15.4	甲A	2.84	—
71	溴乙烷	37.8	<−20	6.7	8	甲B	4.91	—
72	氯丙烷	46.1	<−17.8	2.6	11.1	甲B	3.49	—
73	氯丁烷	76.6	−9.4	1.8	10.1	甲	4.14	液化后为甲A
74	溴丁烷	102	18.9	2.6	6.6	甲B	6.08	—
75	氯乙烯	−13.9	气体	3.6	33	甲	2.84	液化后为甲A
76	烯丙基氯	45	−32	2.9	11.1	甲B	3.36	—
77	氯苯	132.2	28.9	1.3	7.1	乙A	5.04	—
78	1,2-二氯乙烷	83.9	13.3	6.2	16	甲B	4.40	—
79	1,1-二氯乙烯	37.2	−17.8	7.3	16	甲B	4.40	—
80	硫化氢	−60.4	气体	4.3	45.5	甲	1.54	—
81	二硫化碳	46.2	−30	1.3	5.0	甲B	3.36	—
82	乙硫醇	35.0	<26.7	2.8	18.0	甲B	2.72	—
83	乙腈	81.6	5.6	3.0	16	甲B	1.81	—
84	丙烯腈	77.2	0	3.0	17.0	甲B	2.37	—
85	硝基甲烷	101.1	35.0	7.3	63	乙A	2.72	—
8	硝基乙烷	113.8	27.8	3.4	5.0	甲B	3.36	—
87	亚硝酸乙酯	17.2	−35	3.0	50	甲B	3.36	—

序号	物质名称	沸点/℃	闪点/℃	爆炸浓度（V%）		火灾危险性分类	蒸气密度/（kg/m³N）	备注
				下限	上限			
88	氰化氢	26.1	-17.8	5.6	40	甲_B	1.16	—
89	甲胺	-6.5	气体	4.9	20.7	甲	2.72	液化后为甲_A
90	二甲胺	7.2	气体	2.8	14.4	甲	2.07	
91	吡啶	115.5	<2.8	1.7	12	甲_B	3.53	
92	氢	-253	气体	4.0	75	甲	0.09	
93	天然气		气体	3.8	13	甲	—	
94	城市煤气	<-50	气体	4.0	—	甲	0.65	
95	液化石油气	—	—	1.0		甲_A	—	气化后为甲类气体，下限按国际海协数据
96	轻石脑油	36~68	<-20.0	1.2	5.9	甲_B	≥3.22	
97	重石脑油	65~177	-22~20	0.6		甲_B	≥3.61	
98	汽油	50~150	<-20	1.1	5.9	甲_B	4.14	—
99	喷气燃料	80~250	<28	0.6	6.5	乙_A	6.47	闪点按现行行业标准《2号喷气燃料》GB 1788—79 的数据
100	煤油	150~300	≤45	0.6	6.5	乙_A	6.47	
101	原油					甲_B		

附表 B   常见有毒气体、蒸气特性

序号	物质名称	蒸气密度/（kg/cm³）	熔点/℃	沸点/℃	OEL/（mg/m³）			IDLH/（mg/m³）
					MAC	PC-TWA	PC-STEL	
1	一氧化碳	1.17	-199.5	-191.4		20	30	1700
2	氯乙烯	2.60	-160	-13.g	—	10	25	—
3	硫化氢	1.44	-85.5	-60.4	10			430
4	氯	3.00	-101	-34.5	1			88
5	氰化氢	1.13	-13.2	26.1	1			56
6	丙烯腈	2.21	-83.6	77.2	—	1	2	1100
7	二氧化氮	3.87	-11.2	21.2	—	5	10	96
8	苯	3.35	5.5	80.1	—	6	10	9800
9	氨	0.73	-78	-33.4	—	20	30	360
10	碳酰氯	4.11	-104	8.3	0.5	—		8

续表

序号	物质名称	蒸气密度/ (kg/cm³)	熔点/ ℃	沸点/ ℃	OEL/(mg/m³)			IDLH/ (mg/m³)
					MAC	PC-TWA	PC-STEL	
11	二氧化硫	2.73	−75.5	−10		5	10	270
12	甲醛	1.29	−92	−19.5	—	2		37
13	环氧乙烷	1.84	−112.2	10.8	—	0.6	2	1500
14	溴	8.64	−7.2	58.8	0.3	—	—	66

注：对环境大气(空气)中有毒气体浓度的表示方法有两种：质量浓度(每立方米空气中所含有毒气体的质量数，即 mg/m³) 和体积浓度(一百万体积的空气中所含有毒气体的体积数，即 ppm 或 μmol/mol)。通常，大部分气体检测仪器测得的气体浓度是体积浓度(ppm)。而我们国家的标准规范采用的气体浓度为质量浓度单位(mg/m³)。

本标准中，浓度单位 ppm(μmol/mol)与 mg/m³ 的换算关系是：

$$c_{ppm} = \frac{22.4}{M_w} \cdot \frac{T}{273} \cdot \frac{1}{p} \cdot c_{mg/m^3}$$ （式 B）

式中　M_w——气体的分子量，g/mol；

　　　T——环境温度，K；

　　　p——环境大气压力，atm。

附录 3　可燃和有毒气体检测报警仪器使用及维护技术规范

1　范围

本文件规定了生产现场和作业场所可燃气体和有毒气体检测报警仪器的配置/配备、使用、报警处置、维护检查、检定/校准、报废等要求。

本文件适用于中国石化所属企业可燃和有毒气体检测报警仪器的使用及维护。

2　规范性引用文件

下列文件中的内容通过文中的规范性引用而构成本文件必不可少的条款。其中，注日期的引用文件，仅该日期对应的版本适用于本文件；不注日期的引用文件，其最新版本(包括所有的修改单)适用于本文件。

GB 3836.1　爆炸性环境　第 1 部分：设备 通用要求

GB 3836.2　爆炸性环境　第 2 部分：由隔爆外壳"d"保护的设备

GB 3836.4　爆炸性环境　第 4 部分：由本质安全型"i"保护的设备

GB 3836.14　爆炸性环境　第 14 部分：场所分类 爆炸性气体环境

GB 3836.15　爆炸性环境　第 15 部分：电气装置的设计、选型和安装

GB 12358　作业场所环境气体检测报警仪通用技术要求

GB 15322.1　可燃气体探测器第 1 部分：工业及商业用途点型可燃气体探测器

GB 15322.3　可燃气体探测器第 3 部分：工业及商业用途便携式可燃气体探测器

GB 16808　可燃气体报警控制器

GB/T 20936　爆炸性环境用气体探测器

GB/T 50493　石油化工可燃气体和有毒气体检测报警设计标准

SY 6503　石油天然气工程可燃气体检测报警系统安全规范

3　术语和定义

下列术语和定义适用于本文件。

3.1　固定式仪器　fixed instrument

长期固定安装在生产装置或存储单元等危险场所的探测器以及通过电缆或无线方式将其与指示报警和控制设备连接起来，实现对该区域的可燃和有毒气体进行长期监测的仪器。

3.2　便携式仪器　portable gas detector

可以随身携带并在携带过程中实现对可燃或有毒气体进行实时检测报警的仪器。

3.3　移动式仪器　mobile gas detector

为满足作业场所可燃或有毒气体监测需求，能从一处移动到另一处，可以在作业场所短期固定安装、放置，或短期代替固定式仪器进行可燃和有毒气体检测报警的装置或系统。

3.4　探测器　detector

又称检测器，将可燃气体、有毒气体或氧气的浓度转换为电信号的电子设备。

［来源：GB/T 50493—2019，2.0.4］

3.5　报警控制器　alarm control unit

接收探测器的输出信号、显示和记录被检测气体的浓度、发出声光报警信号，并能向控制室图形显示装置等设备发送气体浓度报警信号和报警控制单元故障信息的电子设备。

［来源：GB/T 50493—2019，2.0.7，有修改］

3.6　报警设定值　alarm setting value

预先设定的报警浓度值。报警设定值分为一级报警设定值和二级报警设定值。

［来源：GB/T 50493—2019，2.0.11］

3.7　使用中检验　inspection in use

为查明仪器的检定/校准标记或检定/校准证书是否有效、保护标记是否损坏、检定/校准后仪器是否有明显改动，以及其误差是否超过使用中最大允许误差所进行的一种检查。

3.8　检定　verification

查明和确认测量仪器符合法定要求的活动，它包括检查、加标记和/或出具检定证书。

［来源：JJF 1001—2011，9.17］

3.9　校准　calibration

在规定条件下的一组操作，其第一步是确定由测量标准提供的量值与相应示值之间的关系，第二步则是用此信息确定由示值获得测量结果的关系，这里测量标准提供的量值与相应示值都具有测量不确定度。

［来源：JJF 1001—2011，4.10］

4　基本规定

4.1　可燃和有毒气体检测报警仪器的设置、选型、安装应符合 GB/T 50493、SY 6503 等标准的要求。

4.2　可燃和有毒气体检测报警仪器的功能、结构、性能和质量应符合 GB 12358、GB 16808、GB 15322.1、GB 15322.3 和 GB/T 20936 的技术要求，用于易燃易爆作业环境的仪器的防爆性能应符合 GB 3836.1、GB 3836.2、GB 3836.4、GB 3836.14 和 GB 3836.15 的要求，并经国家指定或授权的检验单位认证。

4.3　生产过程中应根据以下用途确定使用可燃和有毒气体检测报警仪器的类型：

——用于长期连续监测可燃气体或有毒气体，应选择固定式仪器；

——用于泄漏检测、确认和监视可燃气体或有毒气体环境、安全检查作业及用于个人安全防护等，应选择便携式仪器；

——需要监测的区域或位置不具备设置固定式仪器的条件，或需要监测临时性作业区域，且在该区域内临时作业有可能出现可燃气体或有毒气体时，应选择便携式或移动式仪器。

4.4　可燃和有毒气体检测报警仪器报警值的设定应符合 GB/T 50493 的要求，涉及其他非石油化工生产过程有标准规定的执行相应标准。

4.5　应建立健全可燃和有毒气体检测报警仪器的档案资料，并对变更情况进行及时更新。档案资料应包括但不限于以下内容：

——仪器台帐（包括仪器类型、型号、仪器编号、位号、安装位置、量程、报警设定值等信息）；

——检定/校准周期计划表；

——固定式仪器平面布置图；

——维护、维修记录；

——检验记录；

——检定/校准证书；

——产品使用说明书。

4.6　应建立规范、统一的报警信息记录、报警处置记录、原因分析记录及相应的应急处置方案。

4.7　应制定可燃和有毒气体检测报警仪器使用维护中验收、检查、报废、更新、拆除、停用和临时停用等管理规定，定期对可燃和有毒气体检测报警仪器进行维护，发现问题应立即检修。维护、检测应做好记录，并由有关人员签字确认。

4.8　应将检定/校准与使用中检验相结合，定期对可燃和有毒气体检测报警仪器进行检定/校准、使用中检验，保证可燃和有毒气体检测报警仪器和报警系统的准确性、可靠性。

4.9　可燃和有毒气体检测报警仪器的使用和维护人员应定期进行专业知识和技能培训。

5　气体检测报警仪器使用要求

5.1　固定式仪器

5.1.1　系统配置

5.1.1.1　固定式仪器的安装点位及系统配置应符合 GB/T 50493、SY 6503 的要求。

5.1.1.2　现场探测器应配置仪表位号牌。当用计算机显示屏图形显示或报警控制器显示报警信号时，应采用报警点位置显示、通道对应关系一览表、平面布置图等方式，便于操作值守人员迅速判明发出报警信号的探测器的现场位置。

5.1.1.3 固定式气体检测报警系统投用前，应确保报警控制器与现场探测器的数据传输正常，数值显示保持一致。

5.1.1.4 报警控制器接收到探测器的报警信号时，应发出声、光报警信号，指示报警部位，记录报警时间，在未确认报警并采取处理措施前，报警应予以保持，必须经确认采取安全处置措施后才可人工停止报警，当再次有报警信号输入时，应能再次启动。当多台仪器同时报警时，应能区分最先报警的仪器。

5.1.1.5 当有气体报警信号、故障信号、屏蔽信号输入时，报警控制器应显示发送输入信号的时间、位置、名称、信号类别和部位等信息并具有传输状态指示，并具备连续记录、事故预警、信息存储等功能，记录的电子数据保存时间不少于30d。

5.1.1.6 仪器环境适用条件应满足实际使用环境温度、气压、湿度、粉尘的变化范围，防护性能应符合仪器实际使用环境状况。

5.1.2 测量范围及报警值设定

5.1.2.1 固定式仪器的测量范围及报警值设定应符合 GB/T 50493 的要求。常见有毒气体检测报警仪器报警设定建议值参见附录 A。

5.1.2.2 固定式仪器的报警值设定应以设计资料为准，不应随意改动，如因相关标准、规范、制度的修订，确需进行报警值修改，应执行变更审批程序，修改后应重新进行检验。

5.1.3 使用

5.1.3.1 固定式仪器联动控制功能的启/停，应按企业安全设施变更管理要求，办理变更审批流程后由经过授权的人员执行。

5.1.3.2 探测器设置在室外和开放建筑物等露天场所时，应针对恶劣气候条件，如水蒸气、暴雨、雪、冰和灰尘等可能对探测器产生的不利影响，采取足够的防护措施，保证探测器正常工作。当探测器及电缆连接保护管内存在进水和存水可能时，应采取防护措施，防护措施不应影响阻碍探测器探头气流的流通。

5.1.3.3 探测器处于高温环境时，应按以下要求使用：

——探测器运行温度不高于仪器说明书给定的运行温度；

——探测器应尽量避免直接安装在热源上方，宜选择离开热源一定距离的相同高度位置安装；

——在炎热地区使用时，露天探测器应加防护罩，避免受太阳直射。

5.1.3.4 对无法避免强电磁场干扰的场合，应采取屏蔽措施，确保探测器不受电磁干扰。

5.1.3.5 探测器设置位置难以接近时，宜设置专用操作平台和梯子，或使用滑轮系统、摇臂便于接近检测和维护，检测和维护后探测器应恢复到原来的位置和方向。

5.1.3.6 探测器的传感器应避免与易对其造成损害的有害物质接触。

5.1.3.7 探测器维修更换后，应确保量程与报警控制器设置的量程一致。

5.1.3.8 需要储存传感器备件时，应确认传感器储存条件和失效期限。

5.1.4 报警处置

5.1.4.1 当固定式仪器发出报警信号时，不应随意消除报警，岗位人员应及时确认报警信号的真实性，现场进行确认时，人员应不少于 2 人，并佩戴相应的个体防护用品和便携式检测设备。

5.1.4.2 报警确认后，应迅速确定气体泄漏及积聚位置或区域，立即通过工艺条件和控制仪表变化等判别泄漏情况，寻查释放点，评估泄漏程度，并根据泄漏级别启动相应的应急预案。

5.1.4.3 进入有毒气体二级报警现场的工作人员必须穿戴正压式空气呼吸器，人员不少于 2 人，警示无关人员不应进入，并及时疏散相关人群。

5.1.4.4 报警信息处置实行闭环管理，操作人员和管理人员要对报警及处置情况做好记录并定期进行分析，记录数据应真实、完整、准确。

5.2 便携式仪器

5.2.1 配备

5.2.1.1 企业应以满足安全生产为前提，合理配备便携式仪器。

5.2.1.2 便携式仪器的配备应遵循"有毒优先"的原则，当生产作业场所同时存在多种有毒气体泄漏风险时，应选用便携式多气体检测报警仪或同时选择多种单一气体便携式仪器。

5.2.1.3 便携式有毒气体检测报警仪应至少按同时处于有毒有害气体或存在有毒有害气体泄漏风险场所的最大人数配备，确保进入场所人员每人 1 台。

5.2.1.4 正常生产过程中，对涉有毒岗位，有毒气体检测报警仪应按在岗人员最大数量进行配备，确保在岗人员每人 1 台。

5.2.1.5 检维修作业时，应根据风险分析结果配备相应的便携式气体检测仪器。

5.2.1.6 备用便携式仪器的数量应不低于配备总量的 10%。

5.2.1.7 高含硫化氢油气田企业应适当提高便携式硫化氢气体检测报警仪器的配备数量，并储备一定数量的气体检测报警仪作为应急物资进行管理。

5.2.1.8 便携式仪器选用时，应结合风险管理水平的要求，宜选择具备无线传输、人员定位等功能的仪器，以及时接收作业人员的安全预警信息。

5.2.2 测量范围及报警值设定

5.5.2.1 便携式仪器的测量范围及报警值设定应符合 GB/T 50493 的要求。

5.5.2.2 动火、受限空间等特殊作业用于监测现场作业环境时，便携式可燃气体检测报警仪器的一级报警值设定不高于 10% LEL，二级报警值设定不高于 20% LEL，其他类型便携式仪器的测量范围及报警值的设定应按相应的管理要求执行。

5.5.2.3 便携式仪器的报警值不应随意改动，如因相关标准、规范、制度的修订确需进行报警值修正，应执行变更审批程序，修改后应重新进行检验。

5.2.3 佩戴

5.2.3.1 人员在进入生产现场或工作场所时应按要求佩戴便携式仪器。

5.2.3.2 便携式仪器应佩戴在尽量接近口、鼻呼吸区域，不得遮挡采气口。

5.2.4 使用

5.2.4.1 便携式仪器每次使用之前应进行检查，基本步骤如下：

——在检定/校准有效期内；

——外观清洁、无损坏；

——电池电量正常；

——开机自检正常；

——显示正常；

——报警功能正常；

——延长取样管及过滤装置正确连接并无泄漏或堵塞。

5.2.4.2 在可能出现欠氧或过氧的环境中使用时，可燃和有毒气体检测报警仪器应与氧气检测报警仪器同时使用。

5.2.4.3 检测可燃气体时，应选用与被测气体一致的可燃气体检测报警仪器，用一台仪器检测多种可燃气体时，应参照仪器生产厂提供的与检测可燃性气体相对应的校正曲线，保证正确检测被测气体的浓度值。

5.2.4.4 在欠氧或高于爆炸下限的可燃气体环境中，不应使用催化燃烧原理的仪器进行直接检测。

5.2.4.5 便携式仪器用于泄漏检测时，一旦泄漏点位置确定后应减少高浓度气体对仪器的冲击，防止损坏。

5.2.4.6 便携式仪器充电或更换电池的操作应在非防爆区域进行。

5.2.5 报警处置

便携式仪器发生报警时应立即撤离，至安全区域后，确认是仪器自身故障的，应更换仪器后再进行作业；属于可燃和有毒有害气体泄漏的，相关人员应佩戴好个体防护器材并根据作业性质，按现场应急处置方案采取应急措施。

5.3 移动式仪器

5.3.1 仪器配置

5.3.1.1 对于需要开展一般不超过3个月的短期环境泄漏监测，且不具备设置固定式探测仪器的场所，如：环境湿度过高、环境温度过低、正常情况下视为非爆炸或无毒区但生产检修时可能为爆炸或有毒危险区等，应配备移动式仪器。

5.3.1.2 进入受限空间作业时，应根据作业现场的风险识别结果，配置吸入式移动式仪器，连续检测受限空间内可燃气体、有毒气体及氧气浓度，并具备报警、数据远传及存储功能。

5.3.1.3 在可能存在燃爆风险的环境动火作业时，应在现场配备移动式仪器进行连续在线监测，仪器应具备现场声光报警功能。

5.3.2 测量范围及报警值设定

移动式仪器的测量范围及报警值设定应符合5.2.2的规定。

5.3.3 使用

5.3.3.1 移动式仪器每次使用之前应进行检查，确保仪器处于良好状态。检查的基本步骤遵循 5.2.4.1 的规定并确保数据传输正常。

5.3.3.2　其他方面的使用要求应符合 5.2.4.2~5.2.4.6 的规定。

5.3.4　报警处置

5.3.4.1　移动式仪器作为替代固定式仪器使用时，报警处置应符合 5.1.4 的规定。

5.3.4.2　移动式仪器用于受限空间作业等过程环境监测时，报警处置应符合 5.2.5 的规定。

6　气体检测报警仪器维护要求

6.1　常规检查

6.1.1　固定式仪器

6.1.1.1　应对固定式仪器进行常规检查，检查周期不超过 1 个月，内容主要包括：

——外观是否完好；

——零点、指示是否正常；

——连接部件是否松动；

——探测器防尘罩是否堵塞；

——接地是否完好。

6.1.1.2　应对固定式仪器的控制和报警单元进行检查，确保其声光报警和控制系统正常运行，检查周期不超过 3 个月。

6.1.1.3　每次检查都应记录并归档，发现问题应立即处理。气体检测报警仪器维护记录格式参见附录 B。

6.1.1.4　固定式仪器设置位置的变更应经过设计单位和使用单位主管部门审查核准，变更后应及时更新相关布置图表，并通知相关人员。

6.1.1.5　固定式仪器出现故障时应立即安排人员到现场进行确认，故障期间应做好替代方案和安全防护措施。

6.1.2　便携式仪器

6.1.2.1　便携式仪器的常规检查包括以下内容：

——仪器有无不正常的情况，例如故障、报警、非零读数等；

——传感器部件有无堵塞或包覆现象，避免待测气体到达仪器传感器时受阻碍，确保通过延长取样装置能正确取样；

——延长取样装置的管线和装配部件是否有破裂、凹陷、弯曲或其它损坏，损坏的部件应按原部件的性能要求进行更换；

——电池电力情况，必要时及时充电或更换电池；

——仪器背夹是否完好，避免佩戴后掉落损坏仪器；

——其他功能性检查；

——有无线传输功能的仪器，应检查无线传输功能是否正常。

6.1.1.2　便携式仪器的常规检查周期应根据实际使用情况和使用环境确定，连续使用的仪器应每周一次；使用频率较低的仪器应每月一次，并在使用前进行检查；储备的仪器应每季一次，并在使用前进行检查。

6.1.3 移动式仪器

应符合6.1.2的规定。

6.2 使用中检验

6.2.1 应参照检定规程/校准规范的相关要求,定期对气体检测报警仪器和报警系统进行使用中检验。检验内容及周期包括:

——零点检验,宜6个月一次或常规检查零点不正常时;

——示值误差检验,宜6个月一次或超量程检测后;

——响应时间检验,宜6个月一次或超量程检测后;

——气体报警系统各项功能全面检验,宜6个月一次。

6.2.2 用于受限空间、动火等特殊作业的仪器,使用前应进行使用中检验。

6.2.3 使用中检验周期应根据不同气体的传感器、气候变化、作业环境条件和检验合格率确定,长期使用并已出现老化现象的仪器、在恶劣环境中使用的仪器等,应适当缩短检验周期。

6.2.4 仪器检验人员应了解计量法规,熟悉国家计量检定规程和相关校准规范,并经过计量方面相关培训。

6.2.5 检验用标准气体以及相关的检验设备应符合以下要求:

——采用经国家计量部门考核认可的单位提供的有证标准气体,标准气体的类型和不确定度应符合检定规程/校准规范的要求;

——选用检测与被测气体一致的标准气体对仪器进行检验,不具备条件时,应根据仪器制造商提供的替代标准气体的相对响应数据,采用替代标准气体进行检验;

——使用合适的减压阀、流量计等装置调节降低压缩气瓶压力和控制气体流速,满足待检验仪器要求的压力和流量范围;

——泵吸式仪器可采用具有旁通流量计的流量控制器,并使标准气体的进气流量大于仪器自身吸气的流量,保证旁通流量计有气体放空,以防止在吸入标准气体的同时也吸入了周围的空气或干扰气体,导致检验结果产生偏差;

——泵吸式仪器之间的连接都需要连通管路,扩散型装置需要特殊的检验适配器;

——当检验复杂的气体检测报警仪器时,应遵循该仪器制造商的建议。

6.2.6 对检验不合格的仪器应按检定规程或校准规范的要求进行标定或校准确认,仍不合格的仪器应送维修。

6.2.7 应将每次检验结果记录在仪器维护记录中,并应记录检验人员和检验日期。气体检测报警仪器使用中检验记录参见附录C。

6.3 检定/校准

6.3.1 在用气体检测报警仪器应按周期进行检定/校准,检定的应取得检定证书,校准的应对校准结果进行符合性确认,合格后方可继续使用。

6.3.2 新采购或安装的气体检测报警仪器在投入使用前应经过检定/校准,并取得相应检定合格证书或经校准确认合格后,方可投入使用。

6.3.3 对计量性能有疑问或仪器维修更换重要部件(主要包括传感器、主板、吸气泵等会对仪器的性能产生影响的部件)后应进行重新检定/校准，合格后方可继续使用。

6.3.4 负责气体检测报警仪器或系统检定/校准的机构和人员应取得国家和行业规定的相应资质。检定/校准用标准气体、设备、方法等应符合规范要求，量值传递应满足溯源要求。

6.3.5 检定/校准周期最长不超过12个月，超过检定/校准周期的气体检测报警仪器不应继续使用。处于气候变化较大，作业条件恶劣等环境的气体检测报警仪器应缩短检定/校准周期。

6.3.6 所有检定/校准都应由检定/校准单位出具结果报告并存档。

6.3.7 对于缺少现行检定/校准方法的气体检测报警仪器，使用单位应委托具备相应技术条件的机构制定测试方法进行测试，并明确测试周期，确保气体检测报警仪器正常可靠。

6.4 报废

6.4.1 气体检测报警仪器出现故障，维修后不能达到继续使用要求时，应作报废处理。

6.4.2 气体检测报警仪器的元器件超出正常使用寿命时，宜作报废处理。

6.4.3 列入《废弃电器电子产品处理目录》的电子产品应送交有资质的废弃电器电子产品处理企业处理，并按规定办理资产核销。

附录 A （资料性）常见有毒气体检测报警仪器报警设定建议值

序号	介质	MAC[a] (mg/m³)	PC-TWA[a] (mg/m³)	PC-STEL[a] (mg/m³)	IDLH[a] (mg/m³)	一级/二级报警设定值[b] (mg/m³)	mg/m³换算 µmol/mol 系数[c] (0℃)	mg/m³换算 µmol/mol 系数[d] (20℃)	备注
1	硫化氢	10	—	—	430	≤10/20	0.66	0.70	
2	一氧化碳(非高原)	—	20	30	1700	≤20/40	0.80	0.86	
3	二氧化硫	—	5	10	270	≤5/10	0.35	0.38	
4	氨	—	20	30	360	≤20/40	1.32	1.41	
5	氯	1	—	—	88	≤1/2	0.32	0.34	
6	苯	—	6	10	9800	≤6/12	0.29	0.31	
7	氯乙烯	—	10	—	—	≤10/20	0.36	0.38	
8	丙烯腈	—	1	2	1100	≤2/4	0.42	0.45	
9	氰化氢	1	—	—	56	≤1/2	0.83	0.89	
10	甲醛	0.5	—	—	37	≤0.5/1	0.75	0.89	
11	环氧乙烷	—	2	—	1500	≤2/4	0.51	0.54	
12	溴	—	0.6	2	66	≤0.6/1.2	0.14	0.15	

[a] MAC：最高容许浓度；PC-TWA：长时间加权平均容许浓度；PC-STEL：短时间接触容许浓度；IDLH：直接致害浓度。MAC、PC-TWA、PC-STE 数据来源 GBZ 2.1—2019，IDLH 数据来源 GB/T 50493—2019。

[b] 此一级/二级报警设定值为建议值，具体报警设定值的设置应结合仪器性能和现场使用条件等确定。

[c] mg/m³换算 µmol/mol 系数取0℃，1.01×10⁵Pa 时气体摩尔体积约为 22.4L/mol 计算所得，结果均为约数。

[d] mg/m³换算 µmol/mol 系数取20℃，1.01×10⁵Pa 时气体摩尔体积约为 24.0L/mol 计算所得，结果均为约数。

附录 B （资料性）气体检测报警仪器维护记录

制造商		型号	
购买日期		使用日期	
出厂编号		安装位置/位置编号	

维护记录					

维护日期	维护性质		报送人员	维护人员	维护内容及结果
	定期维护	故障维护			
1					
备注：					
2					
备注：					
3					
备注：					
4					
备注：					
5					
备注：					
6					
备注：					
7					
备注：					
8					
备注：					

附录 C （资料性）气体检测报警仪器使用中检验记录

仪器名称		型号规格		出厂编号	
制造单位		仪器量程		检验依据	
装置名称		安装位置			
检验日期		检验人员			

一、检验条件

温度	℃	湿度	%RH	大气压力	kPa

检验用气体标准物质

名称	编号	浓度及单位	标准物质编号	生产日期	有效期	不确定度

其他配套仪器设备：

二、外观及功能性检查：_____

三、示值误差

标准气体浓度	仪器指示值(　　　　　)				示值误差
(　　　)	1	2	3	平均值	(　　　)

四、响应时间　标准气体浓度：(　　　　　　　)

测量次数	1	2	3	平均值
响应时间(s)				

五、报警功能及报警动作值/报警误差(　　　　　　)

标准气体浓度	报警功能	报警设定值	报警指示值			报警平均值/动作值	报警误差

六、结论

参 考 文 献

[1] 周俊彦（Jack Chou）. 危险气体监测器选型、操作及应用指南[M]. NewYorkU. S. A：Mcgraw - HillBook-Company.

[2] Rechard - P. Pohanish，StanleyA. Greene. 有害化学品安全手册[M]. 中国石化集团安全工程研究院译. 北京：中国石化出版社，2002.

[3] 中国石油化工集团公司. 职业安全卫生管理制度[M]. 北京：中国石化出版社，1999：174-175.

[4] 中国石油化工集团公司，中国石油化工股份有限公司. 石油化工设备维护检修规程：第七册 仪表[M]. 北京：中国石化出版社，2004.

[5] 中华人民共和国住房和城乡建设部，中华人民共和国国家质量监督检验检疫总局. GB 50493—2009 石油化工可燃气体和有毒气体检测报警设计规范[S]. 北京：中国计划出版社，2009.

[6] 中华人民共和国国家质量监督检验检疫局，中国国家标准化管理委员会. GB 12358—2006 作业环境气体检测报警仪通用技术要求[S]. 北京：中国标准出版社，2006.

[7] 中国石油化工集团公司. Q/SH 0457—2012 可燃和有毒气体检测报警仪器选型、安装、使用及维护技术规范[S]. 北京：中国石化出版社，2012.

[8] 中华人民共和国卫生部. GBZ 1—2010 工业企业设计卫生标准[S]. 北京：人民卫生出版社，2010.

[9] 中华人民共和国卫生部. GBZ 2.1—2007 工作场所有害因素职业接触限值化学有害因素[S]. 北京：人民卫生出版社，2007.

[10] 中华人民共和国卫生部. GBZ/T 223—2009 工作场所有毒气体检测报警装置设置规范[S]. 北京：人民卫生出版社，2009.

[11] 张贺，罗瑞振，孙健，胡绪尧. 固定式有毒气体报警器维护过程中人员的安全与健康[J]. 安全、健康和环境，2014，3：48-49.

[12] The Instrumentation, Systems, and Automation ociety. ISA - RP - 12. 13. 02 - 2003 Recommended Practice for the Installation, Operation, and Maintenance of Combustible Gas Detection Instruments[S]. The United States of America.

[13] The Instrumentation, Systems, and Automation Society. ISA - 92. 0. 01 Part I - 1998 Performance Requirements for Toxic Gas - Detection Instruments：Hydrogen Sulfide \ [S \ ]. The United States of America.

[14] The Instrumentation, Systems, and Automation Society. ISA - RP - 92. 0. 02 Part Ⅱ - 1998 Installation, Operation, and Maintenance of Toxic Gas - Detection Instruments：Hydrogen Sulfide[S]. The United States of America.

[15] 中国计量测试学会. 一级注册计量师基础知识及专业实务. 北京：中国质检出版社.

[16] JJG 693—2011 可燃气体检测报警器. 国家质量监督检验检疫总局，2011.

[17] JJG 695—2003 硫化氢气体检测仪. 国家质量监督检验检疫总局，2003.

[18] JJG 551—2003 二氧化硫气体检测仪. 国家质量监督检验检疫总局，2003.

[19] JJG 693—2011 一氧化碳检测报警器. 国家质量监督检验检疫总局，2011.

[20] JJG 365—2008 电化学氧测定仪检定规程. 国家质量监督检验检疫总局，2008.

[21] JJG 1105—2015 氨气检测仪. 国家质量监督检验检疫总局，2015.

[22] JJF 1433—2013 氯气检测报警仪校准规范. 国家质量监督检验检疫总局，2013.

[23] 中华人民共和国国家质量监督检验检疫局，中国国家标准化管理委员会. GB 3836.1—2010 爆炸性环境 第1部分：设备通用要求. 北京：中国标准出版社，2011.

[24] 中华人民共和国国家质量监督检验检疫局，中国国家标准化管理委员会. GB 3836.2—2010 爆炸性环

境 第 2 部分：由隔爆外壳"d"保护的设备．北京：中国标准出版社，2011.

［25］中华人民共和国国家质量监督检验检疫局，中国国家标准化管理委员会．GB 3836.4—2010 爆炸性环境 第 4 部分：由本质安全型"i"保护的设备．北京：中国标准出版社，2011.

［26］中华人民共和国国家质量监督检验检疫局，中国国家标准化管理委员会．GB 3836.12—2008 爆炸性环境 第 12 部分：气体或蒸气混合物按照其最大试验安全间隙和最小点燃电流的分级．北京：中国标准出版社，2009.

［27］中华人民共和国国家质量监督检验检疫局，中国国家标准化管理委员会．GB 3836.14—2014 爆炸性环境 第 14 部分：场所分类爆炸性气体环境．北京：中国标准出版社，2015.

［28］中华人民共和国国家质量监督检验检疫局，中国国家标准化管理委员会．GB 8958—2006 缺氧危险作业安全规程．北京：中国标准出版社，2006.

［29］国家安全生产监督管理总局．AQ 3028—2008 化学品生产单位受限空间作业安全规范．北京：煤炭工业出版社，2009.

［30］中华人民共和国卫生部．高毒物品目录．卫生部卫法监发［2003］142 号.

［31］中国石化集团公司安全环保局，中国石化集团公司职业病防治中心．石油化工有害物质防护手册．北京：中国石化出版社，2011.

［32］JJF1001 通用计量术语及定义．国家质量监督检验检疫总局．2011.

［33］JJF1033 计量标准考核规范．国家质量监督检验检疫总局．2016.